# "生态文明与中国哲学社会科学学术话语体系建设"高端论坛文集

王天恩 邱仁富 主编

上海大学出版社
·上海·

图书在版编目(CIP)数据

"生态文明与中国哲学社会科学学术话语体系建设"高端论坛文集 / 王天恩,邱仁富主编. —上海：上海大学出版社,2018.12
ISBN 978-7-5671-3373-0

Ⅰ.①生… Ⅱ.①王… ②邱… Ⅲ.①生态文明-建设-中国-文集②哲学社会科学-学科建设-中国-文集 Ⅳ.①X321.2-53②G12-53

中国版本图书馆CIP数据核字(2018)第299808号

责任编辑　王悦生
封面设计　柯国富
技术编辑　金　鑫　钱宇坤

"生态文明与中国哲学社会科学
学术话语体系建设"高端论坛文集
王天恩　邱仁富　主编
上海大学出版社出版发行
(上海市上大路99号　邮政编码200444)
(http://www.shupress.cn　发行热线021-66135112)
出版人　戴骏豪

\*

南京展望文化发展有限公司排版
句容市排印厂印刷　各地新华书店经销
开本890mm×1240mm　1/32　印张11.5　字数299千
2018年12月第1版　2018年12月第1次印刷
ISBN 978-7-5671-3373-0/X・004　定价　56.00元

# 目　录

## 导　言

哲学社会科学学术话语体系建设的信息生态文明维度 …………… 3

## 专题一　生态文明与中国传统生态智慧

"美丽中国"的思想渊源 ……………………………………… 21
儒家话语体系中"礼""仁""道"之生态智慧 ……………… 34
试论《老子》自然观及其生态启示 …………………………… 42

## 专题二　马克思人化自然思想与生态文明建设中国话语

三重理论视野下的生态文明建设示范区研究 ………………… 65
马克思主义生态哲学的理论建构 ……………………………… 85
社会脱落：现代性视阈下人和自然关系的一种思考 ………… 97
生态文明建设中国话语：基础、诉求与建构 ………………… 112

## 专题三　生态文明与西方话语体系

资本逻辑的两面：生态危机与生态文明
　　——对生态马克思主义的批判和超越 ………… 131
当自然遭遇对欲求的欲求
　　——西方话语体系中的生态问题及其反思 ………… 148
生态社会主义何以可能 …………………………………… 159

## 专题四　国际比较视野中的中国绿色发展及话语体系

全球生态合作共治：价值、困境与出路 ……………… 175
有机马克思主义生态理论的话语体系元素及其启示 …… 190
现代性的生态学批判
　　——生态学马克思主义现代性批判论析 ………… 207

## 专题五　生态文明的中国话语

中国生态文明学术话语体系建构的"3D模型" ………… 223
在通过劳动"控制人与自然物质交换"中坚持人类中心 …… 229
绿色发展理念：对马克思生态文明观的丰富和发展 …… 235
人的生态创构与话语体系 ……………………………… 246
习近平的绿色发展观探析 ……………………………… 262
理论·实践·价值：马克思总体性思想视域下的绿色发展 …… 278

## 专题六　中国特色社会主义的生态文明向度

中国特色社会主义理论内涵生态文明的价值意蕴 ·············· 295
论中国特色社会主义生态文明的认识维度 ················· 308
论城市生态文明的公共精神
　　——基于上海都市生态文明建设的思考 ················ 320
论中国特色社会主义生态文明道路的历史演进 ·············· 331
改革开放以来的中国特色社会主义生态文化 ··············· 350

后记 ······································ 361

导言

# 哲学社会科学学术话语体系建设的信息生态文明维度

王天恩

上海大学马克思主义学院教授

人类的信息存在方式,使信息生态成了自然生态和社会生态基础上日益重要的更高的生态文明层次。这为生态文明领域中国哲学社会科学学术话语体系建设取得引领地位,提供了新的契机。

## 一、信息生态研究现状和生态文明话语体系建设契机

由于对信息、通信技术和绿色经济的关注,信息生态研究应运而生。人们认识到,需要开辟一个特殊的综合研究领域,建立一个被称为信息生态(information ecology)的交叉学科。

(一)信息生态研究

信息生态既可以是关系到整个人类思想生产和观念系统的生态,也可以看作是工作团队中的信息管理方式。到目前为止,信息生态研究涉及广义信息论、生态学、心理学、医学、公共健康、安全与冲突研究、政治学、语言学和管理学等。"信息生态被看作是人们在信息交往的社会环境下生存和发展的状态,而且人们更多地将信息生态看作是一个集合概念,包含了信息的质量、管理、产品和价值以及信息服务与需求的评估等。"作为一门研究支配信息影响规律的科学,信息生态学科的影响主要有两类:一是生物系统的形成和功能发挥,包括个人、人类群体一般意义上的人性;二是人类健康和心理、

身体和社会福祉。所有这些都旨在发展改善信息环境的方法论①。

信息生态概念由美国学者在 20 世纪 60 年代第一次提出。1978 年,Horton 在《系统管理杂志》发表《信息生态》一文②,1989 年,K. Harris 在《信息管理国际杂志》发表同名论文,系统阐述了信息生态概念③。1998 年,Alexei L. Eryomin 在《环境研究国际杂志》发表论文《信息生态———一种观点》,系统讨论了信息生态的研究内容。在 Alexei L. Eryomin 所建议的研究领域中,除了信息贮存、传输和接收、信息和人类健康相互作用的定性与定量研究、信息服务评估、工作场所、组织、信息富裕和信息贫困国家及世界共同体的信息管理、信息识别的定性和定量标准,还包括情感信息超载、信息需求、信息价值、信息责任及其社会品格等④。1999 年,Nardi 和 O'Day 在麻省理工大学出版社出版《信息生态:用心使用技术》一书,提出一种新的信息生态理论,认为一个信息生态系统是由人类、工作、价值和技术在一定环境中构成的系统。关注信息生态系统是由技术支持的人们的行为,而不是技术本身⑤。

国外信息生态研究所注重的主要是信息安全、国际信息生态、信息的文化际和国际交流、信息作为经济因素的意义、信息的语言生态、公共信息生态、信息污染、信息富裕和信息贫困国家的差别、大众媒体、大众信息生态、心理学和医学中的信息生态、情绪的信息理论、信息生态和卫生学、信息生态和交通、人类信息生态等。作为经济因素,信息是后工业时代最重要的特征之一。信息的语言生态内容丰富,研究具体到语言环境可以是一个地区冲突的源起及生态稳定的

---

① Alexei L. Eryomin. Information ecology — a viewpoint[J]. International Journal of Environmental Studies, 1998, 54(3/4): 241-253.
② Horton F W. Information ecology[J]. J Syst Manag 1978, 29(9): 32-36.
③ Harris K. Information ecology[J]. Int J Inf Manag 1989, 9(4): 289-290.
④ Alexei L. Eryomin. Information ecology — a viewpoint[J]. International Journal of Environmental Studies, 1998(54): 241-253.
⑤ Bonnie A. Nardi, Vicki L. O'Day. Information Ecologies: Using Technology with Heart[M]. Boston: MIT Press Cambridge, 1999: 14.

因素。由于随着信息爆炸,带来了一种新形式的污染——信息污染,因此,信息污染成了一个在很多方面完全不同于自然环境污染的重要研究领域。

关于信息生态的文献研究表明,在信息生态领域,一个稳定的关键作者群体尚未形成,这表明该领域的研究还不成熟。信息生态研究仍在发展阶段,关于信息生态哲学基础的研究更是如此。这意味着中国在这方面仍拥有引领研究、取得重要话语权的难得机会。

根据普赖斯定律(Price's law),我们可以从文献研究看到一个研究领域的发展状况。1992年,信息生态出现一个文献发表高峰;2006年后,信息生态概念逐渐为大家接受,表明信息生态是一个仍在发展的新领域。1992—2013年,在信息生态领域SCI和SSCI期刊发表的论文中,美国占36%,表明美国大学在信息生态研究领域起引领作用。英国占6%,俄罗斯1%,西班牙2%,荷兰3%,德国4%,其他国家和地区33%,中国、法国和加拿大各占5%。在学科分布上,环境和生态学占近48%,电脑科技近12%,海洋淡水生物超过10%,海洋学超过7%,信息科学和图书馆学近6%,物理和地理超过5%,商业和经济学约5%,农业超过4%。[①] 数据表明,中国在信息生态研究中占有重要位置,对于发展信息生态领域的话语体系、掌握信息生态话语权具有一定优势,加上国内刊发的大量论文还没有统计进去,中国对生态文明建设的重视和在国际上的独特地位,使得中国在信息生态领域的话语权有机会与走在最前沿的国家一道取得引领地位。

国内关于信息生态的研究已有近20年的历史,但直到2006年才出现快速发展势头,2010年后走向平稳。研究所涉及的领域主要是情报和图书馆,这两个行业占40%以上。研究内容主要集中在信

---

① Xiwei Wang, et al. Information ecology research: past, present, and future[J]. Information Technology Management, 2017(18): 27-39.

息生态学、信息生态系统、信息生态位和信息生态链四个方面。信息生态学研究主要包括概念探究、学科内容及其在具体行业中的具体指导。信息生态系统研究主要包括系统构建、系统平衡、系统评价与测度、系统演进。信息生态位研究主要包括信息生态位理论的构建与完善及具体应用研究。信息生态链主要研究不同种类信息之间信息流转的链式依存关系。具体应用主要涉及高校图书馆、信息服务平台和政务平台、网络教学、社交网络和电商网络①。目前,信息生态研究的热点主要在信息生态系统、电子商务信息生态和网络信息生态。相对于国外信息生态研究,国内研究目前在深度和广度上仍然存在比较大的差距,同时也具有自己的特色和优势。随着信息文明的发展,拓展信息生态研究的广度和深度,丰富信息生态理论,涉及哲学社会科学学术话语体系建设,即信息生态文明学术话语体系建设问题,而信息生态文明的哲学研究则在这一发展中承担着重要任务,甚至在生态文明领域哲学社会科学学术话语体系建设方面,具有超越发达国家突破口的地位。

关于信息生态,哲学领域的关注和研究很少,真正关于信息生态的哲学基础研究几近空白,到目前为止,较为系统的探索只有肖峰教授的《信息生态的哲学维度》,而且这篇论文发表于 2005 年,此后基本没有研究成果发表。对于这样一个富有哲学内涵的生态领域,研究急需加强。一方面,信息生态的哲学研究关乎哲学社会科学话语体系建设,加强这方面的研究,对中国哲学社会科学生态文明话语体系建设具有重要地位,属于可望取得引领地位的领域。另一方面,信息生态哲学基础的研究对于中国的信息文明研究和建设至关重要。

关于信息生态的哲学问题,目前的研究大都是对应自然生态论述的。这和信息哲学大都对应非信息哲学论述相似,这样,在类比性

---

① 柯健,等. 我国信息生态研究综述. 情报科学,2016(10).

研究基本结束后就没有自己可以长久拓展的空间了。

(二) 信息生态的构成、基本特性和发展的基本原理

信息生态不是信息本身构成的生态,而是人作为信息存在方式所处的生态系统。就人作为信息方式存在而言,信息生态与人的本性密切相关。

(1) 信息生态的构成。信息生态由四个基本层次构成:① 信息网络层次,这是信息生态的物能基础层次;② 信息流通层次,这是信息生态的过程基础层次;③ 信息生产层次,这是信息生态的发展进化层次;④ 信息创构层次,这是信息生态发展的动力机制层次。信息生态与自然生态的最大不同,就在于自然生态更是自然形成的,而信息生态则更是人为创建的。自然生态是大自然进化的结果,人们所能做的主要是维护;而信息生态则是人类创构的产物,人们必须做的除了维护,更有创世职责和长远眼光的问题。这与在自然生态中人们只能是适应,而在信息生态中人们还可以进行创构的处境密切相关。

(2) 信息生态的基本特性。信息是信源和信宿关系,只有作为信源的信息发送端和作为信宿的信息接收端发生信息关系,才构成信息。而且,信息的接收还涉及信宿的感受性和识别。因此,信息的基本特性是相互性。十分耐人寻味的是,相互性既是信息基本特性,也是人类学基本特性。在信息文明发展中,作为信息和人类学共同的基本特性,相互性同时也是信息生态的基本特性。信息的相互性构成信息生态的相互性,而相互性同时作为人类学特性,随着信息文明的发展会出现叠加,而且叠加的面会越来越广,程度会越来越深。这一事实意味着信息文明时代将出现相互性以几何级数倍增的效应[1]。由信息的相互性和人以信息方式存在的事实,可以更好地理解信息生态作为"一种客观的信息分布和结构状态"与"一种主观的

---

[1] 王天恩. 信息文明时代人的信息存在方式及其哲学意蕴[J]. 哲学分析,2017(4).

心理感觉"①两者的相互关联状态。

如果说,自然生态的基本特性主要是物能性或实体性,社会生态的基本特性主要是关系性,信息生态的基本特性则是在自然和社会基础上比关系性更基础的相互性。

当一个信息系统具有感受信息的能力时,它就是一个信宿;当一个信息系统不仅能接收信息,而且能进行信息反馈时,就已形成信息反馈系统;而当一个信息系统因结构信息缺环而有信息需要,并具备满足自己需要的能力时,就形成了具有信息自主能力的信息体。

(3) 信息生态发展的基本原理。信息对称是信息文明发展水平的重要标度,同时在信息生产前沿的信息不对称又是保证信息创新及生产动力的重要机制。因此,随着社会信息文明水平的发展,保持信息不对称和信息对称的合理平衡,就是充分发挥信息创新动力,通过有效推动信息生产推进信息文明进步的重要原理。信息文明发展的基本原理,正是信息对称和不对称之间的相互作用或矛盾运动。信息不对称的利益关系,涉及信息文明时代的基本矛盾。一方面,信息对称对于市场的资源配置至关重要,市场的资源配置完全靠信息进行,正如比尔·盖茨所说:"完美的信息是完美的市场的基础";另一方面,暂时的信息不对称又是保护创新积极性不可或缺的措施。两者的相对关系构成信息文明时代社会发展的基本矛盾。

事实上,信息生态和自然生态具有根本的不同。信息环境与自然环境具有根本区别:一个涉及人的生物性生存,一个涉及人的信息性生存;一个更多涉及人的生存,另一个更多涉及人的发展,而人的发展最重要而又与信息内在相关的方面,就是人的创造能力的展开。因而以人的创造力的发展为核心,反思信息生态的哲学基础,当是至关重要的信息生态研究内容,无论对于信息文明生态维度的展开,还是深入挖掘信息生态的哲学意蕴,都至为重要。

---

① 肖峰. 信息生态的哲学维度[J]. 河北学刊,2005(1).

## 二、人类信息文明的生态维度

随着信息文明的发展,人越来越以信息方式存在,因而,信息生态对于人的信息方式存在具有基础意义。

（一）一种人类以信息方式存在和发展的生态

自然生态所涉及的更多是生存的基础,信息生态所涉及的则更多是人的发展的基础。即使是作为核心内容之一的生态污染问题,信息生态也具有与自然生态完全不同的内涵。

正像自然生态中的环境污染,在信息生态中,信息污染是一个重要研究领域。目前关于信息污染的研究,还主要是对应自然生态污染的研究范式。"信息生态的污染和失衡,如有害、无用和垃圾信息的泛滥,信息超载、信息爆炸、信息垄断（导致信息鸿沟、数字鸿沟等）、信息犯罪以及发生在个体身上的一些不良信息症状（如信息饥饿症、信息过量症、信息错位症、信息孤独症、信息恐惧症）"[①]。信息生态的这些污染和失衡现象,还只是相应于自然生态的,而作为一种特殊的生态系统,信息生态破坏和失衡还有与自然生态完全不同的方面。这些方面绝不只是与自然生态破坏和失衡危害身体健康相对应,即不只是危害心理健康的问题。

信息污染除了自然环境污染意义上的,更有人为制造方面的。比如制造信息不对称、故意遮蔽和扭曲信息、散布片面甚至不实信息等,甚至比危害心理健康层面的信息污染更为严重。由于信息可以是从一个基本的简单信号到复杂的理论体系甚至意识形态,这种信息遮蔽和扭曲、信息片面化以及逻辑谬误的有意无意使用,不仅可以制造混乱,甚至可以造成心灵的扭曲。正是由此,信息污染还有一个与自然生态和社会生态完全不同的层面,那就是信息理解。越是复

---

① 肖峰.信息生态的哲学维度[J].河北学刊,2005(1).

杂形态的信息，越是包含了某些 agent① 的理解。信息体发展到一定阶段，可能更多是 agent 理解的产物。因此，在相对客观的信息和作为不同级别信息理解产物的信息之间的关系，就成了更深层次的信息污染问题。而人对信息的理解取决于理解者所处的整体层次，这就与理解者的理论思维能力联系在一起。在这个意义上，信息污染就可能以思维污染的方式表现出来，或者说上升到思想污染的层次。各种邪教的思想控制就是最严重的社会表现之一。因此，信息本身及其使用者和使用就特别重要。真正负责任的信息发布，应当对信息本身、信息使用者及其使用（理解）本身有基本的区分。所以，信息生态的维护最需要批判性思维。由此对信息生态进行前提性反思，就可能大大深化对于信息生态的认识。

（二）一种人类共享的生态

自然生态更是人类共存的天然基础；信息生态更是人类共享的后天产物，更是一种人类共享的生态。

不必拥有就方便甚至更方便地使用，正是作为前提的共享基本原理。而在信息文明时代，信息化为这一基本原理得到最充分发挥奠定了存在论基础。

相对于使用而言，事实上的拥有可能并不符合人的更根本需要。拥有，如果不是最有效的使用策略，常常可能成为负担。

共享的生态基于共享的文明；共享的文明具有自己特有的发展动力机制——信息对称与不对称之间的矛盾。信息文明的性质使信息生态平衡具有与自然生态平衡完全不同的内涵。与自然生态不同，"信息生态的失衡则是一部分人所极力要维护的现象。在这个意

---

① Agent 确切理解应是能动的和直接的动因（an active and efficient cause），哲学上一般指具有自主行为能力的实体（an entity which is capable of action），有代理人、中介、因素、行为者、动作者、动因、作用力等基本含义，中译有"主体""行为者""行动者""代理人"和"施事者"等。由于在具体使用情景中任何一种统一的理解都有不确，而对其含义的理解又很关键，在此还是先用原文。

义上,它也是利益冲突的必然伴生现象,甚至在信息的财富价值显得越来越高昂的时代,就更是要将信息生态的失衡变成产生巨富的现代土壤。信息生态的这种价值负载使得它具有上层建筑的属性"①。自然生态的关键是自然平衡,社会生态的关键是社会和谐,信息生态的关键则是信息流通。自然生态是孕育和维持人类生物特性的基础;信息生态是形塑人类社会和精神特性的场所;信息生态是一种更为人性的生态,它具有远比自然生态和社会生态更丰富深刻的哲学内涵。

(三)一个处于核心层次的生态

从人的存在方式看,虽然在信息文明时代人越来越以信息方式存在,但对现实中的人来说,人同时以物能方式存在,人的物能方式存在作为信息方式存在的基础,则是一个基本事实。因而人的信息方式存在是物能方式存在基础上更高层次的存在方式。对人来说,信息生态是自然生态和社会生态基础上更高层次的生态系统。

在信息文明时代,信息生态不仅建立在自然生态和社会生态的基础之上,而且对自然生态和社会生态有越来越大的影响,尤其是对社会生态。在某种意义上,社会生态经历了而且正在经历一个由主要以自然生态为基础,到越来越主要以信息生态为基础的过程,或者由主要在自然生态基础上发展,到越来越主要通过信息生态的发展而发展的过程。

由于人越来越以信息方式存在,信息生态理所当然成了一个越来越重要的基础性问题。对于人类来说,自然生态或更根本地说物能生态具有切身性,而信息生态则不仅具有切身性,而且更具"切心性",信息生态切近人的心灵。因此,在自然生态的基础上,信息生态将日益为人们所密切关注,日益成为信息文明时代关乎人类发展的问题,就像在物能文明时代,自然生态是关乎人类生存的问题一样。

---

① 肖峰.信息生态的哲学维度[J].河北学刊,2005(1).

## 三、信息生态文明的哲学社会科学学术话语体系建设意蕴

信息生态具有非常丰富深刻的哲学意蕴,对于生态文明的哲学学术话语体系建设具有基础性的重要地位。

### (一)一种以人的需要为出发点的哲学方式

作为信息方式的存在,人具有越来越重要的信息需要;而且,人越是以信息方式存在,对于信息的需求就越比物能需求更为强烈。现代心理学的一项实验表明:一个人处于与一切信息隔离的状态中,其忍耐程度远小于其忍受饥饿的程度。信息需求是有层次的,科亨(Kochen)曾将用户的信息需求状态划分为客观状态、认识状态和表达状态三个层次。对信息消费来说,支配信息占有行为的不是客观信息需求,而是主观信息需求,即处于认识和表达状态的信息需求,并且信息占有越多,信息需求越明确;反之,信息需求越明确,信息占有越多。信息占有和信息需求的这种双重建构本质使得信息消费表现出边际效用递增的特性,这也是信息消费与物质消费的一大区别。① 这里既涉及人的信息需要的性质,又涉及信息价值的信息需求根据。

人的基本信息需求可以分为两个层次:认知和表达。无论认知还是表达,都是以信息方式存在为基础的。而人以信息方式存在的状态,取决于信息需求的满足状态。"就个体的信息需要和接受来看,信息输入得过多或过少,都会造成个体的身心不适,影响人的健康。社会信息总体上的不平衡导致社会文明的病态,比如色情信息泛滥、隐私信息流行和虚假信息防不胜防等;个体信息输入与输出的不平衡则导致个体的病态,有信息过剩综合征与信息荒漠综合征两类情形,目前尤其以信息过剩导致的信息病症为突出,主要包括信息

---

① 沙勇忠,高海洋.关于信息消费的几个理论问题[J].图书情报工作,2001(5).

混乱、信息负担、信息焦虑和信息恐惧等"①。作为主要以信息方式存在的人,内在信息系统失衡更根本地还关系到人的信息生产状态,涉及人的创造力构成和发挥。而就信息生态而言,是否有利于人的信息生产,有利于人的创造力发挥,就成了根本标准。

在信息生态中,不仅存在"信息荒漠化"和信息过剩等问题,而且存在"数字化泡沫"甚至"信息越多反而意味着信息越少"等现象。信息越多,一方面资源越多,价值潜力越大;另一方面数据结构性越差,确定性越小。数据越大,信息越多,结构化程度往往越低,也就是有序性往往越低。在这种情况下,完全可能"饥饿已迅速转化为消化不良"。② 不仅如此,"我们一直以为信息丰富是一件美妙的事情,直到后来才明白,它可能会夺走我们与生俱来的精神权利——安宁"③。因食物餍足而倒胃对人的机体的影响是暂时和微不足道的,而人作为信息系统的信息失衡则可能给以信息方式存在的人带来致命冲击。

(二)一种凸显使用理论的价值观念

由此也可以看到,信息的价值正是以信息需求为根据的。边际效用递增是指在信息结构中,越到后来的缺环信息效用越是增加。这是就消费者的信息结构而言的,与信息生产的边际成本递减是两种不同的现象。前者是需求决定的,而后者则是由生产成本决定的;前者是由缺环信息的稀缺造成的,而后者则是信息复制成本递减的结果。信息结构越是有序,缺环信息的价值就越高。这与人的物能需求性质有很大不同,它决定了信息生态和自然生态中信息与物能具有不同的价值根据。

由信息生态中人作为信息方式存在的现实也可以看到,以人的

---

① 曹劲松.论信息伦理原则[J].江西社会科学,2003(10).
② 约翰·希利·布朗,保罗·杜奎德.信息的社会层面[M].王铁生,葛立成,译.北京:商务印书馆,2003:5.
③ 戴维·申克.信息烟尘[M].黄锫坚,等译.南昌:江西教育出版社,2001:175.

需要为出发点，也正是推动社会发展、实现人类解放的根本途径。"对于信息生态的善恶分析主要从是否有利于人的发展和推动社会文明进步上加以判别"。在这个意义上，"良好的信息生态要能够满足人们正常的精神需要，并引导每个人充分发掘自身潜力，进而推动人类社会文明的持续进步"①。由于创造活动是最符合人性的活动，在人的精神需求中，最重要的是创造活动的需求。因而，信息生态研究必定引向创造力解放。信息和信息生态的价值不能就信息本身而言，而是取决于信宿的需要。正是与人的需要更密切的内在关联，信息价值具有不同的哲学意蕴。

就信息价值而言，信息生态和自然生态的另一个重要不同，则是在信息生态中，可能大多数信息是有害的。"现代社会信息流中，实际上无用甚至有害的信息不少于55%，在个别领域甚至达到80%。由于信息垃圾的干扰，许多花费巨资建立起来的数据库只有10%是真正有用的。"②信息是否有用不是由信息本身单方面决定的，而是与人的需要和满足自己信息需要的能力密切相关。就像大数据，在有些人眼里是垃圾，而在另一些人眼里却可能是金山。

信息价值最典型地凸显了信宿的需要——在以人的需要为出发点和最终目的的大数据挖掘运用中，这一点体现得最为淋漓尽致。尽管存在就人类发展而言的合理信息生态标准，但不像自然生态与所有人的价值关系都基本是一样的，信息生态与不同的人具有不同的价值关系，"共同满意的信息生态及其标准是不存在的"③。"信息虽然并不是空间形式上的稀缺资源，却是一种时间形式上的稀缺资源"④。信息消耗最多的是信宿分类、整理和选择信息的时间，这意

---

① 曹劲松.论信息伦理原则[J].江西社会科学，2003(10).
② 肖峰.信息生态的哲学维度[J].河北学刊，2005(1).
③ 肖峰.信息生态的哲学维度[J].河北学刊，2005(1).
④ 马克·波斯特.信息方式：后结构主义与社会语境[M].范静哗，译.北京：商务印书馆，2000：21.

味着信息生态与人的价值关系,在很大程度上取决于人的信息理解和处理能力,取决于人对信息和人的需要及其发展之间关联的认识。因为"不存在什么'纯信息'(正如不存在'纯事实'一样),信息总是和理论上的或实践上的'前理解'(pre-understanding)相关的。这意味着我们总是可以就此作出某些评判"①。说到底,信息是一种特殊的关系。即使关系项可以看作是纯粹的,关系都不可能是纯的。正是在这个意义上,人和信息生态的价值关系,取决于人的"前理解"。

在信息生态系统中,最关键的要素是具有"前理解"的人,这使信息生态系统比自然生态系统具有复杂得多的关系。在这样一个复杂关系体系中,任何人都只能是一个能动的 agent,正因为如此,人以信息方式存在,使 agent 概念得以空前凸显。人们之所以认为,"人文性是信息生态的明显标志……基于人文的信息生态研究所强调的是人。人位于信息生态的中心位置"②,就因为在信息生态系统中,人作为 agent 的特殊地位。与其说人居于信息生态的中心位置并不是因为信息生态的"人文性",不如说人几乎是已知以信息方式存在的唯一 agent,或至少是以信息方式存在的主要因素。在这样一个 agent 与信息环境互动生成的信息生态系统中,不再存在信息背后的抽象普遍性终极本质,认识的出发点就是 agent 的需要,认识的最终目的就是 agent 需要的满足。这意味着一种以人的需要为出发点的哲学方式。这是信息生态最重要的哲学意蕴之一,同时也是生态文明哲学社会科学学术话语体系建设的关键内容。信息生态意味着更高的理论整体层次。

(三) 一个更高层次的整体观照

信息生态的生存论哲学意蕴甚至将人们的思考引向本体论。"自信息哲学产生后,一些信息哲学家即提出'万物源于比特'的假

---

① 肖峰.信息生态的哲学维度[J].河北学刊,2005(1).
② 陈曙.信息生态研究[J].图书与情报,1996(2).

设,进一步引出自然能否被信息化的问题。其中,就可能隐含着自然的物质生态是否会归结为信息生态,或者两种生态中谁是谁的本体论基础。这或许还只是一个具有未来性的本体论问题。"[1]"万物源于比特"未必成立,但由信息理解万物(物能)却是很有意义的思考维度,就像由关系理解实体。信息的关系性和相互性,敞开了由关系理解物能实体的重要进路。正如"人体解剖对于猴体解剖是一把钥匙。反过来说,低等动物身上表露的高等动物的征兆,只有在高等动物本身已被认识之后才能理解"[2]。信息生态为自然生态提供了一个更高层次的整体观照。

在自然生态中,人作为自然进化的产物,虽然是自然生态的一部分,但与自然生态的关系不是对等的,人归根结底受着自然环境的支配。在信息生态中,人作为信息体,在生成意义上与信息生态具有对等性。在发展过程中,人与信息生态构成对等生成关系。"信息生态论以人为本的思想导引了信息构筑体系中用户体验和可用性的研究。所谓用户体验是指包括帮助用户在网站上快速而简便地完成其目标的一系列工作。所谓可用性,是指某个特定产品在特定使用环境下为特定用户用于特定用途时所具有的有效性(Effectiveness)、高效率(Efficiency)和用户满意度(Satisfaction)"[3]。信息生态最重要的哲学意蕴是以信息方式存在的人,通过建构合理的信息生态满足人的信息需要。自然生态更多是怎样保护,而信息生态则更多是怎样合理建构。

一方面,信息生态是人类信息活动的结果。"信息生态无非是无数人的'内心世界'外在化后所形成的'信息联合体'"。"信息生态的

---

[1] 肖峰.信息生态的哲学维度[J].河北学刊,2005(1).
[2] 马克思,恩格斯.马克思恩格斯选集:第2卷[J].中共中央编译局,译.北京:人民出版社,1995:23.
[3] 刘强,曾民族.信息构筑体系及其对推动信息服务业进步的影响[J].情报理论与实践,2003(1).

本体论基础就是个体的主观的内部的信息世界"①。但人的"内心世界"只是信源之一，更多的信息是人们实践活动的产物，大数据就是最为典型的例子。在这个意义上说，"世界是某种我们必须通过我们的行动加以修正的东西，或者是修正我们行动的东西"②。信息生态的存在论基础是信息本身，而作为一种特殊的关系，信息的存在与人的感性实践密切相关。

另一方面，作为主要以信息方式存在的人本身也是人的信息活动的产物。"人的主观信息世界也是在信息生态中被建构和生成的。因为，人没有一个'先验'的主观世界，人的经验、知识等都是在和外部世界打交道的过程中，在不断摄取外部信息的过程中逐步'养成'的，因此，它的内部的主观信息世界也是映射（或内化）了外部的信息生态环境的，即也是在后者的作用与影响下被建构起来的。"③这里所说的实际上是信息体——人作为最重要的信息体的生成和发展过程。麦克卢汉的"媒介即信息"意味着"我们的心灵结构为我们所使用的不同媒介所改变"④。这是作为人的信息体形成的重要社会方式（通过社会化生成）。在信息活动中，这两个方面通过相互作用构成良性循环机制，使人越来越以信息方式存在。同时，人的生态环境也越来越是信息性质的。在信息生态中，这一点更为明显："我的日常生活世界绝不是我个人的世界，而是从一开始就是一个主体间际的世界，是一个我与我的同伴共享的世界，是一个也由其他他人经验和解释的世界，简而言之，它对于我们所有人来说是一个共同的世

---

① 肖峰.信息生态的哲学维度[J].河北学刊,2005(1).
② 阿尔弗雷德·许茨.社会实在问题[M].霍桂桓,索昕,译.北京：华夏出版社,1998:285.
③ 肖峰.信息生态的哲学维度[J].河北学刊,2005(1).
④ Karl Leidlmair. From the Philosophy Technology to a Theory Media [J]. Philosophy & Technology, 1999, 4:3.

界"①。存在方式、思维方式和行为方式的互动,在信息生态中表现为信息存在方式、人作为信息方式存在的思维方式和人类 agent 的行为方式的互动。"创造信息和消费信息的过程本身就是设计我们存在的方式,建构我们'如何是'与'是什么',也就是在建构一种我们与之融为一体的信息生态。"②这也是人类存在所面临的一个前所未有的过程,一个互动造世的过程。甚至人的信息占有和信息需要之间也具有双重建构性质。在这一过程中,作为信息方式存在的人和信息生态之间,存在一个更为复杂的平衡关系。作为信息方式的存在,人与信息生态所构成的相互生成的世界以及互动造世过程,意味着哲学方式本身的根本转换。

随着人越来越以信息方式存在,信息生态对人的发展居于越来越核心的地位。作为最符合人性的活动,创造活动中创造力的解放是人类解放的高级形态。作为与人类创造活动和创造力解放联系最为密切的内在层次,信息生态涉及人类发展环境的最高层次,它意味着一个更高理论层次的整体观照。

---

① 阿尔弗雷德·许茨.社会实在问题[M].霍桂桓,索昕,译.北京:华夏出版社,1998:409.
② 肖峰.信息生态的哲学维度[J].河北学刊,2005(1).

## 专题一 生态文明与中国传统生态智慧

# "美丽中国"的思想渊源

李建华

四川大学马克思主义学院副教授

---

**内容提要**：作为"中国梦"的重要内容，"美丽中国"关系人民福祉、关乎民族未来。追寻人与自然的和解与和谐，是人类的共同愿望，"美丽中国"思想和理念的形成有其深远的思想渊源。探寻并梳理这些思想渊源，对于深刻理解和准确把握"美丽中国"，十分重要。"美丽中国"思想和理念植根于中国古代生态智慧，吸收借鉴了西方生态思潮和生态融入的现代国家建设理论。它是在马克思、恩格斯生态理念和美丽社会形态学说的指导下，在中国社会主义生态文明建设实践的基础上提出来的，是对人类关于生态文明建设思想在继承、吸纳基础上的创新。

---

生态文明是人类社会进步的重大成果，是实现人与自然和谐发展的必然要求①。党的十八大提出："必须树立尊重自然、顺应自然、保护自然的生态文明理念，把生态文明建设放在突出地位，融入经济建设、政治建设、文化建设、社会建设各方面和全过程，努力建设美丽中国，实现中华民族永续发展。"② "美丽中国"的提出，标志着中国共

---

① 中共中央宣传部.习近平总书记系列重要讲话读本[M].北京：学习出版社、人民出版社，2016：230.
② 胡锦涛.在中国共产党第十八次全国代表大会上的报告[N/OL].(2012-11-17)[2016-12-21]. http://news.xinhuanet.com/18cpcnc/2012-11/17/c_113711665_9.htm.

产党站在新的历史起点上,对"建设什么样的生态中国,怎样建设生态中国"这一基本问题开始了思考和布局。"美丽中国"思想有其深远的理论渊源。探寻并梳理这些理论渊源,对于深刻理解和准确把握"美丽中国"思想,具有十分重要的理论价值和实践意义。

## 一、中国古代生态智慧是"美丽中国"的思想起源

1988年1月24日,第一届诺贝尔奖得主巴黎会议得出一个结论：If mankind is to survive, it must go back 25 centuries in time to tap the wisdom of Confucius.①意思是：人类要生存下去,就必须回到25个世纪前去吸取孔子的智慧。中国古代传统思想"以佛治心,以道治身,以儒治世"②,共同汇成了中国文化思想主流。儒道释三家都注重人与自然、人与社会以及人与自身关系的和谐统一,包含着丰富的生态伦理思想,对于今天人类处理人与自然关系、人与社会关系以及人自身关系仍然具有很深的启示意义。

(一)儒家的"天人合一"生态思想

"天人合一"思想是儒家将仁爱观点推广普及于天地万物,把天道、人道的和谐视为人生的最高理想而创立的万物一体的伦理体系。"天人合一"主张法天则地,不违不过。儒家认为,道是宇宙本原。人为道所生,理应法天则地,遵循自然规律,与大自然和谐共存,否则会受到大自然的惩罚。《系辞上》曰："与天地相似,故不违;知周乎万物而道济天下,故不过。"《周易》曰："范围天地之化而不过,曲成万物而不遗。"③主张既要改造自然,又要顺应自然;既不屈服于自然,也不破坏自然。"天人合一"强调"节以制度",合理利用自然资源,节制个

---

① Patrick Mannheim. Nobel Winners Say Tab Wisdom of Confucius[N]. The Canberra Times, 1988-01-24.
② 《三教平心论》卷上。
③ 《周易·系辞上》。

人欲望。孔子主张"节用而爱人,使民以时"①,孟子提出"亲亲而仁民,仁民而爱物"②,以使整个宇宙充满生机和活力。"天人合一"要求解决好人与人的关系和人自身的身心修养问题。孟子认为,"存其心,养其性,所以事天也。天寿不贰,修身以俊之,所以立命"③,强调要修养自己,和天道保持一致。"天人合一"思想将天地人视为一个有机联系的统一整体,彼此同生共运,浑然一体,对解决当代人与自然的矛盾的实现途径具有重要的方法论价值,对人类文明发展的生态文明转向具有重要的世界观指导意义④。

(二) 道家的"天人一体"生态思想

道家主张遵循道的规律,提出了"道通为一""道法自然"的自然哲学观点,成为当代社会处理人与自然、人与社会的关系的重要思想源泉。"道通为一"的整体自然论认为,道是世界的本原,是自然与人存在的共同基础,"道生一,一生二,二生三,三生万物"⑤。在人与自然的关系中,庄子提出"万物一体""道通为一"的思想,"天地与我并生而万物与我为一"⑥。汉初黄老思想倡导顺其自然、清静无为。"其生也天行,其死也物化;静与阴俱闭,动与阳俱开,精神淡然,无极不与"⑦。"道法自然"的生态思想提倡尊重自然的价值,主张人与自然统一。老子提出,"人法地,地法天,天法道,道法自然"⑧。如何做到"道法自然"?一曰"知常",即知自然规律,"知常曰明,不知常,妄

---

① 《论语·学而》。
② 《孟子·尽心上》。
③ 《孟子·尽心上》。
④ 张峰.儒家"天人合一"思想及其对生态文化建设的意义[J]. 开放时代,1997(1)。
⑤ 《道德经》第 42 章。
⑥ 《庄子·齐物论》。
⑦ 《淮南子·精神训》。
⑧ 《道德经》第 25 章。

作凶"①。二曰"知止"。"知止可以不殆"②,"知止不殆,可以长久"③。三曰"无为"。"无为"是顺乎自然而无为,"以辅万物之自然而不敢为"④。道家的"道通为一""道法自然"的整体自然观和回归自然、以自然为人类精神家园的价值观,表现了人类文化的深刻智慧,为构建现代可持续发展的生态文化提供了智慧源泉。

(三)释家的"因缘和合"生态思想

释家(佛教)的核心思想在于如何处理人的身心关系,因缘和合、众生平等是释家生态思想的核心内容。"因缘和合"思想认为,宇宙人生的生发无不是依托于各种"因缘"和合而成。在人与自然的关系上,佛教主张"依正不二",人与自然相和谐,生命主体与其生存环境同一。在身心关系上,佛教提出了"心净则佛土净"与"六和敬",现代佛教则提出了"心灵环保",主张从净心修性出发,做到人与社会、人与人关系的协调⑤。佛教"因缘和合"、众生平等思想为现代社会如何处理人与自然的关系、人与社会的关系提供了重要思想来源。

中华传统文明中这些关于人与自然关系的思想,为当代中国尊重自然,实现可持续发展、人与自然和谐发展,提供了宝贵的生态智慧和思想滋养。

## 二、马克思、恩格斯的生态文明思想与美丽社会形态学说是"美丽中国"的理论来源

资本主义大工业生产最初建立在对自然资源的高消耗和高污染的基础上,导致人类面临环境污染、资源匮乏等问题。马克思、恩格斯在关注人类社会重大问题的同时,也关注生态问题,形成了系统的

---

① 《道德经》第 16 章。
② 《道德经》第 32 章。
③ 《道德经》第 44 章。
④ 《道德经》第 64 章。
⑤ 叶小文.当议儒释道之"和"[J].宗教学研究,2006(1).

马克思主义生态理论和美丽社会形态学说。

(一)人与自然之间的辩证统一关系

马克思、恩格斯强调,人是自然的产物,是自然界的一部分。恩格斯说:"人本身是自然界的产物,是在他们的环境中并且和这个环境一起发展起来的"①,"我们连同我们的肉、血和头都是属于自然界,存在于自然界的"②,"人靠自然界生活"③。同时,人通过劳动与自然进行交往,对自然界加以改造,使自在自然变为了人化自然。人化自然又反过来对人类产生作用,"促使他们自己的需要、能力、劳动资料和劳动方式趋于多样化"④。在这个过程中,自然被人类赋予了新的属性——社会性与历史性。马克思、恩格斯强调,人类对自然的改造,必须遵循自然规律。"自然规律是根本不能取消的。在不同的历史条件下能够发生变化的,只是这些规律借以实现的形式"⑤,"我们对自然界的统治,是在于我们比其他一切动物强,能够认识和正确运用自然规律"⑥。虽然自然规律可以为人类所利用,但它是自然现象固有的、本质的联系,是不以人的意志为转移的,因此,不能违背,否则将受到自然的处罚。"我们不要过分陶醉于我们对自然界的胜利。对于每一次这样的胜利,自然界都报复了我们。"⑦

---

① 恩格斯. 反杜林论[M]. 中共中央编译局,译. 北京:人民出版社,1971:32.
② 马克思,恩格斯. 马克思恩格斯全集:第20卷[M]. 中共中央编译局,译. 北京:人民出版社,1971:519.
③ 马克思,恩格斯. 马克思恩格斯全集:第42卷[M]. 中共中央编译局,译. 北京:人民出版社,1979:95.
④ 马克思,恩格斯. 马克思恩格斯全集:第32卷[M]. 中共中央编译局,译. 北京:人民出版社,1979:561.
⑤ 马克思,恩格斯. 马克思恩格斯全集:第32卷[M]. 中共中央编译局,译. 北京:人民出版社,1979:541.
⑥ 马克思,恩格斯. 马克思恩格斯全集:第20卷[M]. 中共中央编译局,译. 北京:人民出版社,1971:579.
⑦ 马克思,恩格斯. 马克思恩格斯全集:第20卷[M]. 中共中央编译局,译. 北京:人民出版社,1971:579.

(二) 社会问题是自然问题的根源

马克思、恩格斯强调,自然问题的根源在于社会问题。在深刻分析了资本主义的经济、社会和自然的关系的基础上,马克思一针见血地指出,生态问题并不是人对自然的一般性"支配"所引起的,而是人们对待自然的"特殊"方式所导致的。这种"特殊"方式与资本主义社会的基本矛盾相关联且由此决定。在《哥达纲领批判》中,马克思进一步指出,生态危机的根源在于资本主义制度,生态恶化是资本主义固有的逻辑结果。因此,解决生态问题的出路便是社会性地解决人与自然的矛盾。

(三) 人类与自然以及人类自身的两个和解与最美丽的社会形态

在对资本主义生产方式破坏自然进行批判的基础上,马克思、恩格斯指出,人类只有走向共产主义社会,才能实现"人类同自然的和解以及人类本身的和解"①。共产主义社会"是人同自然界的完成了的本质的统一,是自然界的真正复活,是人的实现了的自然主义和自然界的实现了的人道主义"②,"它是人和自然之间,人和人之间的矛盾的真正解决"③。在马克思、恩格斯那里,共产主义是"以各个人的自由发展为一切人自由发展的条件的联合体"④,是一个消灭了阶级、消灭了国家、消灭了分工、消灭了异化劳动的人类最理想的社会形态。他们虽然没有直接将共产主义明确冠以"美丽"这个特定的词汇,但是共产主义已经被描述为人类将来必然走向的最美丽的社会形态。

---

① 马克思,恩格斯.马克思恩格斯全集:第1卷[M].中共中央编译局,译.北京:人民出版社,1956:603.
② 马克思.1844年经济学哲学手稿[M].中共中央编译局,译.北京:人民出版社,1985:77-79.
③ 马克思.1844年经济学哲学手稿[M].中共中央编译局,译.北京:人民出版社,1985:77-79.
④ 马克思,恩格斯.马克思恩格斯全集:第4卷[M].中共中央编译局,译.北京:人民出版社,1956:491.

马克思、恩格斯关于生态文明思想与美丽社会形态学说,阐明了生态问题的根源,指明了实现人与自然和解的社会性解决方案,为中国建设社会主义生态文明提供了广阔的视野和思路,为全面建设"美丽中国"提供了理论指导和支撑。

## 三、西方生态思潮是"美丽中国"的间接来源

随着西方工业革命的兴起和近代科学技术的发展,社会生产力迅速提高,人类由此前的自然顺从者转变为自然的改造者和征服者。以培根、笛卡儿、康德为代表的人类中心主义思潮,强调"人是自然的立法者",过分夸大人的主观能动性。实践上对自然的肆意掠夺和理论上的人类中心主义,导致了不可再生资源的枯竭、环境的破坏、自然生态的恶化,人类面临从未有过的"生态危机"。西方社会开始重新审视和思考人与自然的关系、人与社会的关系以及人的身心关系,形成了一系列生态思想。

(一)法兰克福学派的"美的法则"与"自然的解放"

二战以后,法兰克福学派把分析生态危机与批判资本主义结合起来。他们提出,在资本主义社会,工具理性取代了价值理性,人类通过现代科技掠夺和践踏自然界,造成生态危机,不仅异化了人与人的关系,而且也异化了人与自然的关系。生态危机不是单纯的自然的、科学的问题,而是资本主义的政治危机、经济危机和人的本能结构危机的集中体现。他们主张必须首先在资本主义世界内部推进环境保护,并且在未来的自由社会建立起人与自然和谐共处的新型关系。这被 H. 马尔库塞称为"自然的解放",即把自然界改造成为符合人的本质的环境世界,运用"美的法则"来塑造对象性的自然界。

(二)生态马克思主义(ecological Marxism):以人类中心主义精神实现人与自然的和谐统一

生态马克思主义强调,马克思所提出的资本主义生产社会化和生产资料私人占有之间的矛盾与生态系统的尖锐冲突是当代资本主

义经济危机的根源之一。资本主义制度的根本目的是谋取尽可能多的利润,使商品生产的规模无限制地扩大,结果会耗尽自然资源,最终完全破坏人类生物圈。生态马克思主义主张以人类中心主义(人道主义)精神实现人与自然的和谐统一。"人类与自然的辩证关系——人改变自然的同时也改变自己——是它自己自然的本质"①,"人类并非天然地就是自然界的污染物……是现存的社会经济制度造成的"②。因此,要以生态社会主义社会对资本主义社会进行"生态重建",以根除生态危机产生的土壤。生态马克思主义为人们改造现存社会、重建生活家园提供了行动指南。但是,它试图用"生态危机论"取代"经济危机论",带有一定的乌托邦性质。

(三)深生态学(deep ecology):重视环境问题的政治、经济、社会等因素

深生态学是由挪威著名哲学家阿恩·纳斯(Arne Naess)创立的现代环境伦理学新理论。20世纪70—80年代,由于西方社会的资源浪费、环境退化没有从根本上得到解决,人们发现,必须突破浅生态学(shallow ecology)的认识局限,对环境问题寻求深层的答案。于是,深生态学应运而生。深生态学主张从具体的环境保护转向考虑环境问题的政治、经济、社会、伦理的因素,关注整个地球生态系统的稳定,倡导生态"大自我"的整体主义价值观念。它将"自我实现"奉为最高规范,并通过这个最高规范把人的利益与大自然的利益紧密相联。今天,深生态学不仅是西方众多环境伦理学思潮中一种最令人瞩目的新思想,而且已成为当代西方环境运动中起先导作用的环境价值理念。但是,深生态学的基础是"自我的直觉与经验",因而在理论的认知层面上依旧具有明显的局限性。

---

① Parsons. H. Marx and Engels' on Ecology[M]. London: Greenword, 1977: XI.
② Perper, D. Ecological Socialism: From Depth Ecology to Socialism[M]. London: Routledge, 1993: 232.

西方生态思潮对于生态危机是如何产生的、如何破解生态环境问题等生态文明的核心问题进行了思考和回答,为"美丽中国"理念提供了有益借鉴。

## 四、中国共产党对社会主义生态文明建设的理性思考是"美丽中国"的现实来源

中国共产党在社会主义革命和社会主义建设中,对生态文明进行了探索和创新,形成了一系列意义重大、影响深远的丰硕成果。

毛泽东对于未来理想社会的最初设想起源于1918年的"新村实验","新村"里的所有工作都是农业劳动:种园、种田、种林、畜牧、种桑、养鸡。在年轻的毛泽东看来,未来理想社会首先是人与自然能够和谐相处的社会。1934年1月,毛泽东在《我们的经济政策》中指出:"水利是农业的命脉。"[①]1973年8月,在毛泽东指示下,中国召开了第一次环境保护工作会议,明确把环境保护工作作为工农业建设中的重要问题来抓。这标志着中国共产党正式将环境保护纳入到社会主义事业的整体框架之中。

邓小平注重生态环境对于经济发展的保障作用。1982年11月,他为全军植树造林总结经验表彰先进大会的题词是:"植树造林,绿化祖国,造福后代。"[②]他指出,生态环境和自然资源是人类社会生存与发展的基础和条件,是社会主义社会经济长期稳定增长的重要前提和保障。邓小平强调依靠法制和科技解决生态问题。在他的领导下,中国先后制定了《中华人民共和国环境保护法》《中华人民共和国海洋保护法》等一系列法律法规,结束了中国环境保护无法可依的局面,同时,重视依靠科技的力量实现环境的改善。

在生态文明方面,江泽民明确提出了可持续发展战略。在1993

---

① 毛泽东选集:第1卷[M].北京:人民出版社,1967:116-117.
② 邓小平.植树造林(1982年11月)[M]//邓小平文选:第3卷.北京:人民出版社,1993:21.

年"中国21世纪国际研讨会"上,江泽民宣布了中国政府实施可持续发展战略的构想。1995年,江泽民指出:"在现代化建设中,必须把实现可持续发展作为一个重大战略。要把控制人口、节约资源、保护环境放到重要位置,使人口增长与社会生产力发展相适应,使经济建设与资源、环境相协调,实现良性循环。"①2001年7月1日,他在庆祝党成立80周年大会上强调:"要促进人和自然的协调与和谐,使人们在优美的生态环境中工作和生活。坚持实施可持续发展战略,正确处理经济发展同人口、资源、环境的关系,改善生态环境和美化生活环境,改善公共设施和社会福利设施。努力开创生产发展、生活富裕和生态良好的文明发展道路。"②

胡锦涛高度重视生态文明建设,在党的十七大报告中明确提出了建设生态文明的历史任务:"建设生态文明,基本形成节约能源资源和保护生态环境的产业结构、增长方式、消费模式。"③这是我们党第一次把"生态文明"这一理念写进党代会报告。2008年9月,胡锦涛在全党深入学习贯彻科学发展观活动动员大会上,将生态文明建设与"社会主义经济建设、政治建设、文化建设、社会建设"并列提出。2009年,中共中央召开会议,胡锦涛再次把生态文明建设与经济建设、政治建设、文化建设和社会建设并列提出,把中国特色社会主义建设布局从"四位一体"丰富为"五位一体"。

党的十八大把生态文明建设纳入中国特色社会主义事业"五位一体"总体布局,首次把"美丽中国"作为生态文明建设的宏伟目标。十八大审议通过《中国共产党章程(修正案)》,将"中国共产党领导人

---

① 江泽民.正确处理社会主义现代化建设中的若干重大关系(1995年9月28日)[M]//江泽民文选:第1卷.北京:人民出版社,2006:463.
② 江泽民.在庆祝中国共产党成立八十周年大会上的讲话(2001年7月1日)[M]//江泽民文选,第3卷.北京:人民出版社,2006:294-295.
③ 胡锦涛.高举中国特色社会主义伟大旗帜为夺取全面建设小康社会新胜利而奋斗——在中国共产党第十七次全国代表大会上的报告[N/OL].(2007-10-24)[2016-12-21]. http://politics.people.com.cn/GB/8198/6429190.html.

民建设社会主义生态文明"写入党章,作为行动纲领。"美丽中国"以生态文明为鲜明特征,并用生态文明理念对物质、精神、政治三个文明进行融入、整合与重塑,"生态"成为三个文明的重要评价标准,最终体现为和谐幸福的社会生活,是对"建设什么样的生态中国、怎样建设生态中国"的深刻思考和系统回答,从而将中国特色社会主义事业提高到新的水平。党的十八大以来,习近平从党的根本任务和奋斗目标的战略高度,深刻指出:"生态文明建设事关中华民族永续发展和两个一百年奋斗目标的实现,保护生态环境就是保护生产力,改善生态环境就是发展生产力。"①在处理物质文明建设与生态文明建设的矛盾时,他强调:"我们既要绿水青山,也要金山银山。宁要绿水青山,不要金山银山,而且绿水青山就是金山银山。"②"环境就是民生,青山就是美丽,蓝天也是幸福。要像保护眼睛一样保护生态环境,像对待生命一样对待生态环境,把不损害生态环境作为发展的底线。"③"美丽中国"是对人类关于生态文明思想在继承和吸纳基础上的创新。十八届三中全会提出加快建立系统完整的生态文明制度体系;十八届四中全会要求用严格的法律制度保护生态环境;十八届五中全会提出"五大发展理念",将绿色发展作为"十三五"乃至更长时期经济社会发展的一个重要理念,成为党关于生态文明建设、社会主义现代化建设规律性认识的最新成果。在"十三五"规划中,中国首度将加强生态文明建设("美丽中国")列为十个任务目标之一,郑重地写入五年规划。

---

① 中共中央宣传部.习近平总书记系列重要讲话读本[M].北京:学习出版社、人民出版社,2016:234.
② 中共中央宣传部.习近平总书记系列重要讲话读本[M].北京:学习出版社、人民出版社,2016:230.
③ 中共中央宣传部.习近平总书记系列重要讲话读本[M].学习出版社、人民出版社,2016:233.

## 五、"美丽中国"是以习近平为核心的党中央对人类关于生态文明建设思想在继承、吸纳基础上的创新

"美丽中国"思想和理念植根于中国古代生态智慧,吸收借鉴了西方生态思潮和生态融入的现代国家建设理论。它是在马克思、恩格斯生态理念和美丽社会形态学说的指导下,在中国社会主义生态文明建设实践的基础上提出来的,是对人类关于生态文明建设思想在继承、吸纳基础上的创新。

第一,"美丽中国"传承和创新了人类关于生态的思想与智慧。"美丽中国"思想传承和创新了中国古代"天人合一""天人一体""众生平等"等生态智慧,提出要"尊重自然、顺应自然、保护自然"的生态文明理念;吸收借鉴了西方关于"生态重建""可持续发展"等思想,指出生态文明建设"关系人民福祉、关乎民族未来",顺应并正确反映了人类生态文明的未来发展趋势;特别是强调要把生态文明建设融入经济建设、政治建设、文化建设、社会建设的各方面和全过程,克服并超越了历史上仅从单方面、浅层次、窄视角来思考和解决生态危机的局限,明确提出要从国家经济社会发展的全领域、深层次、宽视野来研究并解决生态问题,同时又以生态文明建设推动、改造其他四大建设,以实现中华民族的永续发展。

第二,"美丽中国"继承和发展了马克思、恩格斯关于美丽社会形态的理论。马克思指出:"人们对自然界的狭隘的关系制约着他们之间的狭隘的关系"[①]。在古代社会,人受制于自然,也受制于社会制度。只有到了共产主义社会,才能实现人与自然及人自身的两个和解,这样的社会才是最美丽的社会形态。马克思、恩格斯指出,社会主义是共产主义这个最美丽的社会形态的初级形态,社会主义的根

---

① 马克思,恩格斯.马克思恩格斯选集:第1卷[M].中共中央编译局,译.北京:人民出版社,1995:82.

本目的是实现共产主义。由于社会主义是国家存在的最后社会形态，所以，建设美丽国家就应当成为走向最美丽社会形态的基本前提和必要准备。中国社会主义伟大事业取得了举世瞩目的成就，目前正处于社会主义现代化建设的关键时期，即全面建成小康社会的决胜阶段。所以，在社会主义事业达到相当发展水平的中国提出建设"美丽中国"思想，是对马克思、恩格斯关于最美丽社会形态理论的发展和创新，具有十分重大的理论价值和实践意义。

第三，"美丽中国"吸收借鉴了西方生态理论。借鉴了西方深生态学关于"环境问题涉及政治、经济、社会、伦理的因素"的主张，汲取新马克思主义法兰克福学派的"美的法则"与"自然解放"思想，中共十八大鲜明地提出建设"美丽中国"的治国方略，要求把生态文明建设"融入经济建设、政治建设、文化建设、社会建设各方面和全过程"，将开辟中国特色社会主义建设的新境界。

第四，"美丽中国"是对中国共产党探索"建设什么样的生态中国、怎样建设生态中国"的高度总结和最新概括。以毛泽东为核心的第一代中央领导集体完整地提出了四个现代化的奋斗目标；邓小平在党的十二大上提出在建设高度物质文明的同时努力建设高度的社会主义精神文明；江泽民在党的十六大上把发展社会主义民主政治、建设社会主义政治文明，确定为全面建设小康社会的一个重要的目标；胡锦涛在党的十七大上首次在党代会报告中明确提出建设生态文明的战略任务。这样，中国共产党逐步形成了社会主义现代化国家的建设框架，构建起中国特色社会主义的完整社会文明体系：物质文明、精神文明、政治文明和生态文明，四个文明共同促进了和谐社会的构建。党的十八大以来，进一步明确了生态文明建设的战略任务和历史地位，较为系统地提出了"美丽中国"思想和建设构想。它以生态文明为鲜明特征，并用生态文明理念对物质、精神、政治三个文明进行融入、整合与重塑，"生态"成为三个文明的重要评价标准，最终体现为和谐幸福的社会生活，从而将推动中国特色社会主义事业提高到新的水平。

# 儒家话语体系中"礼""仁""道"之生态智慧

吴立群

上海大学哲学系副教授

**内容提要**：中国特色社会主义道路是一条符合我国国情与民族传统的现代化发展道路。当代中国正进入改革的攻坚阶段，各种社会矛盾纷繁交错。哲学社会科学话语体系研究十分重要。话语体系的有效建立是一个长期的过程。传统文化经过长期积淀形成并潜移默化地深刻影响着人们的价值取向。依托于本民族传统文化是进行话语体系建设的有效途径。传统文化离不开它所依赖的特殊时代背景。寻求传统文化历史与逻辑的内在统一是话语体系研究的必要途径。在传统社会，儒家"礼"与"仁"的思想将政治强制与道德自觉相统一，构成儒家独特的伦理政治结构，实现了儒家治国安邦的政治目标。在现代公共生活论域中，以人性论为线索，考察人们现实生活和理想生活的内在根据，是彰显儒家话语体系现代语境的研究方法的一种尝试。在现代语境中，"礼"与"仁"围绕人的生活活动而展开，源于人的最真实的情感。人们通过"礼"与家族、社会、国家的整体秩序保持统一；同时又在"仁"的追求中自觉人的本质，实现人的生命意义。在传统文化话语体系中了解国情、感受时代、认同国家不仅是进行话语体系建设的意义所在，也是建设中国特色社会主义的内在要求。

党的十八大以来，习近平在国内外不同场合的活动与讲话中，多次谈到中国传统文化，并表达了自己对传统文化价值体系的认同与尊崇。习近平指出:"国无德不兴,人无德不立","只要中华民族一代接着一代追求美好崇高的道德境界,我们的民族就永远充满希望"①。在传统文化话语体系中了解国情、感受时代、认同国家不仅是进行话语体系建设的意义所在,也是建设中国特色社会主义的内在要求。

## 一、话语体系与当代中国

中国现代化进程有其特殊性,既与英美式民主进程有别,又不同于俄罗斯现代化历程。我国五四前后各种主义的并立既反映出中华民族建立现代国家的进程已迈入理性、自觉的阶段,又预示着前程的艰难与曲折。纵观我国现代化进程,对比他国的经验与教训,我们更加坚信中国特色社会主义道路是一条符合我国国情与民族传统的现代化发展道路。

当代中国正进入改革的攻坚阶段,各种社会矛盾纷繁交错。如何在世界风云变幻中形成牢固的国家认同,在全球化、多元化的时代坚持理论自信、文化自信、道路自信,是当代中国现代化建设之重要论题。在此背景下,哲学社会科学话语体系的研究十分重要。话语体系的有效建立是一个长期的过程。传统文化是经过长期积淀而形成的,并已进入无意识层面,潜移默化地深刻影响着人们的价值取向。因此,依托于本民族传统文化是进行话语体系建设的有效途径。

儒家思想作为中国文化的主干,不仅在中国有着悠久的历史,而且对东方文化的形成产生了深远的影响。作为中国传统文化的主要代表,儒学伴随着中国现代化进程的发展与演变。儒学以"传道、授业、解惑"为其社会责任,以启迪良智、塑造理想人格为其历史使命。当今时代,全球化浪潮中西方话语霸权仍然存在。如何分辨各种价

---

① 习近平. 2013 年 10 月 21 日在欧美同学会成立 100 周年庆祝大会上的讲话[EB/OL]//习近平论中国传统文化——十八大以来重要论述选编. [2014-02-28]. http://news.xinhuanet.com/politics/2014-02/28/c_126206419.htm.

值,克服社会转型期出现的价值认同危机、价值理想失落等弊端,是当前社会亟待解决的理论和现实难题。学界有关儒家思想的当代价值以及对当代社会生活的作用的研究著述较多,其共同点是,以"忧患意识"为其理论的出发点,以"返本开新"为其理论的建构方式,以发扬儒学为其理论的追求目标,均力图阐扬现代新儒学的当代现实意义,取得了较为丰硕的成果,同时也存在一定的问题,主要表现在宏大叙事与具体应用的脱节。即,虽然目前学界在对儒学史的历史梳理与现代时代背景分析方面,以及对儒学思想中某些具体的合理因素在当代社会的现实作用方面,均有较为详尽的论述,但在如何将上述两方面置于同一论域、同一语境使其达到内在统一方面,则用力不足,阐发不深。本文力图寻求传统儒学与现代社会之重合论域,通过分析传统儒家"礼"与"仁"思想的现代语境,使人们在传统文化话语体系中,了解国情、感受时代、认同国家,为中国特色社会主义建设提供思想资源。

传统文化离不开它所依赖的特殊的时代背景。寻求传统文化历史与逻辑的内在统一是话语体系研究的必要途径。在传统社会,儒家"礼"与"仁"的思想将政治强制与道德自觉相统一,构成儒家独特的伦理政治结构,实现了儒家治国安邦的政治目标。在现代公共生活论域中,以人性论为线索,考察人们现实生活和理想生活的内在根据,是彰显儒家话语体系现代语境的研究方法的一种尝试。在现代语境中,"礼"与"仁"围绕人的生活活动而展开,源于人的最真实的情感。人们通过"礼"与家族、社会、国家的整体秩序保持统一;同时又在"仁"的追求中自觉人的本质,实现人的生命意义。

## 二、儒家入世的公共论域及人性论线索

儒家思想以经世致用著称。春秋战国时期,周天子王权旁落,战火频仍,民不聊生。面对"礼崩乐坏"的局面,先秦诸子围绕如何恢复社会政治秩序,重建伦理纲常展开思潮言说和交流,呈现出学术多

元、百家争鸣的盛况。诸子百家都力图为社会变革提供有效的价值支持和制度设计,纷纷提出各自的思想路径及解决方案。在对传统礼乐秩序进行反省的基础之上,儒家重新理解传统礼乐秩序的精神实质,建立起儒家哲学体系。儒家以"三代"之治为治国理想;以仁义道德为安邦原则;以建立在宗法血缘基础之上的道德自觉为精神方向;以伦理秩序的理性建构为实践方案,其统摄人心、观照现实的内在力量使其成为变革时代的主流学派。儒家哲学的内在逻辑及历史地位表明:"经典的神圣权威性不是先验决定的,而是在共同体的文化生活实践中历史地实现的,是在人与人、人与历史的关系中建立起来的。在中国,更是在文化交往、语言交往和礼仪实践中建立起来的。一个经典之成为经典,在于群体之人皆视其为神圣的、有权威的、有意义的,在这个意义上,经典的性质并非取决于文本本身,而取决于它在一共同体中实际被使用、被对待的角色和作用。"①

关注社会现实、重视对人性的讨论是儒家哲学的主要特点。儒家哲学思想围绕理想社会与人生意义的实现而展开。前者从人性出发,就家、国、天下的稳定与和谐进行制度设计与建构。即由己出发,经修身、齐家、治国、平天下的路径达到治国安邦的政治目的。在实现"礼"的秩序的同时,又以"仁"的和谐化解"礼"的紧张。"礼"与"仁"共同构筑社会稳定和谐的基础;后者就个体有限生命何以可能无限这一问题,设计实现人生意义、获得不朽价值的途径和方法,以化解人的存在的焦虑,提供人们安身立命的精神支柱。由此可见,以人为本的治学风格和治国安邦的入世态度决定了儒家哲学核心内容必然围绕公共性而展开。伦理与政治的紧密相连又使得儒家公共性思想独具特色。

中国哲学关于人性的讨论甚多,而尤以儒家为最。儒家哲学对人性的表达兼具现实性与超越性两个向度。儒家既要为现实的政治

---

① 陈来.古代思想文化的世界[M].北京:生活·读书·新知三联书店,2002:171.

生活和社会生活提供制度安排和秩序安排,同时又要为现实的政治生活和社会生活提供终极的意义。前者是儒家对人性的现实向度的表达,后者则是儒家对人性的超越向度的思考。现实生活是儒家哲学的立足点。建立社会基本制度体系、制定人们交往行为的普遍规范,是儒家入世的途径和手段。然而,儒家并不停留于现实生活。儒家认为,安顿人们的现实生活固然重要,但更根本的则在于通过儒家的圣王、圣君、圣贤理想人格的示范与引导,营造超越现实、追求理想的道德生活。在儒家话语系统中,"人"不是一个生物意义上的存在,而是一种崇高的存在。对人性的超越是儒家努力的方向与最终目标。

因此,以现代公共生活为论域,在这一论域中阐发儒家哲学对社会交往、公共活动、公共利益、公私矛盾与统一等公共性问题的独特理解,是寻求传统儒学与现代社会的共同论域,解决以往研究中存在的宏大叙事与具体应用脱节问题的努力方向。在现代公共生活论域中,以人性论为线索,考察人们现实生活和理想生活的内在根据,并在此基础上,将传统社会与现代中国进行比较与分析,彰显"新儒学"之"新",反思"现代社会"之"现代"。如此则可使儒家传统"礼"与"仁"的思想为中国特色社会主义建设提供必要的思想资源。

## 三、"礼"与"仁"之"道"

儒家的理想社会是"大同"之世。是否有"道"是衡量这一理想社会的标准。有"道"是理想状态,然而现实却经常处于无"道"之中,或者说"道"未能显现。正是基于对"道"的追求,儒家提出"礼"与"仁"的思想来建立社会基本制度,并对人们的社会交往行为提出普遍的形式化的规范,以安顿人们的现实生活。"礼"的制定保证社会的稳定有序,"仁"的倡导促进社会的安定和谐。"礼"与"仁"将政治强制与道德自觉相统一,构成儒家独特的伦理政治结构,实现了儒家治国安邦的政治目标。如果说"道"是儒家对人性超越向度的思考,那么,

"礼"与"仁"则是儒家对人性现实向度的表达。

"道"是中国哲学中最为崇高的概念。先秦诸子百家无不论"道",并均以"道"为宇宙万物的本源。在儒家那里,"道"作为一种政治理想和精神追求,代表了儒家的政治理念和礼制秩序的精神价值,是现实政治的终极价值根据和意义根源。儒家以"道"的理想作为自己的政治信念。这一信念不仅源于人性的深刻需求,而且已作为一种思想传统、化作一种精神力量,代代相传。"道"是儒家关于政治秩序建构的基本精神,也是衡量现实政治昌明的标准。所谓"有道",即合乎儒家的政治理念和精神追求;反之,即"无道"。有"道"的社会是儒家的理想社会。"大同"之世正是儒家的政治理想。这一政治理想与其说是儒家对未来社会的展望,不如说是对现实社会的规范。

"礼"与"仁"正是将这一政治理想于现实社会的具体体现。"礼"既是外在的仪式、仪礼,同时也是内在的道德规范,并且代表着合理秩序的社会制度。"礼"使人们明辨君臣、上下、尊卑、贵贱、长幼之别,并为人们的行为确定规矩和尺度,从而使人的生活活动与动物的生命活动具有本质的区别,显示出人性的高贵与尊严。人们在遵从"礼"的威严的同时,自身的人格也得到了尊重。在传统社会,依靠道德的感召力整合社会与国家、家庭与家族、人与人是政治有序、社会安定的重要手段。儒家倡导礼制,即将伦理道德转化为一定的规范体系,通过礼的外在规定与强制约束,使社会秩序化。儒家重"礼",更重视"礼"之精神。在儒家看来,要从根本上解决国家与社会的治乱问题,必须为"礼"建立牢固的价值根基,这一价值根基就是"仁"。"仁"的本义就是"人"。在儒家看来,"仁"即人的本质。儒家向来自觉于"人禽之辨","成人"是儒家的核心话题。所谓"成人"即使人成其为人,即启发人性的自觉,从而肯定人在世界中的地位、作用和价值。儒家认为,道德修养不仅在于个人的人格完善,还在于个人对社会的贡献,其最终目标是上达"天道",即实现"与天地合其德"(《周易·文言》)、"与天地参"(《礼记·中庸》)的崇高境界。"仁"即此最高境界。在"仁"的境界中,人充分地体现真实的人性,并积极地参与宇宙的大化流行。

## 结语

如前所述,在现实生活中,人们通过"礼"与家族、社会、国家的整体秩序保持统一;同时又在"仁"的追求中自觉人的本质,"上下与天地同流"(《孟子·尽心上》),实现人的生命意义。"礼"与"仁"既为社会生活、政治秩序及个体安身立命确定了价值标准,又在社会整合与社会均衡中发挥着重大作用。自此,作为儒家核心思想的"礼"与"仁"始终一以贯之。对社会制度的焦虑和对生命终极意义的关切成为儒家哲学的致思取向。传统文化离不开它所依赖的特殊的时代背景。作为传统文化的重要代表,儒学不仅在中国有着悠久的历史,而且对韩国、新加坡等世界各国产生了深远的影响。尽管如此,在进入现代社会以后,儒学依然面临传统话语体系与现代公共生活之间的紧张与冲突。儒学的现代化转化不仅是时代发展的要求,也是理论发展的必然。发掘蕴含在"礼""仁""道"之中的生态智慧,寻求儒学思想历史与逻辑的内在统一是儒家话语体系研究的必要途径。

在传统社会,儒家"礼"与"仁"的思想将政治强制与道德自觉相统一,构成儒家独特的伦理政治结构,实现了儒家治国安邦的政治目标。在现代公共生活论域中,以人性论为线索,考察人们现实生活和理想生活的内在根据,是彰显儒家话语体系现代语境的研究方法的一种尝试。在现代语境中,"礼"与"仁"围绕人的生活活动而展开,源于人的最真实的情感。人们通过"礼"与家族、社会、国家的整体秩序保持统一;同时又在"仁"的追求中自觉人的本质,实现人的生命意义。

当代中国正进入改革的攻坚阶段,各种社会矛盾纷繁交错。从某种意义上说,如何对待传统文化规定和制约着社会历史发展的方向和趋势,关系到国际意识形态格局的变化。如何在世界风云变幻中形成牢固的国家认同,在全球化、多元化的时代坚持理论自信、文化自信、道路自信,是当代中国现代化建设之重要论题。正如习近平所指出的那样:"经过几千年的沧桑岁月,把我国 56 个民族、13 亿多人紧紧凝聚在一起的,是我们共同经历的非凡奋斗,是我们共同创造的美好家园,是我们共同培育的民族精神,而贯穿其中的、最重要的是我们共同坚守的理想信念。"[①]中国梦的实现是物质文明和精神文明共同发展的过程。没有民族精神的共同培育,没有理想信念的共同坚守,就没有中国梦的实现。汲取蕴含于"礼""仁""道"的生态智慧,以公共生活考察儒家话语体系的现代转化或有助于在一定程度上化解传统与现代的紧张与冲突,为中国特色社会主义建设提供有益的思想资源。

---

① 习近平. 2013 年 3 月 7 日在中央党校建校 80 周年庆祝大会暨 2013 年春季学期开学典礼上的讲话[EB/OL]//习近平论中国传统文化——十八大以来重要论述选编. [2014-02-28]. http://news.xinhuanet.com/politics/2014-02/28/c_126206419.htm.

# 试论《老子》自然观及其生态启示

黄圣平

上海大学哲学系副教授

---

**内容提要**："自然"是《老子》中的重要范畴。可以将《老子》的自然观概括为"道(德)之自然""道法自然""万物之自然""百姓之自然"和"圣人之自然"等几个基本主题。《老子》的"自然"是"人文自然",具有人文化和价值化的理论特质。将《老子》"人文自然"的思想应用于当代社会,就人类与自然界的关系而言,能够提供一些重要的生态启示。

---

"自然"是《老子》中的重要范畴。在《老子》之前的古代典籍,无论《诗经》《尚书》《左传》之中,还是殷周时期的甲骨文、金文文献等,其中均无"自然"一词,故应该是《老子》首先使用了"自然"范畴,并使之成为一个重要的哲学概念。本文以《老子》关于"自然"范畴的具体使用为主要依据,再结合《老子》原文中的其他论述,重点分析《老子》自然观的基本思想,探讨其人文化的思想特质,并进而思考其所提供的生态启示。

## 一、"道"之"自然"与"道法自然"

查《老子》一书,"自然"一词共出现五次,分别出现在王弼本第十七、二十三、二十五、五十一和六十四章中。这五章的原文,依据王弼本,具体如下:

悠兮其贵言。功成事遂,百姓皆谓我自然。(《老子》第十七章)

希言自然。故飘风不终朝,骤雨不终日。(《老子》第二十三章)

道大,天大,地大,王亦大。域中有四大,而王居其一焉。人法地,地法天,天法道,道法自然。(《老子》第二十五章)

道之尊,德之贵,夫莫之命而常自然。(《老子》第五十一章)

是以圣人欲不欲,不贵难得之货。学不学,复众人之所过。以辅万物之自然而不敢为。(《老子》第六十四章)

分析以上原文,可以看出,《老子》从宇宙论、圣人心性论、无为政治哲学和万物之本性的多维角度对"自然"范畴加以使用,其自然观具有完整层次和丰富内涵。分析以上关于"自然"的原材料,结合《老子》中的其他相关材料,可以将《老子》的自然观概括为"道(德)之自然""道法自然""万物之自然""百姓之自然"和"圣人之自然"等几个基本主题。具体说来:

(一) 道(德)之自然

这一主题出自《老子》第五十一章,其原文是:

道生之,德畜之,物形之,势成之。是以万物莫不尊道而贵德。道之尊,德之贵,夫莫之命而常自然①。故道生之,德畜之;长之育之,亭之毒之,养之覆之。生而不有,为而不恃,长而不宰,是谓玄德。

---

① 帛书本此句作"夫莫之爵也,而恒自然也",其意思是指道(德)不具有爵位,但是自然得到了万物的尊崇。显然,与王弼本有所区别,但意义不大。另外,在帛书本中,"道生之,德畜之;长之育之,亭之毒之,养之覆之"句为"道生之,蓄之,长之,遂之,亭之,毒之,养之、覆□","长之育之,亭之毒之,养之覆之"的主语都是"道",而不是"德"。这一点区别也问题不大,因为在《老子》中本来就道、德合一。

分析这段话,其含义主要是两个方面:一方面是指道(与德)生化万物过程的无心、自然。道(与德)是万物存在的来源和依据,它们蓄养万物,化生万物,并因此自然地得到万物对它们的尊崇,这一过程是自然而然的;另一方面则是指道之独特性的虚静、无为、柔弱性质。正是因为道的这种独特性的虚静、无为特征,使得它尽管生育万物和蓄养万物,却又并不占有万物,不主宰万物,也不自恃有功。在《老子》看来,这才是道所具有的玄妙的德性(所谓"玄德"),是道的真正高贵之处。将这两方面结合起来,可以看出,所谓道之自然,指的是道之作为万物的母体和依据,它生长、养育万物的过程是无心无为的,在其中没有意志和情感,不具有人格性,更不具有强势特征,而是具有无为、柔化、弱势的自然之德性。《老子》第三十四章中说"大道氾兮,其可左右。万物恃之而生而不辞,功成不名有,衣养万物而不为主。常无欲,可名于小。万物归焉而不为主,可名为大。以其终不自大,故能成其",就是认为道是万物产生的根源,却不将万物据为己有;它滋养了万物,却没有任何欲求,也不充当万物的主宰,而且正是因为道之无心、无为,不主宰万物,也不自命为大,不自居其大,所以才能够真正成就其对万物的滋养和载覆、化育的功能,成就万物之回归于其中的其在功能上的"大"。显然,这是对"道"之"玄德"特性的重复性阐发。在《老子》中,关于道之作为万物母体的存在及其功能的论述是很多的,如第六章中说"谷神不死,是谓玄牝。玄牝之门,是谓天地之根。绵绵若存,用之不勤",第三十九章中说"昔之得一者,天得一以清;地得一以宁;神得一以灵;谷得一以盈,万物得一以生;侯王得一以为天一贞",第四十二章中说"道生一,一生二,二生三,三生万物。万物负阴而抱阳,冲气以为和"等,其中的"玄牝""一""道",都应该从它们作为万物母体、依据的角度加以理解。在这些原材料中,"道"之虚静、柔弱、无为的"玄德"特征也还是很明显的。

(二)道法自然

所谓"道法自然",是指"道"对"自然"原则的效法。《老子》第二十五章中说：

> 有物混成，先天地生。寂兮寥兮，独立不改，周行而不殆，可以为天下母。吾不知其名，字之曰道，强为之名曰大。大曰逝，逝曰远，远曰反。故道大，天大，地大，王亦大。域中有四大，而王居其一焉。人法地，地法天，天法道，道法自然。

这一段原材料的意思是，有物浑然一体，先于天地而生成。它是寂寥的，无声又无形；它是独立长存的，从来没有改变过，而它的运行方式是一种循环运行，且恒久运转，永不停息。这个物可以说是天地的本根，我不知它的本名是什么，给它取名叫道，勉强又称它为大。大到无边无极，从而运行到遥远处，运行到遥远处又回归于本原的地方。因此，在境域中，有四种物是伟大的，道是伟大的，天是伟大的，地是伟大的，王也是伟大的。人效法地，地效法天，天效法道，道效法自然①。在《老子》中，"道法自然"的主题即在此予以提出，它使得"自然"在《老子》中不只是道生万物的宇宙论特性，而且也成为了一种"道"也效法于它的形而上原则。对此，当如何理解呢？王弼在其《老子注》中说：

> 法，谓法则也。人不违地，乃得全安，法地也。地不违天，乃得全载，法天也。天不违道，乃得全覆，法道也。道不违自然，乃得其性，法自然也。法自然者，在方而法方，在圆而法圆，于自然无所违也。自然者，无称之言，穷极之辞也。

依照王弼的说法，"道法自然"有两层意思：一方面是指道之因

---

① 有的版本将"王亦大"改作"人亦大"。王弼注曰："天地之性，人为贵，而王是人之主也"，可见两者之间并无本质差别。

顺万物,从而以自然无为的态度对待万物,所谓"在方而法方,在圆而法圆,于自然无所违也"。这样,方的事物以其内在的"方性"为依据,圆的事物也以其内在的"圆性"为依据,它们的存在是由各自的自"性"决定的,此谓方、圆事物之"自然",故"道法自然"意味着对此方、圆事物之自然之"性"的尊重、顺应,乃至于效法,可见在这一意义上的"道法自然"还是外在性质的。但是,另一方面,王弼亦曰"道不违自然,乃得其性,法自然也",此处之"得其性"也可以理解为"道之得己性",也就是说,道之无为、清虚、柔弱,以及它对万物的尊重、顺应,乃至于效法是其本有的"玄德",故此"玄德"之"自然"即是道的本性和本质规定,而不是道之外的东西。由此,河上公注此句云"道性自然,无所法也",冯友兰先生也说"'自然'只是形容道生万物的无目的、无意识的程序。'自然'是一个形容词,并不是另外一种东西"[①],他们都是把自然当作状语和形容词,是对"道"的自然而然状态特征的一个描述,故"道"与"自然"二者之间不是一种外在的,而是内在的关系。这样,"道"以因循、顺应的方式对待万物,就是其自身"自然"之"性"的自然实现。对"道"来说,"法自然"的本身也是自然而然、无心无为的,而并不是有心强制的、有为造作的。

进一步,若问:何以"道"具有虚静、柔弱的"玄德",从而使得"道法自然",也使得"道"具有无心、无为、柔弱化的存在方式呢?在《老子》中,这需要从道体所具有的"有""无"二重性特性上去加以体认。《老子》第一章中说:

> 道可道,非常道。名可名,非常名。无,名天地之始;有,名万物之母。故常无,欲以观其妙;常有,欲以观其徼。此二者同出而异名,同谓之玄。玄之又玄,众妙之门。

---

① 转引自:陈鼓应.老子今注今译[M].北京:商务印书馆,2004:173.

可见,大道是有与无的统一体,二者同出于道,不过一个是天地之始(发端),一个是万物之母(根据)。作为万物与天地之终极发端与根本依据,《老子》之"道"有类于康德所谓理性宇宙学之对象的客观世界之作为总体的存在,对之,人之语言与认知的把握能力是无从企达的,而欲强达之则只会陷入所谓的二律背反之中。作为万物之源的究极真实,大道与万物有别,万物有形有象而大道无形无象,故它为"无";作为万物母体的究极根据,它潜藏着无限的生机,故并不是空无所有,而其实是"有"。因为"道"之"无"的超越性维度,故"道"有其柔弱、清虚的"无为"之"玄德";同时,因为"道"之"有"的实在性维度,故"道"亦有其生育、蓄养、亭毒、覆载万物的母性之德。在《老子》处,"有""无"之二者同出于"道",而名称不同,可见它们是"道"之形而上存在的两个层面,故二者本来就是一体的。由此,"道法自然"就不只是对一种外在性原则的效法,也更是出自"道"之内在的"虚静""无为"的本性,是"道"之"自然"原则的自身要求。进一步,若问:何以"道"的"无"之超越性构成了其之"虚静""柔弱""无为"的"玄德"之形而上基础,进而使得"法自然"成为"道性"本身的内容? 则答案只能够是:"道性"本身即是如此,这是"自然"的。王弼说"自然者,无称之言,穷极之辞也",也就是说追问到"自然"原则处,就已经没有办法再进一步追问下去了,已经追问到底了。"自然"原则构成《老子》和道家思想的根本性原理,是道家思想中的最高存在原则,也是最高的价值原则。

## 二、万物、百姓与圣人之"自然"

在"道"之"自然"与"道法自然"的基础上,接下来,我们论述万物、百姓与圣人之"自然"。具体而言:

(一)万物之自然

进一步,万物由"道"而生发,由"德"而蓄养,由成"物"而定其形,由环境("势")而成就之。成"物"和环境("势")都落实在万物之上,具有个体性和差异性,而相对差异之万物,"道""德"同为尊贵,在于它们所具有的对万物之自然性的长育、安定("亭毒")和养覆作用。那么,进一步,此"德"之内容何在呢？张岱年先生说:

> ……道与德乃一物之发生与发展之基本依据。《庄子·天地》说:"物得以生谓之德",德是一物所得于道者。德是分,道是全。一物所得于道以成其体者为德。德实即是一物之本性。……①

这样,依张岱年先生之论,"德"就是"道"之下落于万物之中而为万物之本性者。对此本性之"德",因为"道"之为"有"为"无",故其之下落于万物之中亦有"有""无"之两个方面。就"道"之"无"的层面之下落而言,《老子》有言:

> 谷神不死,是谓玄牝。玄牝之门,是谓天地根。绵绵若存,用之不勤。(《老子》第六章)
> 三十辐共一毂,当其无,有车之用。埏埴以为器,当其无,有器之用。凿户牖以为室,当其无,有室之用。故有之以为利,无之以为用。(《老子》第十一章)

万物的形体是"有",但形体之中的中空状态则是"无"。溪谷的中空之地为"谷神",天地的来源为"玄牝",而"牝"者,中空之女性生殖之器也。有车中轴轮之中空,故有车轮轮转之用;有器皿之中空,故有其盛物之用;有户室之中空,故有其为屋舍之用。所谓"有之以为利,无之以为用",强调的就是万物形体之"无"层面的中虚、无形的存在,以及它对万物形体之"有"的层面所发挥之潜性的支配与成就

---

① 转引自:陈鼓应.老子今注今译[M].北京:商务印书馆 2004:261.

的作用。万物个体存在中的"无"的层面是大"道"之"无"在万物个体存在上的体现和象征,是后者在万物之中的下落和落实,并由此构成万物本性之中的"虚玄"之"德"。

就大"道"之为"有"的层面而言,"道"是一是全,而"德"则不同,万物之"德"各有不同。此下落于万物之中的"德",其内涵是什么呢?《老子》说:

> 天下万物生于有,有生于无。(《老子》第四十章)
> 道生一,一生二,二生三,三生万物。万物负阴而抱阳,冲气以为和。(《老子》第四十二章)

二句对比,则大"道"之"有"乃所谓"一""二"与"三"的存在,而此所谓"一""二"和"三",联系其后万物之"负阴"与"抱阳",则其内涵应该即是气之混沌、气之阴阳与气之冲和。作为大"道"与万物之间在生发序列中的桥梁,它们由大"道"所生发,而又落实于万物之中,化为万物所禀赋的各自之"德"与"性"。这样,由"一""二"和"三"之气所下落而化生之万物各自之"德"的存在,其内涵其实也就是万物在生发之"初"时各自所禀赋的阴阳之气在结构、厚薄、清浊、多少等方面的质性、气性之别,并因此构成万物各自分类和个别存在的依据所在。总之,大"道"有"有"和"无"两个方面,万物之"德"亦有这两个方面,它是虚玄之"无"与质性、气性之"有"的统一体。以此本性之"德"为依据,《老子》论及万物之"自然"。其曰:

> 是以圣人欲不欲,不贵难得之货。学不学,复众人之所过。以辅万物之自然而不敢为。(《老子》第六十四章)

这段话的意思是,是故圣人以不欲为欲,不珍贵难得的货物;以不学为学,否弃众人的过失而复归于道德的根本,从而辅助万物的自

然成长而不敢妄有作为。万物之"自然"是什么呢?《老子》进而曰:

> 致虚极,守静笃。万物并作,吾以观复。夫物芸芸,各复归其根。归根曰静,是谓复命。复命曰常,知常曰明。不知常,妄作,凶。知常容,容乃公,公乃全,全乃天,天乃道,道乃久,没身不殆。(《老子》第十六章)

这段话的意思是,将虚无的工夫发展到极点,安守于内心笃静的状态,然后在万物的日常运作中观看它们的往复循环。万物尽管纷繁众多,它们最终都要回归到其本根。回归本根就称为清静,清静中孕育着新的生命。孕育新生命是正常的自然法则,懂得这一法则便心灵澄明。不懂得这一法则,则会有妄动,并带来凶险的结果。懂得这一法则便内心宽容,内心宽容就为人公道,为人公道就能够保全万物,保全万物就与天相符,与天相符就与道合一,与道合一就能够长久,一辈子没有危殆。可见,在万物处,其"常"其"命"就在于它们各自之虚无和清静的,同时又循环不已、生发不息的本性之"德"。以此既"有"且"无"的本性之"德"为依据,万物的生发之"自然"与"天""道"相符合。由此也可见,作为万物各自的本根,万物的本性之"德",它们也是具有价值性特征的。

(二)百姓之自然

关于百姓之自然,原材料见《老子》第十七章:

> 太上,不知有之;其次,亲而誉之;其次,畏之;其次,侮之。信不足焉,有不信焉。悠兮,其贵言。功成事遂,百姓皆谓"我自然"。

这段话的意思是,最好的国君,百姓都不知道他的存在;次一等的国君,有百姓亲近他赞扬他;再次一等的国君,百姓都畏惧他;最下等的国君,百姓敢于蔑视他侮辱他。所以,统治者缺乏诚信,也就得不到百姓的信任。一个好的统治者不会轻易地发号施令,在他的无为而治下,社会的各方面都得到了很好的治理,百姓却觉得这些功绩都出于他们自身的原因,都感到自己是自然而然的。与"悠兮,其贵言"同一意思的还有《老子》第二十三章中所说:

> 希言自然。故飘风不终朝,骤雨不终日,孰为此者?天地。天地尚不能久,而况于人乎?故从事于道者同于道;德者同于德;失者同于失。同于道者,道亦乐得之;同于德者,德亦乐得之;同于失者,失亦乐得之。

"希言自然",从字面理解,是让人少说话,认为这才符合自然的法则。但是,《老子》的本意却是要求统治者应当少发号施令。自然界虽然也有飘风、骤雨这样的自然现象,但时间极短、难以持久,大多数时间还是处于平静状态。因而统治者也不要总是在那里发号施令,而应当让社会保持平静的状态,让老百姓顺其自然地生活。所以,以道德的方式治理天下,天下也将回复到道德的状态中去;不以道德的方式治理天下,天下也将不会回到道德的状态中去。所谓道德的方式,也就是无心无为的治理方式,它出自圣人的"玄德",是对百姓之"自然"状态的顺应和因循。《老子》第五十七章中说:

> 以正治国,以奇用兵,以无事取天下。吾何以知其然哉?以此:天下多忌讳,而民弥贫;人多利器,国家滋昏;人多伎巧,奇物滋起;法令滋彰,盗贼多有。故圣人云:"我无为,而民自化;我好静,而民自正;我无事,而民自富;我无欲,而民自朴"。

在这里,《老子》首先提出了治国理政的基本原则,所谓"以正治国,以奇用兵,以无事取天下",从而强调了在日常状态下无为之治的重要性;其次是对统治者的妄为之治加以批评,所谓"天下多忌讳""民多利器""人多伎巧""法令滋彰"等,主要是指统治者对百姓之自然状态加以过多干涉和无端宰割的妄为之为,以及由此所带来的对民心民性的摇荡后果;最后是以圣人的口吻提出要顺应百姓的生命本真状态和自然生存状态,要让老百姓去自化、自正、自朴、自成。由此可知,《老子》倡导无为,绝非无的放矢,而是针对春秋末期统治者权力横暴导致社会动乱、民不聊生所提出的批判和抗议。在先秦时期,科学技术和社会生产力落后,所谓有为,主要不是对自然界的干扰,而是对社会生活和政治领域的干扰,即干扰、破坏甚至戕害人之生存的自然状态。在《老子》看来,统治者无为而治,百姓就自我化育;统治者好静无私,百姓就自然走上正轨;统治者不搅扰民心,百姓就自然富足;统治者没有贪欲,百姓就自然朴实。百姓之"自然"构成了《老子》无为之治的主要内容,也是其基本理据。

(三)圣人之自然

在《老子》中,圣人既是理想人格的象征,又是在现实社会中唯一能够体认道,并与道合一的人。在《老子》看来,"自然"是表征宇宙万物的本性和本然状态的范畴,只有圣人能够依据人与物自身的性质和规律,不给予外在的任意干预和随性宰割,而是因应万物,顺循百姓,从而促进人与物各自之"自然",让他们独立自主、率性而为,自己成就自己。这也就是圣人的无为之治,是圣人与自然原则之间的一种外在性质的关系。这一点,也可以从对万物、百姓之自然与圣人无为之治关系的论述中得到充分的说明。

但是,道法自然,道之生发万物的过程是自然的,而圣人,在《老子》中,作为道的人格化象征,也应该与道一样"法自然",从而具有超越的"玄德"之性。换句话说,圣人与自然原则之间也具有内在的、而不仅仅是外在的关系。《老子》第十五章中说:

古之善为道者,微妙玄通,深不可识。夫不唯不可识,故强为之容;豫兮若冬涉川;犹兮若畏四邻;俨兮其若客;涣兮其若凌释;敦兮其若朴;旷兮其若谷;混兮其若浊;孰能浊以静之徐清?孰能安以静之徐生?保此道者,不欲盈。夫唯不盈,故能蔽而新成。

这段话的意思是,古时的善于行道之士,他的存在精妙通达,深刻而难以为人所认识。正因为难以认识,所以只好勉强来形容他:他小心审慎啊,像冬天涉足江河;他警觉戒惕啊,像提防来自四邻的围攻;他拘谨严肃啊,像外出做宾客;他融和可亲啊,像春天冰柱的消融;他淳厚朴质啊,像未经雕琢的木材;他宽广开阔啊,像深山的幽谷;他浑朴纯厚啊,像浊水一样混沌。谁能够在浑浊中让清澈透过安静慢慢地呈显?谁能够在清静中让生命的活力徐徐地发生?能够保全道的人,他的内心虚空而不充盈。正是因为虚空而不充盈,所以才能够新陈代谢,生生不息啊。

分析《老子》以上对圣人状态的描述,可以发现其可以区分为两个方面:一方面是以弱为用,表现为柔弱姿态的方面,如"豫兮若冬涉川;犹兮若畏四邻;俨兮其若客;涣兮其若凌释"等;另一方面则是以无为用、以无为心的方面,表现为虚旷、超越、混沌的心境,如"敦兮其若朴;旷兮其若谷;混兮其若浊"等;至于其后的"孰能浊以静之徐清?孰能安以静之徐生?保此道者,不欲盈。夫唯不盈,故能蔽而新成",则将圣人在寂然不动,感而遂通中所具有的连绵不止、生生不息的应世之用,以及其之有、无合一,动、静一体的特质作了很好的展示。道是自然的,因为它具有虚静柔弱、有无一体的"玄德";圣人是自然的,也是因为他具有虚静柔弱、有无一体的"玄德"。圣人体道,具有与道合一的"玄德",因此不仅能够以无为、无心的超越心境因循万物,无为而治,而且这种因循、无为也正是其内在"玄德"心性之自然性的呈显和表现。所谓圣人之自然,我们认为,应该主要从这一个维度去加以体认和分析。

## 三、"自然"与"自然界"

所谓"自然",由"自"与"然"两个字组成,"自"常用作反身代词,指称"自身";"然",《玉篇》注释为"许也,如是也";《唐韵》注为"如也",即表示如此的状态。"自"与"然"合成一词,应为"自然而然""自己而然"的意思。又,"然"之一字,在古代语汇中,不仅具有如此、如是之义,而且具有可、好、正确的意思。这样,"自然"就不仅是存在论上的自己如此、自然如此之义,而且还具有价值论上之自然其然、自是其是和自得其得的意思。在老子哲学中,自然与人为对立,是事物按照自身的本质规定和运行规则而自生、自长、自成、自衰、自灭的过程。这一过程建立在道之"玄德"与万物的本性之"德"的理论基础之上,所以在"自然"的含义中还具有了"本来如此""通常如此""势当如此"的意思,也就是说还具有内在的动因性、发展状态的稳定性,以及一种以己之"德"为依据,并依之而来的、自然而然的、无目的的目的性①。显然,在《老子》中,其"自然"概念具有存在性和价值性的双重特征。

"自然"具有存在性特征。在《老子》中,"自然"不是指自然界,而是指一种自然性法则,但是这种自然性法则是客观的,是落实在自然界和人类社会,以及个体生命的真实存在之上,就其客观存在本身而言之的。所以,《老子》之"自然"不应该是一个主观性范畴,不是一种纯粹认识论维度上之观照的产物,不是落在"心"上,或者"意"上而论之的。在《老子》一书中,天、地、万物等自然现象大量出现,它们都体现了"自然"法则。例如,《老子》说"上善若水。水善利万物而不争,处众人之所恶,故几于道",这是以水之柔弱、卑下、善利万物来比喻道的母性之德;又如,《老子》说"涣兮若冰之将释;敦兮其若朴;旷兮其若谷;混兮其若浊",这是以冰之释、原木之纯朴、山谷之空旷和浊

---

① 刘笑敢.老子古今:上[M].北京:中国社会科学出版社,2006:293.

水之浑沌来比喻圣人境界的超越性特征;再如,《老子》说"飘风不终朝,骤雨不终日。孰为此者?天地。天地尚不能久,而况于人乎","草木之生也柔脆,其死也枯槁。故坚强者死之徒,柔弱者生之徒",这是分别以草木、飘风等自然现象来说明"反者道之动,弱者道之用"的自然法则。要之,在《老子》之中,"自然"虽然不是自然界和自然现象,但是也并不排斥、否弃自然界和自然现象。况且,如果没有人为的干扰和破坏,应该说自然界和自然现象本身是最"自然"的。换句话说,自然界和自然现象能够成为《老子》所谓"自然"法则的最好呈现与实现。从《老子》对天地、万物的使用看,自然界和自然现象是他形成"自然"范畴的源头活水,它们应该是《老子》构建其理论体系的重要的思想基础和灵感来源。

"自然"具有价值性特征。但是,《老子》一书大部分是政治和人生经验的概括与提升,只有少部分源于自然经验。即使是以天地、万物等自然现象作为例子,《老子》所要说明的也更多的是政治哲学、社会管理与圣人心性上的原则与道理。《老子》哲学以"道"为宇宙本原,也确实追问了自然界的终极根源,但它的理论重心仍然是人世间和个体生命。所以,《老子》之"自然",作为一种存在论上和价值论上的法则、原则,尽管不是指自然界,却很好地表达了对自然界秩序的向往;不单单是指人类社会,却表达了对理想社会状态下人与自然、人与人之间和谐关系的憧憬①。《老子》第八十章中说:

> 小国寡民。使有什伯之器而不用;使民重死而不远徙;虽有舟舆,无所乘之;虽有甲兵,无所陈之。使人复结绳而用之。至治之极。甘美食,美其服,安其居,乐其俗,邻国相望,鸡犬之声相闻,民至老死不相往来。

---

① 夏海.老子之自然:自然而然[N].深圳特区报,2016-03-22.

可见，在老子"小国寡民"的理想世界中，道与万物各自遂其"自然"，圣人与百姓也各遂其"自然"。道顺任万物的自然本性而不强制主宰，圣人顺遂百姓的自然本性而不扰乱破坏，从而构筑起自然界、人类社会和个体生命的和谐秩序。在这样的社会状态下，人心人性处于最淳朴、本真的状态下，社会组织与管理也处于无为而无不为的状态之中，由此整个社会秩序，乃至于天地万物均由"散"而复"朴"，这可谓之为"至治之极"，也就是向着最理想的治理状态趋进与复归。

《老子》之"自然"是"人文自然"。主张《老子》中的"自然"是"人文自然"的理论观点，是近年来老学研究中的一个热点，较为突出的提倡者是香港中文大学刘笑敢教授，并得到了学界较为普遍的认同。刘先生说：

> 现代汉语所讲的"自然"，往往相当于西方的 nature 或自然界，不包括人类社会文明及人的文化活动，这一意义不是中文"自然"二字的古代意义，而是近代由日文翻译过来的。……老子所说的"自然"完全没有这种明确与"技术""约定""文化""精神"相对的意思。
>
> 总之，人文自然就不是天地自然，不是物理自然，不是生物自然，不是野蛮状态，不是原始阶段，不是反文化、反文明的概念。一言以蔽之，老子之自然不是任何负面的状态或概念。……总起来说，老子之自然表达的是对人类群体内外生存状态的理想和追求，是对自然的和谐、自然的秩序的向往。这种价值取向在人类文明的各种价值体系中是相当独特的……①

依照刘先生所论，其"人文自然"这一概念的提出，其理论出发点就在于针对以《老子》之"自然"为原始意义上的自然界和霍布斯式

---

① 刘笑敢.老子古今：上[M].北京：中国社会科学出版社，2006：47-49.

"人对人是狼"的"自然状态"的理论观点,而突出强调了这一"自然"概念中的理想性和价值性特征。在《老子》一书中,共五处提到"自然"概念,只有一处("道之尊,德之贵,夫莫之命而常自然")可以理解为道生万物的自然,其余四处皆包含着明显的人文因素;况且,即使是在此"道之尊,德之贵,夫莫之命而常自然"一段中,对此"自然"法则的理解也还是需要结合"道"之"玄德"去加以体认,而道之"玄德"显然是价值性的,也是具有人文特质的。要之,《老子》之"自然"是"人文自然",并不意味着他排斥和否弃自然界和自然万物,而是在对后者的理解中,将它们价值化和人文化,也就是按照人类自身的需要加以改造与重铸了。例如,纵观《老子》全文,其所谓"自然"状态中就不包含地震、火山、泥石流等突发的、违反日常稳定与和谐状态的自然界现象,也不包含所谓"人对人是狼"的野蛮状态,更不具有原始自然界中的物与物间的生物链关系问题。打个比方,如果说原始状态的自然界是原始森林,以及存在于其中的弱肉强食、适者生存的生物链法则的话,则"人文自然"就类似于公园或花园,在其中人与万物、万物自身之间都是和谐的、有秩序的。在公园或花园中,万物的自然而然、自得其得中的和谐与秩序既是真实和客观存在的,但是也是经过了人文化和价值化处理的。当然,作为一种古典哲学,其回归化的和宇宙论化的思维方式决定了《老子》把这种理想化、价值化的"人文自然"作为一种法则和状态推向了人世间、自然万物和人的存在之上和之外,从而将其抽象化和形而上学化了。我们认同刘笑敢先生以《老子》之"自然"为"人文自然"的理论观点,认为由此概念加以分析,可以更有助于理解《老子》自然观的特定内涵和理论特质,尤其是在与大自然、自然界的关系的问题上。

## 四、《老子》自然观的生态启示

在《老子》的时代,人与大自然的冲突问题并不表现为生态问题,生态环保问题不是当时时代的重要课题,更不是《老子》一书的中心意旨。但是,如上所析,在《老子》中,"人法地,地法天,天法道,道法自然",而此为"道"所法的"自然"是"人文自然",具有价值化、人文化的理论特质。将此"人文自然"的思想应用于当代社会,就人类与大自然、自然界和天地万物的关系而言,能够提供一些重要的生态启示。具体说来:

(一)自然界及万物的"自然"之"德"

依前已论,无论道之"玄德",还是万物的本性之"德",都具有有、无二重性,进而"有之以为利,无之以为用",在其中有、无是一体的。因为具备"无"性,所以无论大自然中的任何事物,在其本性存在中都有着模糊性和神秘性,是人的认识能力无法完全认知的,也是人的实践力量难以完全把握的。这是就个体事物而言;就道之为世界整体的统一性根源而言,一方面《老子》肯定这种根源和基础是存在的,另一方面则是因为"道"的玄虚特征,《老子》特别强调了这种根源的无可穷尽、神秘难测,从而不可尽知、不可主宰的特征。综合起来,《老子》以道与万物之"无"的方面对世界和自然万物的神秘性、无限性和模糊性,以及对人类认知与实践能力的有限性、局限性和后果之难以预测性作了深入的表述,从而为当代环保理论提供了重要的思想基础。在宇宙自然中,人类不是全知全能的,而只是宇宙万物中的一份子,不应该也不能够成为宇宙万物的主宰者,不可以不计后果地为所欲为,要保持对大自然和万物的敬畏之心,因为即使是再渺小的自然之物,在其本性之"德"中都有着神秘的、玄虚的、无限的层面,至于"道"之作为宇宙万物的"玄牝"之"根",那就更是如此了。

另一方面,在《老子》思想中,自然万物各自具有各自的本性之"德",它们既是万物在存在论的基础和依据,也是它们在价值论上的标准与根源。所谓"自然",在万物处,也就是将它们各自的本性之"德"自发自动地、自然而然地实现和完成出来。将这一观点应用到现实生活中,就要求我们肯定自然万物各自所具有的内在价值,要容许人类与万物在各自保持差异性基础上的自然融合,要承认和尊重自然事物的生存权利和生存方式,要将道德权利的范围扩大到自然界整体,扩大到自然界中的生命和生态系统之中,要形成现代的生态伦理学观念,并转化为相应的实践行动。在《老子》看来,万物各有其"德",此"德"为万物各自潜在的本质。将这种潜在的本质实现出来,就能够很好地保证自然界事物的完整、稳定和美丽,就有助于它们在自然状态下的持续不断生存和和谐发展。显然,这是与《老子》之"自然"概念所具有的"本来如此""自然如此""势当如此""通常如此"的特征是相对应的,是与它所具有的"人文自然"的相关特质相合一的。

(二)以"弱"为用与以"无"为用

以"弱"为用。《老子》曰"反者道之动,弱者道之用"(第四十章),又言"坚强者死之徒,柔弱者生之徒"(第七十六章),贯彻着一种贵柔、守弱的独特行为原则。但是,这一原则,在《老子》中,主要是针对侯王、圣人等强者而言的,意思是指侯王、圣人(也是理想的侯王、圣王)等作为强者,他们应该贵柔、守弱,而不能够逞强、贵刚。原因在于"反者道之动",强者逞强,物极必反,反而会走向危殆和灭亡,所以应该"知其雄,守其雌,为天下溪。为天下溪,常德不离,复归于婴儿。知其白,守其黑,为天下式。为天下式,常德不忒,复归于无极。知其荣,守其辱,为天下谷。为天下谷,常德乃足"(第二十八章),认为"知雄守雌""知白守黑""知荣守辱"才是圣人之"常德",才会"为天下溪""为天下谷""为天下式",才能够绵连不绝,众流归之,而为天下之汇归与楷式。将《老子》的这一思想应用在人类与大自然的关系上,显然,由于人类是强者,就更应该在自然界面前保持一种谦卑、柔弱的姿态,要守雌、守弱,而不能够逞强逞威,不能够把大自然当作自己的奴隶而全然一副主宰者的心态和姿态。依照《老子》"反者道之动"的原理,人类在大自然面前的逞强之举,由于物极必反,到最后必然会引发人类与自然界关系的紧张和失衡,造成自然界对人类的报复,让人类自身处于危殆之中。所以,即使是从自身之可持续性生存与发展的角度,人类也应该将其"知雄守雌""知白守黑""知荣守辱"的原则应用于"自然界",它们是圣人之"常德"。

"以无为用"。《老子》说"道常无为而无不为"(第三十七章),又说"上德无为而无以为"(第三十八章),又说"有之以为利,无之以为用","无为",或说"以无为用"是《老子》思想中的一个根本原则。《老子》说"孔德之容,唯道是从"(第二十一章),而"人法地,地法天,天法道,道法自然"。所谓"道"的本性,就是"自然""无为"。所谓"无为",也就是"无违",即因任自然,无违自然,从而无所作为,至少不强作妄为的意思①。《老子》说"知常曰明。不知常,妄作凶"(第十六章),就是强调要认识客观规律而予以遵循而为的意思。将这一点应用到人与自然界的关系问题上,就是要不做违反自然的活动。李约瑟说"就早期原始科学的道家哲学而言,'无为'的意思就是'不做违反自然的活动',亦即不固执地违反事物的本性,不强使物质材料完成它们所不适合的功能"②。日本著名学者福永光司说"老子的无为,乃是不恣意行事,不孜孜营私,以舍弃一己的一切心思计虑,一依天地自然的理法而行的意思。在天地自然的世界里,万物以各种形体而出生,而成长变化为各种各样的形态,各自有其一份充实的生命之开展;河边的柳树抽发绿色的芽,山中的茶花开放粉红的蕊,鸟儿在高空上飞翔,鱼儿从深水中跃起。在这个世界上,无任何作为性的意志,亦无任何价值意识,一切皆是自尔如是,自然而然,绝无任何造作"③。李约瑟和福永光司的描述是对"道常无为而无不为"和"道法自然"原则在人类与自然界之生态问题上的很好说明。

(三)知止与知足

知止不殆。《老子》第三十二章中说"天地相合,以降甘露,民莫之令而自均。始制有名,名亦既有,夫亦将知止,知止可以不殆",从

---

① 朱晓鹏. 老子哲学研究[M]. 北京:商务印书馆,2009:443.
② 李约瑟. 中国科学技术史:第2卷[M]. 梅荣照,等译. 北京:科学出版社,1990:76.
③ 转引自:陈鼓应. 老子注译及评介[M]. 北京:中华书局,1984:67.

而提出了"知止不殆"的命题。就第三十二章的原文看,其主要意思在于强调对于"名"的界限意识。也就是说,在"朴"已经散而为"器"的情况下,"始制有名"是必然的,相应地,建立在"名"之基础上的"名教"(如第三十八章中所言之"仁""义""礼"等)和"名法"(如第二十三章"希言自然"之"言",第十七章"悠兮其贵言"之"言"等,均可以理解为"法令")的存在和作用也是具有必然性的,但是,《老子》强调了在它们处要具有"知止"的观念,因为若不"知止",即会因为将它们绝对化和标准化,进而依照它们实行"名教"之治和"名法"之治而带来有"殆"的后果,如第三十八章中所言的"夫礼者,忠信之薄而乱之首也"。将《老子》的这一思想应用到人与自然界的关系问题上,则一方面是强调人类的行为要有界限意识,不要贪得无厌,更不能够杀鸡取卵,而是应该懂得"甚爱必大费,多藏必厚亡"(第四十四章)的道理,要做到适可而止,要努力维护人类与自然界之间的生态平衡和生态和谐,另一方面则是强调了在自然万物处,万事万物都有它们自己的界限,这种界限就是它们各自的"根"与"命",所谓"夫物芸芸,各复归其根。归根曰静,静曰复命"的意思。至于作为天地万物的总体,自然界本身也是具有自己的平衡和界限的。《老子》第七十七章中说"天之道,其犹张弓与?高者抑之,下者举之,有余者损之,不足者补之。天之道,损有余而补不足",强调的就是自然界中的平衡与转化之"天道"。遵循此"天道",人类应该具有界限意识,要"知止",只有"知止"方才可以"不殆"。

知足常足。若问:为什么会出现人类与自然界的紧张、冲突和矛盾,进而出现生态危机呢?答案应该说主要在于人类自身的贪婪,在于人的不知足。《老子》说:"祸莫大于不知足,咎莫大于欲得。故知足之足,常足矣"(第四十六章)。对于动物来说,"鹪鹩巢于深林,不过一枝;鼹鼠饮河,不过满腹"(《庄子·逍遥游》),不存在超越基本需要而贪得无厌的问题。但是,人类不同,所谓"五色令人目盲,五音令人耳聋,五味令人口爽,驰骋田猎令人心发狂,难得之货令人行妨"

(《老子》第十二章),由于拼命追逐一己之身之欲望的满足,结果却带来了身心受损的恶之后果。所以《老子》又说"名与身孰亲?身与货孰多?得与亡孰病?甚爱必大费,多藏必厚亡。知足不辱,知止不殆,可以长久"(第四十四章),从而反对穷奢极欲,批判物欲的无限膨胀,强调需要"知止""知足",认为如此才能够真正地长生久视,才能够绵延长久。在《老子》中,"圣人"有"三宝","一曰慈,二曰俭,三曰不敢为天下先"(《第六十七章》),也就是主张圣人应该以慈爱、俭朴和不争之心对待百姓。显然,圣人的这种品格也是可以应用到人类与自然界的关系之上的。人类也应该以慈爱、俭朴和不争之心对待自然界中的万物,从而促进人类与自然关系的生态和谐,促进人类与万物的共同发展。

李白诗云:"清水出芙蓉,天然去雕饰",形象而深刻地描述了老子之自然的美丽和飘逸。老子之"自然"要求我们的心灵不要陷于名利泥潭而不能自拔,也不要被私欲蒙蔽而不能清醒,而要始终保持婴儿般的纯真和朴实,要"复归于婴儿""复归于朴"。《老子》之"自然"同时要求我们在办理每件事的过程中,都要顺应事情的内在本质,自然而然地办好事情、成就事业①。将《老子》的"自然"原则和精神应用到生态问题上,就是要求我们尊重大自然,要因顺自然界中万事万物的本性之"德",要知足知止,要无为守弱。《老子》之"自然"具有人文化、价值化的理论特质,在人类各大思想体系中具有自己的理论独特性。研究《老子》的自然观,目的在于古为今用,以促进人类自身的健康发展,促进当今社会中各种现实问题的协调和解决。

---

① 夏海.老子之自然:自然而然[N].深圳特区报,2016-03-22.

专题二

马克思人化自然思想与生态文明建设中国话语

# 三重理论视野下的生态文明
# 建设示范区研究

郇庆治

北京大学马克思主义学院教授

**内容提要**：生态文明建设试点或示范区的哲学实质，是尝试改进或重构人类社会不同层面或维度上的人与自然关系、社会与自然关系。依此，对我国生态文明建设试点或示范区的理论思考，可细分为三个值得或需要追问的理论性问题或维度：一是"五位一体"或"五要素统合"的机理与机制，可简称之为"管理哲学或战略维度"，即生态文明建设的健康顺利进行，究竟需要什么样的主客体关系、体制制度构架和经济政治与社会动力机制；二是省市县三级行政层面的更有效推动及其机理与机制，可简称之为"空间维度"，即生态文明建设的健康顺利进行，在哪一个行政层面上是更容易发生和取得成效的；三是生态文明建设的社会主义性质或方向，可简称之为"政治向度"，即生态文明建设的健康进行，是否及在何种意义上意味着社会主义的政治愿景与现实。

党的十八大之后，生态文明及其建设已经成为党和国家社会主义现代化发展战略及其实践的一个重要组成部分。包括《关于全面深化改革若干重大问题的决定》（以下简称《决定》）和《关于加快推进生态文明建设的意见》（以下简称《意见》）等在内的一系列重大政策文件的出台实施，既彰显了生态文明及其建设的实践维度的现实重要性，也对当前和今后一段时期的生态文明及其建设的理论研究提出了更高、更明确的要求。生态文明建设的现实状况与理性认识，归根结底是取决于我们时代的实践水平和条件的。这绝非是说，生态文明的理论指导或理论本身无关紧要，而是说，只有那来自或成长于实践需要的理论，才会具有形塑或重铸生态文明建设的现实力量。正因为如此，目前如火如荼地开展着的各种形式的生态文明建设示范区尝试，理应成为我国当代哲学社会科学优先关注与探讨的一个议题领域。

## 一、生态文明及其建设：概念性解析

单就术语本身来说，"生态文明"和"生态文明建设"并不是同一个或同一层次意义上的概念。迄今为止，前者更多为环境人文社科学界所关注，强调的是现代社会中人与自然、社会与自然关系结构上或人类社会文明形态上的新特质，因而主要是一种在哲学伦理或政治哲学层面上的概括。依此理解，生态文明及其实践，在很大程度上是对现代工业与城市文明的一种生态化否定和超越，并与一种新型的（后现代化的或非资本主义的）经济、社会与文化制度和观念基础相关联①。

比如，卢风教授指出，生态文明是指用生态学指导建设的文明，致力于谋求人与自然的和谐共生、协同进化，具体内容包括器物（生态工业体系生产的绿色产品）、技术（环保技术和生态技术）、制度（民主法治和受限制的市场）、风俗（道德化的风俗）、艺术（多样化的艺术，包括多种独立于商业的艺术）、理念（非物质主义、非经济主义、整体主义、非人类中心主义、超验自然主义）和语言（多种民族语言）等七个层面。② 在他看来，这种从器物到制度、再到理念层面的生态化或生态学革新，将足以导致一种告别或超越现代工业文明的新型文

---

① 郇庆治.重建现代文明的根基：生态社会主义研究[M].北京：北京大学出版社，2010.
② 卢风，等.生态文明新论[M].北京：中国科学技术出版社，2013.

明时代或形态。对此,我们也可以这样来理解,没有上述诸多层面上的凤凰涅槃式的重生或重建,人类社会就不可能创造出或进入生态文明。

相比之下,"生态文明建设"的政策内容及其贯彻实施更加为党和政府部门所关注与侧重,强调的是一种"治国理政"的方针和策略(或者说"政策抓手")。应该说,党的十七大报告所使用的"生态文明建设"和"生态文明观念",党的十八大报告所提出的"五位一体""三个发展"和"四大战略部署与任务总要求",《决定》所概括的"制度与体制改革四条",《意见》所强调的"绿色化"与"八项任务",都可以做如此意义上的理解。因此,与对生态文明概念的准确意涵的诸多争议不同——比如生态文明本身究竟是工业文明演进的一个新阶段还是一种替代性的后工业文明,生态文明建设概念的具体意指反而是相对清晰的。那就是,党和政府所领导的生态文明建设,就是寻求以一种综合性、系统性和前瞻性的思路与方法来有效应对(解决)目前已经严重恶化的人口、资源与环境难题,或者说日趋紧张的人与自然、社会与自然关系。甚至可以说,如何抑制迅速蔓延着的大面积城乡大气雾霾现象和改善被严重污染的江河湖海水质,就是最切实和最具体的生态文明建设(实践)。

由此可以看出,上述"生态文明"理论视域探讨与"生态文明建设"实践努力之间存在着一种明显的"疏离"或"脱节"。比如,学术理论界很难真正讲清楚,(声称)依然处在现代化进程之中的当代中国,何以能够率先开启一种与过去(他人)截然不同的新文明形态(时代),同样,连基层实践者本人恐怕也会十分犹豫,节能减排举措或新能源政策也许会有助于减轻"来无声、去无踪"的大气雾霾,但又如何会与一种新型文明的创建和创新直接相关。这种看起来有些匪夷所思的现实状况,从根本上说源于我国极其不均衡的经济社会发展水平和高度异质性的历史文化传统,具体成因十分复杂。但非常明确的是,这种理论探索与现实实践之间的不匹配或"错位",将同时损害着的是我国的生态文明理论研究和生态文明建设实践。

基于此,笔者在他文中提出①,广义上的生态文明或"生态文明及其建设",可以概括为理论与实践两个层面,或者说"四重意蕴"。具体而言,生态文明在哲学理论层面上是一种弱(准)生态中心主义(合生态或环境友好)的自然/生态关系价值和伦理道德;生态文明在政治意识形态层面上则是一种有别于当今世界资本主义主导性范式的替代性经济与社会选择;生态文明建设或实践是指社会主义文明整体及其创建实践中的适当自然/生态关系部分,也就是我们通常所指的广义的生态环境保护工作;生态文明建设或实践在现代化或发展语境下,则是指社会主义现代化或经济社会发展的绿色向度。与比如卢风教授所做的定义相比,这样一种综合性或折中性的界定,不仅更加突出了生态文明及其建设的政治哲学革新性质与制度创新要求,尤其是其蕴含着的激进绿色变革政治的"红绿"一面或特征,而且从方法论上把生态文明及其建设的理论与实践维度结合了起来,表明任何意义上的文明革新都不可能只是单向度的。

在此基础上,笔者进一步提出②,完整意义上的"生态文明及其建设理论",可依据环境政治分析的不同视角而划分为三个亚向度或层面:一种"绿色左翼"的政党(发展)意识形态话语、一种主张综合性深刻变革的环境政治社会理论、一种明显带有中国传统或古典色彩的有机性思维方式与哲学。总之,在笔者看来,生态文明及其建设,无论是作为一个学理性概念还是一种系统性的环境政治社会理论或生态文化理论,都蕴涵着深刻的绿色变革指向或要求。或者说,它本身就不仅是一种社会现实批判和未来社会构建的理论,而且是一种颇为激进的绿色变革或生态化超越理论。③

---

① 郇庆治.生态文明概念的四重意蕴:一种术语学阐释[J].江汉论坛,2014(11).
② 郇庆治.生态文明理论及其绿色变革意蕴[J].马克思主义与现实,2015(5).
③ 郇庆治.中国生态文明的价值理念与思维方式[J].学术前沿,2015(1);郇庆治.绿色变革视角下的生态文化理论研究[J].鄱阳湖学刊,2014(1).

## 二、我国的生态文明建设示范区实践

应该说,上述概念性解析构成了笔者对我国生态文明建设示范区实践进行理论思考的话语背景或方法论预设。一方面,虽然不能先验性地假定任何一个从事生态文明建设的局地性试验,都会自觉追求或包含着某一个生态文明理念或战略,但是,足够多个例的广泛性尝试肯定会体现出一些理念与战略层面上的实质性革新。另一方面,个例或局地的经验总是鲜活与生动的,但也总是个别性的或难以复制的(生态文明建设也许尤其如此①),但理论本身的内在一致性和较为充分的比较分析,应当可以帮助我们尽可能去发现那些带有典型性的或趋势性的改变。换句话说,"沙野绿洲"和"星星之火"的隐喻,虽然都不意味着任何必然性的结论或结果,却的确是我们辨识未来的最为重要或方便的入口。

具体而言,"生态文明建设示范区"也是一个综合性概念,泛指由国家部委组织实施的或各省市自治区自主确立的不同形式的生态文明建设试点示范区或先行示范区。其中,目前最具权威性的,是由环保部主持的"全国生态文明建设试点示范区"、发改委等七部委联合主持的"国家生态文明先行示范区建设"、水利部主持的"全国水生态文明建设试点城市"、国土资源部主持的"国家级海洋生态文明示范区"等。

环保部主持的"全国生态文明建设试点示范区",可以追溯到1999年初海南省率先启动的"生态省(市县)"建设。此后,包括海南、吉林、黑龙江、福建、浙江、江苏、山东、安徽、河北、广西、四川、辽宁、天津、山西等在内的14个省市自治区,陆续加入了由环保部负责组织实施的全国"生态省(市县)"建设试点。2008年,环保部制定发布了《关于推进生态文明建设的意见》,明确生态文明建设的指导思

---

① 郇庆治.多样性视角下的中国生态文明之路[J].学术前沿,2013(2).

想、基本原则,要求建设符合生态文明要求的产业体系、环境安全、文化道德和体制机制,并决定组织实施全国生态文明建设的试点。截至 2013 年 10 月,环保部先后 6 批共批准了 130 个"全国生态文明建设试点示范区",其中包括 19 个地市级和 2 个跨行政区域或流域的试点,但并没有涵盖整个省市自治区范围的省域性试点,并且在地域上集中于江苏、浙江、辽宁、广东和四川等省(70%)。

2013 年 5 月,环保部公布了"国家生态文明建设试点示范区指标"(试行),大致延续了 6 年前颁布的"生态县、市、省建设指标(修订稿)"(环发〔2007〕195 号)的评估体系构架,划分为生态经济、生态环境、生态人居、生态制度、生态文化等 5 个子系统,以及 29 个生态文明县和 30 个生态文明市三级指标。①

该指标体系的最大特点是,它对三级指标的目标值做了依据重点开发区、优化开发区、限制开发区或禁止开发区,以及约束性指标或参考性指标而有所不同的类型划分。这就使得,对于地处不同功能区划的县市来说,生态文明建设有着明确而不同的目标要求,而且对于不同性质指标的考核,也有着一定的灵活性。此外,尽管在基本条件的表述上生态文明市(州地)与生态文明县(市区)似乎没有太大的区别,但在量化评估指标的设置构成上还是有着诸多不同。尤其是,生态文明市指标体系更加强调了对更大地理及生态空间范围内的人类经济开发强度控制和人与自然关系协调。该指标体系的另一个明显特点是,它在指标设计中比较重视生态文明的建设规划或政策举措的层面。比如,关于生态文化的 5 个三级指标,真正能够展现一个城市的生态文化性提升的大概只有公众节能节水和公共出行比例,以及部分意义上的规模以上企业开展环保公益活动支出占公益活动总支出的比例,而其他 3 个指标的高数值与生态文化的实际变

---

① 环保部. 国家生态文明建设试点示范区指标[EB/OL]. [2013-07-02]. http://www.zhb.gov.cn/gkml/hbb/bwj/201306/W020130603491729568409.pdf.

迁之间还有一定的距离,而且恐怕都存在着一个精确量度的问题。正因为如此,我们可称之为"规划评估指标体系"①。

党的"十八大"以后,国家其他部委明显增强了对生态文明建设试点工作的重视,纷纷出台自己的示范区试点规划或方案。2013年12月,发改委联合财政部、国土资源部、水利部、农业部和国家林业局等六部委,共同提出了依托"国家主体功能区规划"的"国家生态文明先行示范区建设方案"。2014年6月,发改委等六部委联合发布了《关于印发国家生态文明先行示范区建设方案(试行)的通知》,正式启动生态文明先行示范区建设。结果是,包括北京市密云县等在内的57个地区成功入选第一批试点(其中福建省和湖州市的方案分别由国务院和六部委联合发文先期予以批准),而第二批的遴选工作也自2015年6月有序展开(增加"住房和城乡建设部"变为七部委),计划最终选择100个左右的行政区域、流域或生态区域加入试点。

与环保部方案的最大不同是,发改委等七部委方案容纳了更多的地级市以上行政区域和更多的流域性或生态敏感性区域,其第一批入选者中前者共有5个省区和28个市州,后者有9个特殊区域,两者相加超过了先行示范区试点的绝大部分(73%)。对于跨行政区的水流域和生态敏感区域的关注与强调,从生态文明建设的视角来说,无疑有着更大的科学合理性,而这方面的政策试点也有利于破解现行制度与体制下的诸多管治难题。但如此大范围地扩大生态文明先行示范区建设的行政地理区域,则多少有着降低准入门槛或建设水准的风险,相比之下,环保部方案长期以来坚持的从生态县(市区)到生态文明县(市区)、从县到市州再到省的逐级过渡或选拔,似乎更为稳妥一些。

此外,2013年2月,水利部制定了《关于加快推进水生态文明建

---

① 郇庆治,高兴武,仲亚东.绿色发展与生态文明建设[M].长沙:湖南人民出版社,2013:74-81.

设工作的意见》。2014年5月,水利部公布了"全国首批水生态文明建设试点城市"名单,46个入选者中的绝大多数(40个)都是行政地级市,并且正在进行第二批、总计54个城市的评审甄选工作。该方案强调,这些城市将致力于探索保障水安全的途径。其主旨是,统筹协调水利与生态建设,加强水生态修复与保护,使水资源和水环境保持良好的生态平衡,提高城市防洪排涝安全,营造良好城市生态环境,建立与水资源相匹配的区域产业布局和建设发展框架。

早在2013年2月,隶属于国土资源部的国家海洋局,也公布了首批"国家级海洋生态文明建设示范区"名单。它们分别是山东省的威海市、日照市、烟台市长岛县,浙江省的宁波市象山县、台州市玉环县、温州市洞头县,福建省的厦门市、晋江市、漳州市东山县,广东省的珠海横琴新区、湛江市徐闻县、汕头市南澳县。该方案强调,国家级海洋生态文明示范区建设,将仅限于国务院批准的山东、浙江、福建和广东等4个国家海洋经济发展的试点省。其主旨是,优化沿海地区产业结构,转变发展方式,加强污染物入海排放管控,改善海洋环境质量,强化海洋生态保护与建设,维护海洋生态安全。

可以看出,相比之下,水利部和国土资源部的试点方案,具有明显的"元素性"生态文明建设示范的特征。其优点在于,这些方案可以有针对性地改善对某一生态环境要素的管治,比如水生态或海洋生态系统,但是,其缺陷也是非常明显的,甚至可以说是根本性的——那就是,对于现实中一个地理或行政空间稍微大一些的区域来说,进行孤立的元素性生态文明建设是很难实施甚或想象的。

因此,尽管我们还可以列举由农业部、国家林业局、住建部、交通部等部委所组织实施的类似的元素性生态文明建设试点方案,比如农业部主持的中国"美丽乡村建设"(2013年后全面铺开,并作为"农业生态文明"建设的突破口或象征)、国家林业局主持的"国家(森林)公园建设试点"(2008年就已批准云南为试点省)、住建部和科技部主持的"国家智慧城市试点"(2014年有97个市区县镇和41个专项入选)、交通部主持的"国家公交都市建设试点"(计划在"十二五"期间在全国 30 个城市开展建设示范工程)等,环保部和发改委等七部委的方案无疑更具有代表性和权威性,并因而构成笔者所关注与探讨的对象。

## 三、生态文明建设示范区研究的三重理论维度

对生态文明建设试点或示范区的哲学思考的前提,是先弄清楚什么是哲学,而这并不是一个非常容易的问题。从总体上说,马克思主义的辩证唯物主义(唯物辩证法)和历史唯物主义(唯物史观),是笔者本文中观察与分析的理论或方法论基础。具体而言,生态文明建设试点或示范区的实质,是尝试改进或重构人类社会不同层面或维度上的人与自然关系、社会与自然关系,而唯物辩证法和唯物史观的首要作用,就是帮助(要求)我们客观、辩证、历史地理解和对待自己的生态文明建设认知与实践。所谓"客观",最主要的就是做到实事求是,一切从实际出发,而我们必须面对的最大实际,就是不同地区或地域千差万别的生态环境条件——个别性的自然生态元素在现代科技支撑下是可以人工创造出来的,但有机整体意义上的生态环境系统更多是缘于自然而然的,因而,自然生态系统意义上的顺应与保护,永远是人类社会(主体)的第一选择。所谓"辩证",最主要的就是自觉意识到(反思)我们各种认识与实践活动形式及其成果的正反两个方面,无论是感性经验还是理性认知,也无论是伟人发现的真理还是民间产生的智慧,其实都存在着一个正确性与错误性、合理性与局限性、主动性与依从性之间的共存或平衡问题——人类自然认知与实践能力的体现或发挥,并不仅仅表现为一种有意识的生态环境性改变,还包括一种基于主体自觉的生态环境性维持或保育,尽管要想充分实现这种保持性自然认知与实践的人类潜能,我们同样需要对既存的或人们已经习以为常的传统认识和社会实践做出深刻改变,尤其是在当代社会条件下。所谓"历史",最主要地就是明确意识

到,人类所有的认识和实践都是一种社会历史性的认识与实践——这意味着,我们的自然认知和实践就像其他议题上的认知与实践一样,既不是从来如此的,因而是可以改变的,也不是哪些(个)人主观喜好的结果,因而不是可以随意(时)改变的。

在此基础上,笔者认为,可以将我国的生态文明建设试点或示范区的理论思考,细分为三个值得或需要追问的理论性问题或维度:一是"五位一体"或"五要素统合"的机理与机制,可简称之为"管理哲学或战略维度"。换言之,生态文明建设的健康顺利进行,究竟需要什么样的主客体关系、体制制度构架和经济政治与社会动力机制。二是省市县三级行政层面的更有效推动及其机理与机制,可简称之为"空间维度"。换言之,生态文明建设的健康顺利进行,在哪一个行政层面上是更容易发生和取得成效的。三是生态文明建设的社会主义性质或方向,可简称之为"政治向度"。换言之,生态文明建设的健康进行,是否及在何种意义上意味着社会主义的政治愿景与现实。

对于第一个问题,无论从生态文明的概念界定还是生态文明的建设战略来看,都意味着或指向一种新型的人与自然、社会与自然关系构架,或者说生态文明的经济、政治、社会、文化与生态的统一体,也即是党的十八大报告所强调的"五位一体"或"五要素统合"——把生态文明建设贯穿于其他四个议题领域的各个方面和全过程。依此可以说,"五位一体"或"五要素统合"的意涵,既应该在追求目标的意义上来理解,是生态文明建设成果或水准的标志性体现,也应该在实现路径的意义上来理解,是推进生态文明建设的重要手段或突破口。就此而言,必须强调的是,生态文明建设及其试点示范,同时具有复合型目标与路径的重要性,不可偏废。

在这方面,两个具体问题是尤其需要注意的。一是生态文明建设及其试点的根本,是创建一种全新的或不同于当代工业文明样态的人与自然、社会与自然关系,或者说一种生态文明的整体性经济、政治、社会、文化与生态。也就是说,实实在在的整体性文明革新或生态文明建设成果,是最重要或最具说服力的。尤其需要防止的是,仅仅用路径层面上的政策举措或人为努力——甚或单向度意义上的局地性努力——来取代切实的生态文明建设目标的进展,比如,用年度性植树造林数量的多少来表明区域自然生态条件的改善,或者用完成节能减排(关停并转)的额度来代替区域大气质量的改善,但事实上未必真正对应或吻合。二是生态文明建设及其试点的具体目标多样性与现实路径多元性,决定了两者之间在某一地区或地域的关系呈现是异常复杂的。这就意味着,任何一个生态文明建设试点的经验普遍性或示范效应,都是相对有限的。尤其需要指出的是,即便有着大致相近的自然生态条件的地区或区域,也未必能够适用同样的生态文明建设目标和战略,因为它们之间的经济社会发展水平和历史文化传统可能大相径庭。

当然,对尚处于初创阶段的、我国不同类型的生态文明建设试点示范区来说,最切实的关切也许是路径而不是目标层面上的。那就是,一个地区或区域如何才能更顺利开启一种可称之为生态文明建设的崭新历程。撇开其他因素,比如对于当地生态环境条件优劣势的客观辩证分析和建设目标突破口的策略选择,在笔者看来,如下三个路径意义上的要素是尤为重要的。

一是适当的主客体关系。对此,我们可以将其简要概括为,一个地区或区域中的社会主体明确分工,各司其职,或者说,由合适的人去做恰当的事。当然,一方面,现代社会中的主体还可以具体划分为政府及其官员、工商企业主及其职员、大众传媒与新媒体及其从业人员、高校师生和科技人员、非政府组织或社会民间团体及其成员和支持者、社会个体,等等。其中,一个核心性问题是,如何在上述社会阶层或群体中构建一种有利于生态文明建设的"绿色政治共识"或"绿色大众文化"——它不仅应当是大众性民主参与的(有着明确而制度化的传统民主政治参与渠道),还应当是审议民主性质的(任何组织和个人都准备做出基于生态文明进步理由的意识与行为改变),从而逐渐造就占据社会大多数的"生态文明公民"或"绿色新人"①。另一方面，传统意义上的社会精英与普通民众之间的分野，即便依旧存在，也只具有有限的意义。因为，无论是社会精英还是普通民众，都将面临着一个接受绿色教育或"再主体化"的过程，相比而言，传统意义上的社会精英并不具有更高生态文明素养上的天然优势。更为重要的是，生态文明建设实践（"客体"）的切实进展，归根结底都要转化（呈现）为新一代普通民众的日常生活方式与行为。

二是科学的体制制度构架。正如前文已指出的，生态文明建设及其试点的核心，是尝试创建一种环境与资源友好的整体性经济、政治、社会、文化和生态管理制度体系及其运行机制②。相比之下，我们平常更多关注的属于经济体制与机制的各种形式的环境经济政策工具（比如生态环境税或"碳交易"），属于生态管理体制与机制的各种形式的环境行政监管政策工具（比如"生态红线"和国家公园），都只具有二等或次要的重要性。至少从国家层面上说，生态文明建设制度框架的"骨干"，应该是一个基于明确的（人民）主权授权的由立法、司法和执法三部分组成的"生态文明国家"或"环境国家"体系。这意味着，我国生态文明建设的推进及其成果，将会逐渐落实到国家"法治"体系的层面（比如明确将其纳入宪法和相关法律），而不会长期停留于党和政府的"政治"体系的层面（比如主要通过党中央国务院的有关"决定"和"建议"来推动实施）。同样可以预期的是，次国家层面上（省市县）的生态文明建设，也应立足或依托于相应层级上的国家性"法治"体制与机制（比如地方性法规与规划），而这也应是目前生态文明建设试点的应有之义和重要内容。③

三是充满活力的经济、政治与社会动力机制。恩格斯谈到历史

---

① 郇庆治.生态文明建设与环境人文社会科学[J].中国生态文明,2013(1).
② 郇庆治.环境政治视角下的生态文明体制改革[J].探索,2015(3);郇庆治.环境政治学视角的生态文明体制改革与制度建设[J].中共云南省委党校学报,2014(1).
③ 郇庆治.论我国生态文明建设中的制度创新[J].学习月刊,2013(8).

发展的现实推动力时,曾提出了"历史合力"的著名论断①,强调对于人类历史的现实发展历程,不应该做一种过于简单化或形而上学的解释,而应理解为一种由多种力量(包括理论观念和少数杰出人物)共同作用之下的综合性结果。同样,作为一种文明性变革的生态文明建设,任何真实意义上的持久性改变(善),一方面,都只能是一个需要时间来反复验证的历史过程,尤其需要明确的是,一个特定时代社会的主观性努力,总是有着自己的认知与实践边界的,不可能在短时间内"与过去决裂"或"开创未来"(我们经常说"罗马不是一夜建成的",就是这个意思);另一方面,还只能是由包括经济科技、政治法律和社会文化等在内的多种因素共同作用所带来的,单纯的高新技术或行政命令,都可以导致一种迅速或大范围的社会生产生活方式改变,却未必能够持续通向一个明确的或积极的方向。这方面的一个典型例子,是人们的交通方式与行为习惯及其改变。如今,大力发展公共交通是解决现代城市交通难题的根本出路,这已经成为一种得到广泛接受的绿色交通共识,但是,绿色交通或出行在世界范围内却远没有成为一种主流性的城市交通制度或民众选项。究其原因,社会各方面的制度机制不匹配和人们"刚性的"的现代交通习惯,都是不容忽视的支撑性要素,而且很难在短时间内做到实质性改变。也正是在上述意义上,我们对于各种单元素意义上的举措及其效果,比如私家车购买与使用的行政性或经济性限制,都应该持一种审慎的态度。

对于第二个问题,即省市县三级行政层面的更有效推动及其机理与机制,或者说生态文明建设及其试点的"空间维度",在笔者看来,其核心是要讨论与确定更适当的启动时机和区间。换言之,需要

---

① 恩格斯 1890 年 9 月 21 日《致约·布洛赫》和 1894 年 1 月 25 日《致瓦·博尔吉乌斯》的信,见:马克思,恩格斯.马克思恩格斯选集:第 4 卷[M].中共中央编译局,译.北京:人民出版社,2012:605,649.

更充分阐明的是,我国的生态文明建设应该在何时、更适合在哪一个层面上率先展开和推进。具体来说,"适当时机"指的是,我们对于自身的经济现代化进程及其生态环境负效果的整体性判断以及行动决断,而"适当区间"指的是,究竟在多大规模的地理空间内来考虑与构建经济、社会和生态之间的(再)平衡是更为合理与有效的。对于前者,全国层面上的生态文明建设,以党的十八大报告及其三中全会《决定》《意见》等重要文件为标志,已经做出了明确的政治宣示与战略部署,即大力推进生态文明建设已成为我们社会主义现代化建设总体布局中的一个内在组成部分,但具体到部分边远老少贫困省区,这方面的认识与态度问题恐怕未必已经得到完全解决。比如,环保部主持的试点方案中严重的东南部省份倾斜,所反映的大概不只是生态文明建设能力上的一种差距。

对于后者,笔者的基本看法是,省域(省、市、自治区辖区)很可能是一个更为理想的选项。概括地说,这主要是基于"省域"在如下三个方面的相对独立性或自主性①。

一是行政区划。在我国这样一个相对集权的单一制国家,作为主要构成层级的"省、市、自治区",拥有相对于其他行政级别(地级市区、县市区、乡镇、村社)更高程度的管治权力、资源和效率(比如地方立法权)。因而,它可以较为独立或自主地实施辖区内的公共管理和公共服务,包括推进生态文明建设。就此而言,甚至可以说,就像生态环境保护的第一监管责任方是"省、市、自治区"政府一样,生态文明建设实践的第一推动责任方也是"省、市、自治区"政府(当然是在中央政府之外意义上的)。目前已经提出和实施的京津冀协同发展、长三角城市群和珠三角城市群等国家级战略,正在凸显着超省域生态文明建设区间的必要性和重要性,但省域仍显然是更为重要的实

---

① 郇庆治,高兴武,仲亚东.绿色发展与生态文明建设[M].长沙:湖南人民出版社,2013:88,268-271;郇庆治.志存高远 创建生态文明先行示范省[J].福建理论学习,2015(6).

体性行政层级。

二是生态系统。尽管全国乃至全球范围内的生态系统之间的整体性联系,是不言而喻的客观事实,但不同气候、流域、山系、土壤、植被或物种的多样性,总会因地理空间的改变而逐渐呈现出某种形式或程度的变化。而且总体说来,我国的大部分"省、市、自治区"的行政辖区,是与其较为特殊和完整的生态系统相对应的——其中的例外也许只有内蒙古、甘肃和河北等。可以理解的是,行政区划越小,就越会面临着生态系统之间的交叉重叠,也就越会给各种形式行政举措的引入及其实施造成困难,生态文明建设也不例外。因此,相比之下,省域可以更好地同时做到尊重辖区内生态系统的特殊性与完整性,主动改进人类社会活动及其结构与自然生态规律要求的协调程度——有着更宽广的观察视野与更充裕的回旋余地。也正是在上述意义上,我们需要谨慎倡导或宣传比如生态文明村(镇)的创建。

三是历史文化传统。历史文化传统是我国历代行政区划的重要参照标准,比如秦晋、齐鲁、燕赵、荆楚、潇湘、吴越、岭南、塞外等,这些春秋战国时期的称谓,与我们今天的省界划分依然有着相当程度的关联。更为重要的是,区域性历史文化传统与生态系统特性之间的复杂互动,构成了我国今日生态文明建设实践的重要前提。因此,我们在探索与尝试不同形式的制度体系创新时,必须充分意识到并尽量适应不同省域的历史文化传统。换言之,省域的历史文化传统,将会给我国生态文明建设的路径与模式探索提供不容小觑的激励或"正能量"。

毋庸置疑,我国的县域(县、市、区辖区)也有着自己的特点和优势。自秦代置郡县以来,"县"就长期是中国封建社会经济与政治管治架构中的一个关键性单元,所以才有"郡县治、天下安"的传统说法。尽管进入近代社会后,传统县域的经济地位随着中小城市重要性的提升而有所下降,但在新中国建立后至今所形成的经济与政治管治架构中,包括县级市、区在内的县域仍是十分关键性的构成单元。改革开放之前,我国的大部分县域都形成了一个相对完整的国民经济和工业体系，而改革开放之后，我国的很多县域走上了市场经济模式下的竞争与分化的发展道路。结果，东南部省份的县域经济得到了相对较快的发展，而中西部省份的县域经济的发展要较慢一些。比如，由社会智库"中郡研究所"评选的"2015 年度全国百强县"结果显示，江苏、山东和浙江 3 省占了其中的绝大多数（63%），分别为 24 个、21 个和 18 个，而包括甘肃、广西、贵州、海南、黑龙江、宁夏、青海、西藏和云南在内的 9 个省份却无一入选（《生活日报》2015 年 8 月 24 日）。其中，排名并列全国第一的江阴市和张家港市，2014 年的地区生产总值分别为 2 754 亿元和 2 200 亿元（人均 16.9 万元和 14.67 万元），大致相当于宁夏或青海的经济总量（分别为 2 750 亿元和 2 301 亿元）。

从生态文明建设的视角来说，县域也是一个十分重要的行政与地理空间或平台，尽管缺乏像省域那样的独立性或自主性。一方面，我国的县级政府有着相对较强的综合性行政掌控与协调权能，同时在省市自治区和乡镇村社之间发挥着承上启下的衔接与过渡作用，因而，可以在一定程度上以一种整体性的思维与战略来考虑辖区内的经济、社会、文化和生态建设，而不简单是对党和国家方针政策与法规的贯彻落实。尤其是，无论对于生态文明建设目标的细化、具体化还是建设路径战略的可操作化，县级政府都往往是最直接的一线领导者和组织实施者。

另一方面，县域经济在很大程度上依然（应当）是一种地方经济。这意味着，人与自然关系、社会与自然关系，更多（可以）是以一种本地化或面对面的形式得以展开。经济生产与营销过程中的本地化，可以使得或促进人们（作为生产经营者）对地方性自然资源的更明智与生态化利用，以及对他们身处其中的自然生态的更积极保护，而物质消费与生活活动的面对面形式，不仅可以使人们（作为消费者）更真切感受到个体、社会与自然之间的物质变换过程，以及人类生存生活对于自然生态系统的高度依赖性，而且可以由此培育人们的绿色消费意识和社区主体意识。

当然,与省域和县域相比,在推进生态文明建设的过程中,地级市(州、区)也具有不可替代的明显优势。一方面,它有着比省域小、但比县域大的地理空间,可以有效解决省域范围内的自然生态差异性过大和县域范围内的自然生态系统交叉重叠难题,从而更好地在自然生态系统完整性和历史文化传统特点的基础上,调整与重构人与自然关系和社会与自然关系,并力争做到"五位一体"和"五要素统合"。

另一方面,改革开放40年来,随着我国经济社会现代化进程的不断拓展与深入,各地尤其是经济相对发达的东南部省区(比如长三角、珠三角和京津冀地区)的经济与社会一体化程度正在迅速提高。相应地,无论是狭义的经济发展还是像生态文明建设这样高度综合性政策议题的推进,都需要我们从一种更为宽阔的视野来考虑应对——比如对某一自然生态景观的旅游开发和对某种形态生态环境污染的有效治理管控。也正是基于这一原因,近年来地级市(州、区)作为一个行政层级的重要性有着逐渐提升的趋势。可以说,发改委等七部委方案和水利部方案,都把地级市(州、区)作为生态文明建设试点的主要层级,反映的正是这样一种趋势。

对于第三个问题,即生态文明建设的社会主义性质或方向,或者说"政治向度",笔者认为,这是一个看似不言而喻、实则需要深入探讨或争论的问题,即党和政府在领导生态文明建设过程中的政治意识形态与制度体系取向。对于大部分学者和公众来说,这似乎是一个答案不证自明的问题。[①] 因为,中国特色社会主义的道路选择和中国共产党的领导地位,已注定了社会主义在生态文明建设中的政治正确性与意识形态领导地位。一般说来,这当然是没有异议的,但尤其是在资本主义主导的国际经济政治秩序和话语霸权之下,生态

---

① 林安云.社会主义生态文明建设的政治推进方略[J].哈尔滨工业大学学报(社科版),2015(4).

文明的"社会主义"前缀还意味着一种明确而激进的"红绿"政治偏好与选择①,而这是目前的生态文明及其建设研究学界所有意或无意回避的。

具体而言,这个问题可以从如下两个方面来理解与回答②:一是如何判定欧美国家生态环境问题阐释与应对经验的普遍性或局限性,二是社会主义的基本经济政治制度与生态文明建设之间的关系。

就前者而言,必须承认,欧美资本主义国家在二次世界大战后遭遇了史无前例的严重生态环境难题或公害,而这些环境或生态难题或危机在20世纪80年代末以后的确得到了较大幅度的缓和与改善。问题是,这一结果究竟是如何发生的,在何种意义和程度上具有一种全球性普遍意义。事实充分表明,这些国家操纵和长期占主导地位的国际经济政治秩序,70年代末开始的新一轮经济全球化背景下的过剩资本输出和落后(肮脏)产业转移,这些国家内部的大众性环境抗议运动以及随后的绿党政治的兴起,以及后来成长为新兴经济体国家的经济改革开放,等等,共同促成了欧美国家转向一种"浅绿"色的经济产业结构、生态环境管治和大众性绿色认知(文化)。也就是说,欧美生态环境质量的相对改善是有条件的,而不是无条件的,因为,这更多是得益于原有生态环境难题或负荷的转移而不是消解。换言之,这些国家之所以呈现为经济发展与环境质量的"双赢"局面,是以众多发展中国家(包括中国在内的新兴经济体国家)对于严重污染性行业与产品的击鼓传花式"接力"为前提的,而地球作为一个整体的生态环境压力是加大而不是减轻了。这也是为什么,1972年斯德哥尔摩人类环境会议40多年后,我们面临着一个总体上更加恶化的地球生态系统和居住环境。由此可以理解,欧美国家的

---

① 郇庆治.社会主义生态文明:理论与实践向度[J].江汉论坛,2009(9);郇庆治.再论社会主义生态文明[J].琼州学院学报,2014(1).

② 郇庆治."包容互鉴":全球视野下的"社会主义生态文明"[J].当代世界与社会主义,2013(2).

"生态现代化"或"生态资本主义"话语与战略,无疑是生态环境危机和挑战应对的一条现实性道路,却很难说是一条普适性的道路,尤其是对于整个人类社会的可持续发展或文明延续而言。

就后者而言,必须看到,我们的改革开放政策是从对欧美发达工业化国家中的科学技术和经济管理以及相应的政策制度的借鉴与吸纳起步的,并用"融入国际(主流)社会"的笼统性说法淡化或回避了过去曾经过分强调的两种不同社会制度体系的政治分野。但一方面,资本主义从来就不只是一个政治标签或一句空洞的口号,而是从生产生活方式到文化价值观念的有机综合体。也就是说,对欧美资本主义发达国家所谓"先进经验"的机械式"拆解"或"辩证综合"并非易事,更为可能的是,亲资本甚或遵循资本逻辑的政治思维,会在不知不觉之间逐渐侵蚀我们的整个经济、社会和文化——因为,按照新自由主义的逻辑,私人资本所主宰的市场及其逻辑是不应该有边界的。[1] 结果是,我们也许并未能建立起一个古典自由主义的或欧美标准的市场体系,但显而易见的是,社会和文化的畸形"市场化"已经成为一种"国殇"或"民族之患"。另一方面,经济至上或发展主义的思维惯性,也许还有此间形成的复杂的利益纠葛,使得我们的社会精英和普通民众越来越习惯于一种"泛经济"(发展)或"泛市场"的思路——经济发展(增长)是解决所有其他问题的关键,而市场(化)是解决所有经济与社会问题的关键,相反,人们对于一种不同于资本主义的或替代性社会主义的制度和观念体系的关注与热情大大降低了。但殊不知,无论是生态环境问题本身的应对还是相关性经济、社会与文化问题的较彻底解决,都首先是一个生态可持续的和社会公正的基本经济政治制度框架问题。也就是说,生态文明建设的试点或示范,归根结底是对这样一种新型制度体系的探索。因此,在生态文明建设试点或示范议题上,问题的实质不在于传统社会主义的理

---

[1] 郇庆治.终结无边界的发展:环境正义视角[J].绿叶,2009(10).

论教条,也不在于对资本主义的"为反对而反对"的态度,而在于我们依然需要一种明确的现实批判性或替代性的政治选择,这就是笔者所界定的"社会主义生态文明"的核心意涵。

## 结语

对生态文明及其建设的基础性理论探讨,尤其是生态文明建设试点或示范区实践所提出或需要回答的深层次理论问题与挑战,是笔者特别关注和着力分析的对象。对此,笔者的基本看法是,学界目前对于生态文明及其建设的理论阐发与构建还非常薄弱,而广义上的环境政治社会理论或生态文化理论、生态马克思主义(社会主义)或"绿色左翼"理论、党政文献政策的严肃与深入学理分析等,都可以为我们构建一种独立的"生态文明及其建设理论"提供重要资源与滋养。

毫无疑问,上述三个维度并不能涵盖我国生态文明建设试点或示范的理论与实践重要性的所有方面,而至多是笔者目前对当下不同形式的试点或先行示范区建设的关注和思考焦点。依此,概括地说,笔者想着重讨论或回答的是,党的十八大以来全面推开的我国生态文明建设,是否以及在何种意义上不仅成为我们实质性扭转和改变改革开放以来生态环境状况不断恶化过程的转折点,而且成为我们中国特色社会主义现代化建设或文明革新历史进程中的重大节点。

# 马克思主义生态哲学的理论建构

李 丽[1] 李明宇[2]
1. 江苏大学马克思主义学院教授
2. 江苏大学马克思主义学院副教授

**内容提要**：结合新时期的新情况和新问题，马克思主义生态哲学应该结合中国生态梦视域，在五大发展理念的指导下突出其现实指向性。在构建马克思主义生态哲学时应始终贯彻系统性和整体主义的原则，完成马克思主义生态观、科学发展观与和谐社会观的多重建构，体现本土优势和历史超越性。

新时期马克思主义生态哲学应该是在马克思主义基本理论，尤其生态理论的基础上，结合新时期的新情况和新问题而创建的更具现实指向和逻辑系统性的理论体系。五大发展理念指导下的"五位一体"总体布局中生态文明的构想便是这种宗旨的生动体现。我们恰恰是在中国特色社会主义现代化的实践中，立足于马克思主义的科学方法论和中国特色社会主义现代化的总体布局，从理论、实践等方面探索了统筹人与自然和谐发展的原则和方法。正如我们需要社会主义经济理论、政治理论、文化理论和社会理论一样，我们也需要社会主义生态哲学理论。在新时期遇到的新情况下，我们的生态哲学有责任构建一种适合的理论体系。这个理论体系应该立足于中国生态梦的总体布局，遵循系统论和整体主义的基本原则，完成马克思主义生态观、科学发展观与和谐社会观的多重建构,从而体现出其本土优势和历史超越性。

## 一、现实指向:立足于实现中国生态梦的总体布局

当前,国内已经普遍地认识到生态文明建设的意义和总体思路。面对当前资源紧缺、污染严重的现状,国内一致认为,应该把生态文明建设融入经济建设、政治建设、文化建设、社会建设各方面和全过程,构建"五位一体"格局,以五大发展理念推进生态文明,建设美丽中国。这样的理念和思路勾勒出了实现生态梦的总体构想,表达了实现中国梦的生态路径。实际上,生态梦为中国梦提供了根基和目标愿景,使中国梦更富绿色意蕴。可以说,任何理论都必须是特定现实的反映,因此,当下的生态哲学构建必须切实地反映中国当前的生态实际,包括生态文明理念更新、生态文明建设路径等现实问题。换句话说,生态哲学构建必须着眼于实现中国生态梦的总体布局。

历史地看,我国生态哲学思想从萌芽开始到成为社会主流价值目标,经历了从简单的环境污染治理到提出生态文明建设和全方位构建人与自然和谐相处的和谐社会这样一个长期的过程。新中国成立伊始,便展开植树造林、美化环境、保持水土和调控资源等环境保护工作,当然后期指导思想上的失误也给我们留下了深刻的教训。尽管"大跃进"等事件对我国的生态环境产生了较坏的影响,但从总体上看,经济发展和生态环境之间的矛盾还不突出。当然受当时历史条件的限制,无论对生态文明的认知还是生态文明实践本身都处于萌芽和起步状态,生态思想也相对不成熟。后来,随着世界环保运动的深入和广泛开展,我国的生态思想也开始进入世界化阶段并付诸行动,进入组织化阶段。我国非常注重学习全球环境保护的先进理念和经验,在改革开放和现代化实践中加深了生态问题重要性的认识,注重依靠法制和科学技术来解决生态问题,注重生态环境的良性持续发展,并提出了实施可持续发展战略,明确指出:"可持续发

展,就是要促进人与自然的和谐,实现经济发展和人口、资源、环境相协调,坚持走生产发展、生活富裕、生态良好的文明发展道路,保证一代接一代地永续发展。"① 伴随着生态文明理念的逐步深入,生态文明成为中国特色社会主义总体布局的一个重要构成部分,并提升为我国基本的治国方略。在这个过程中,生态哲学思想在理论的发展和进步基础上逐步走向成熟。

从实践上讲,生态哲学思想是对环境问题的现实总结而走向成熟的。在我国,生态问题和可持续发展有着明显的本土特色。经过40年的改革开放实践,中国特色社会主义社会进入高速发展期,呈现出经济跨越式发展的明显特征,我国在20多年时间内取得了西方发达国家100多年的发展成果。虽然可持续发展策略在逐步深入地开展和实施,取得了瞩目的成就,并形成了系统的科学发展观,但是发达国家上百年工业化过程中分阶段出现的生态问题在我国短期集中出现,经济社会发展对环境资源的需求迅速增加,对环境的压力越来越大,而且环保责任又严重缺席。因此,生态建设体系、环保法规、环境伦理建设和经济支撑能力等方面存在诸多不足。可以说,在中国建设生态文明是一个艰巨的任务。

我国生态哲学观念的发展历程和现实存在的环境问题都是实现中国生态梦必须思考与应对的客观现实,也是美丽中国生态梦提出的现实依据。"中国梦,应该是一个富强与美丽相结合、功利与伦理相统一、物质与精神相交融、科学与人文相渗透的和谐幸福梦,是一个将真实客观性与对未来前瞻性紧密结合起来因而能够实现的梦。"② 可见,中国梦中内蕴了生态梦的要求,生态梦是中国梦的重要组成部分。因此,在构建马克思主义生态哲学时,必须对上述问题作出确切的回应。理论必须指向现实、依据现实并提升现实,才能保证

---

① 中共中央文献研究室.十六大以来重要文献选编:上[M].北京:中央文献出版社,2005:85.
② 方世南.生态梦:中国梦的坚实基石[J].学习论坛,2013(6).

其应有的生机和活力。因此,当前的生态哲学构建必须立足于实现中国生态梦的总体布局。

## 二、基本原则:系统论和整体主义

自近代以来,以笛卡儿哲学与牛顿力学为代表的人类知识达到前所未有的高度,建立了工业化和现代化的社会生活形态,但是近代哲学过分强调人的主体性地位导致了人类中心主义的张扬。这种主张主客二分的哲学在认识论及方法论上奉行还原主义的原子论,缺乏整体性思维,最终导致人类与自然的整体生存危机。这种世界观和方法论不可能作为社会主义生态文明模式的理论基础,我们必须转向,将系统论与整体主义作为建构生态文明构建生态哲学的基本原则。"马克思的生态文明理论贯穿着总体性和系统论的哲学思想,为我们从战略的高度解决生态问题提供了理论和方法论依据,启发人们以整体主义范式思考解决生态危机的出路"①。在系统论和整体主义视角下,自然与人类社会相冲突时,人们不能一味地牺牲自然,不顾自然的承载力和修复力,而要权衡利弊,兼顾自然和社会的协同发展。当个人、集团或国家等群体利益与人类整体利益相矛盾时,应该在兼顾各方利益的同时,将重心向实现人类整体利益倾斜。按照整体性原则,人类生活在同一个地球上,这一仅有的生态圈系统是人类共同的家园。

系统论主张,系统是各个元素之间有着密切联系的有机整体。单个元素的功能依赖于系统整体的存在状态。马克思主义的系统论要求我们从社会有机体视角来理解社会与自然的存在和发展,如果把各个环节割裂,就不能正确说明"一切关系在其中同时存在而又互相依存的社会机体"②。列宁高度赞扬社会有机体理论:"马克思和

---

① 李丽.生态文明建设模式:理论、方法与原则[J].自然辩证法研究,2014(3).
② 马克思,恩格斯.马克思恩格斯选集.第1卷[M].中共中央编译局,译.北京:人民出版社,1995:143.

恩格斯称之为辩证方法(它与形而上学方法相反)的,不是别的,正是社会学中的科学方法,这个方法把社会看作处在不断发展中的活的机体(而不是机械地结合起来因而可以把各种社会要素随便配搭起来的一种什么东西)"①。建基于系统论的马克思主义的整体主义哲学坚持认为,世界的存在是"人—自然—社会"组成的生态系统,世界本原不是纯客观的自然,也不单单是脱离自然界的人,而是"人—自然—社会"结合起来的有机整体。它是一个活的系统,是不可分割的整体,其内部诸要素是相互联系、相互作用的②。在整体与要素的关系中,整体比要素更重要,整体的性质和功能决定了要素的性质与功能。按照马克思的论述,生态系统就是一个相互依存、错综复杂的、通过物质循环和能量流动而形成的统一整体。若系统的整体特性遭到破坏,系统就会随之失衡。同时,只有各个子系统都得到全面均衡发展,整个系统的优势和整合功能才能更好地呈现。由此看来,系统无疑具有整体性特征。同时,系统具有动态性特征。一般而言,系统内元素的改变所产生的影响,并不会立即完全地显现出来。系统越是复杂,完全呈现的时间就会越长。对于自然这个极其复杂的系统而言,我们必须超越"只见树木,不见森林"的那种机械论思维方式,在关注部分的同时,更要关注部分之间的关系;在看到实践活动的当下后果的同时,也要想到未来可能出现的情况,从而实现对自然整体的、动态的深刻把握。

  人类社会是一个大系统。因此,我们必须以系统的眼光考量人类的生产和生活实践,遵循自然生态规律和经济社会发展规律,正确、全面处理人—自然—社会的关系,实现经济、政治、文化、社会和生态的和谐共生。整体性不仅强调人类与自然的有机联系,还对人类作为一个整体共同面对环境危机提出了道德要求。伴随着全球化

---

  ① 列宁.列宁专题文集:论辩证唯物主义和历史唯物主义[M].中共中央编译局,译.北京:人民出版社,2009:185.
  ② 余谋昌.可持续发展观与哲学范式的转换[J].新视野,2001(4).

进程的飞速发展,各个国家和地区的命运越来越息息相关。任何一个国家和民族都无法单独解决区域内的环境问题。因此,必须从整体性的道德要求出发,采取全球性的集体行动。在建设生态文明过程中,中国有责任和其他国家一道采取协调行动,共同应对全球环境问题的挑战。西方学者小约翰·柯布说:"面对今天的问题,我们需要新的智慧。可能,在中国对马克思主义的继承可以阻止现代化和工业化的恶果。"①这给予了中国和谐主义很高的评价,但"考虑到中国和谐主义产生的时代,它身上的农业文明色彩、封建等级色彩、父权制色彩不可避免。这一点我们要有清醒的认识"②。因此,我们有必要立足马克思主义的立场,站在生态系统论和整体主义的高度对其进行扬弃,并结合当下的生态哲学理念和生态建设实际构建新的生态哲学。"以唯物辩证法的系统整体观点为指导,深刻认识自然生态系统、经济系统和社会系统的整体性,以及它们各自内部诸要素之间相互联系和相互制约的关系。要坚持以大自然生态圈整体运行规律的宏观视角,全面审视人类社会的发展问题;从整体出发考虑和评价人类的实践活动,以保证自然界内部以及人与自然的物质、能量和信息的顺利转换。"③

因此,从系统论和整体主义视角出发,环境就不仅仅是技术问题、经济问题,而是牵扯到全社会各个群体的利益,甚至牵扯到国家之间关系的政治问题,更是一个文化伦理道德问题。它既包含人与自然的关系,又包含人与人、人与社会的关系,涉及经济、政治、文化、社会和生态等众多领域,是一个总体性范畴。作为一个总体性范畴,新时期马克思主义生态哲学指导下的生态文明的建设不能仅仅是经

---

① 小约翰·柯布.从怀特海哲学的角度审视现代化[J].马克思主义与现实,2007(2).
② 王治河.中国和谐主义与后现代生态文明的建构[J].马克思主义与现实,2007(6).
③ 邓坤金,李国兴.简论马克思主义的生态文明观[J].哲学研究,2010(5).

济领域的事情,而是需要有相应的文明即精神文明、政治文明、社会文明以及生态文明来予以支持和保证。因为从系统论和整体性来看,文明是一个大的系统,生态环境、经济、政治和文化构成其中较大的子系统。与之相对应,现代人类文明可分为物质文明、精神文明、政治文明和生态文明。这四种文明具有各自不同的内涵,体现着不同的关系,发挥着不同的功能,但它们又密切关联、彼此制约、相辅相成,在相互交错的运动中相互作用,共同推动着人类社会文明向前发展。

## 三、本土优势与历史超越:马克思主义生态哲学的多重建构

新时期生态哲学指导下的生态文明建设为中华民族实现跨越式发展提供了重要的战略机遇,有利于彰显社会主义制度的优越性。作为当代世界最大、最有希望的社会主义国家,"基本上代表了当代世界社会主义发展的水平,因此,中国在生态文明建设方面做出的努力、取得的成就和对世界生态文明建设做出的贡献,就不仅是中国在发展过程中的自我超越,同时也是社会主义在生态文明建设方面对资本主义的历史性超越,从一定意义上来说,这种超越可以在很大程度上决定生态文明乃至社会主义的未来"[①]。这里要说明的是,中国生态文明建设若能取得比西方国家更大的成就,便可实实在在地彰显社会主义制度的优越性,也在某种程度上实现了对资本主义的历史性超越。中华民族有能力抓住这个战略机遇,大力发展经济、努力建设生态文明,引领世界率先实现从传统工业文明向生态文明的转型。我们的有利条件,不仅在于中国特色社会主义继承了马克思主义的精髓,社会主义制度具有强大的国家意志力和执行力,也在于社会主义生态文明将融合中华优秀传统文化,我们传统的农业文明中天人和谐理念和养护自然的优秀传统可继承发展。中华文明的基本

---

① 王宏斌.当代中国建设生态文明的途径选择及其历史局限性与超越性[J].马克思主义与现实,2010(1).

精神与生态文明的内在要求基本一致,从政治社会制度到文化哲学艺术,都闪烁着生态智慧的光芒。可以说,生态哲学思想始终是中国传统文化的主要内容之一。中国哲学思想的核心和精髓是"天人合一",有着极为深厚的生态智慧文化底蕴,儒释道都追求人和自然的和谐统一。因此,我们要把社会主义生态文明的建设与中国近代民族主义、社会主义和传统优秀文化结合起来,批判地继承近代西方文明成果,造就符合中国国情和发展阶段的生态理论,提出具有系统性、正义性、合法性和可行性的生态哲学体系。

在和谐社会的视域中,马克思主义生态哲学的构建必然体现人、自然、社会在理论与实践上的系统和动态和谐,实现马克思主义生态观、科学发展观、和谐社会观的多重统一。这种多重统一包含了马克思主义生态观对发展观科学性的形塑、科学发展观对社会和谐与公正的引领、和谐社会观对马克思主义生态观的性质和发展观的取向的框定,既体现了生态哲学建构的本土优势,又体现了生态哲学建构的历史超越性。

第一,马克思主义生态观形塑发展观的科学性。马克思主义生态观是关于生态、人学和社会历史的多维统一。"马克思的生态思想包含了人与自然相统一的社会历史形式。人与自然关系的发展体现在人与人之间社会关系的发展上,因而人与自然和谐关系的实现,必须以人与人和谐关系的实现为前提"[①]。它以人与自然的和谐为中心,强调人—自然—社会的整体和谐。科学发展观主张尊重自然、敬畏自然,以坚持"以人为本"为基础,实现人、自然、社会的全面协调可持续发展,构建经济、社会、政治、文化、生态文明多重发展的和谐社会。科学发展观之所以科学,主要是由于它与传统的发展观有着质的区别。而这一区别来自自然价值观的根本转变,即:人类对待人与

---

① 李龙强,李桂丽. 马克思主义中国化与社会主义生态文明的辩证统一[J]. 江苏大学学报(社会科学版),2012(5).

自然关系的全新认识。正如马克思主义生态观所强调的：在"对象性"活动(生产)中人、自然、社会的动态互动同构。这种整体协调的视角必然引发一种新的发展观。换句话说，科学发展观的"科学"主要体现于生态之维，是生态哲学理念的融入才使得新发展观更具科学性。同时，科学发展观也是基于对马克思主义生态哲学的本质和逻辑的吻合与创新，彰显了自身的科学性，为人类解决生存与发展困境提供了全新的立场和视野。具体而言，科学发展观关注人、自然、社会多重和谐的逻辑，继承了马克思主义生态观的生态意蕴和人学意蕴。

马克思主义生态观的生态意蕴主要通过科学发展观的生态理性精神体现出来。马克思、恩格斯指出，自然作为一个具有完整性和自组织性的生态系统，自然是"人的无机的身体"。科学发展观继承了这种认识，主张关注发展的全面、协调与可持续，以及对经济、社会和生态效益的统一的追求。正是基于对马克思主义生态观的深刻认知，科学发展观强调发展中的五个统筹，要求全面发展，既包含经济发展也包含社会发展以及生态发展。科学发展观关注的是经济、社会、政治、文化、生态的五位一体的全面发展。当然，科学发展观的核心是在经济领域发展的基础上，促进社会进步和人的全面发展。科学发展观强调的协调发展，将人、自然、社会视作一个相互联系、相互制约的整体，协调人、自然、社会，统筹经济、政治、文化、生态等各方面的发展，在呵护自然、建立人与自然和谐关系的基础上，建构人类社会发展所必需的物质和文化基础，实现社会整体及各环节的协调发展。如此一来，科学发展观就与马克思主义生态观的整体性、系统性观点在发展的视域内创造性地实现了统一。正是科学发展观坚持人、自然的可持续发展，实现人、自然、社会的和谐的生态理性，从根本上克服人与自然的对立，解决人本主义的非理性主义的膨胀。

马克思主义生态观的人学意蕴与科学发展观的人文理性精神内在相关。所谓人文理性精神，是指对人的形而上关怀，是人在社会实践中形成的自我生成、自我发展、自我实现的理性能力。马克思主义生态观关注和树立人的主体地位,强调人与自然的和谐有利于人的积极、有效的能动性发挥,是人的主体性地位确立的基础和保障。科学发展观正是继承马克思主义生态观的人学意蕴,强调人与自然的和谐,坚持以人为本。在人与自然的和谐基础上突出人的主体地位,将发展的出发点和归宿都指向人,提出发展为了人民、发展依靠人民,发展成果由人民共享的理念。同时把人的自由发展与社会整体发展统一起来,把人的自由全面发展视为发展的根本动力和最终目的。也可以说,所谓发展终究是人的自由全面的发展,是人的本质力量的真正实现,这正是科学发展观提出发展要以人为本的内在根据。"人与自然的生态和谐关系是生态文明进程的逻辑起点,也是终点,而最终成就与完善的是人的生态和谐性的生存。"①"作为科学发展观核心的'以人为本',则毫无疑问是以人民利益为本、以服务大众为本,就是要使改革的成果惠及全体人民,要把发展的落脚点定位在人的全面发展上。"②正是在这意义上,科学发展观克服和矫正自然与人的分离及对立,完成人性与自然的回归,蕴含着深刻的人文理性精神,实现对传统发展观的扬弃。

第二,科学发展观引领社会的和谐与公正。所谓科学发展就是要体现和谐发展。因此,科学即为和谐。在以人为本,全面、协调、可持续发展的整体视域中,人与自然、人与人、人与社会的发展必然是均衡、协调的发展。合理发展的"度"必然会带来社会的和谐与公正。构建和谐社会就是要通过发展来解决社会发展中存在的不和谐的问题,要用和谐的标准来衡量和约束发展实现的方式,从而提高发展的质量,减少发展付出的成本,因此建设和谐社会应当是科学发展的题中之义,和谐和发展是辩证的对立统一关系。发展必然要求处理好人与人、人与自然、人与社会之间的和谐,同时又为实现社会和谐与

---

① 盖光.生态文明的整合性、建设性及多样性[J].南京林业大学学报(人文社科版),2008(3).
② 王峰明.科学发展观与人的自由全面发展[J].中国特色社会主义研究,2007(1).

公正提供根本途径,"以人为本"是实现社会的和谐与公正的根本指针,全面、协调、可持续发展是社会和谐与公正的基本要求。简言之,和谐就是科学发展观的内涵,落实科学发展观就是更好地实现社会的和谐与公正。科学发展观是对马克思主义发展观的继承和发展,是促进社会和谐与公正的新观念。只有真正贯彻和落实科学发展观,才能实现社会的和谐和公正。

第三,和谐社会观框定马克思主义生态观的性质和发展观的取向。社会主义和谐社会秉持在有机整体概念基础上强调和谐共生、相互平等、相互依存、相互兼容、相互滋养、相互转化的和谐主义。它把"以人为本"作为核心,秉持"统筹兼顾"的原则和方法,旨在实现社会"全面协调可持续发展"。这必将是一个环环相扣的系统动态和谐的社会。在此种意义上的和谐社会的背景下,马克思主义生态哲学的构建必然置于人、自然、社会关系网中,"全面协调可持续发展"既是宗旨又是归宿。这也说明,构建和谐社会的任务必然决定新的发展观的方向。

和谐社会观把人与自然、人与人、人与社会的和谐放在一种天人合一的架构中,勾勒出一种人文关怀的图景。这决定了马克思主义生态观的性质。其一,人与自然的和谐是内在和谐与外在和谐的统一。内在和谐是外在和谐的基础,外在和谐是内在和谐的对象化结果。人与自然的内在和谐是属于人性意义上的,是人的本质表现,内在和谐最大限度的开发和挖掘是和谐的基本动力。人与自然的外在和谐是现实性的和谐,体现在人类现实实践中。人与自然的内在和谐是外在和谐的根据和内容,外在和谐是内在和谐的表现形式。人类只有发自内心地感悟人与自然和谐的价值意义、自觉认识到人与自然关系的和谐本质,只有内在和谐实现了,外在和谐才具有可能性。人与自然的和谐更深远的意义在于人类与自然万物的和谐、平等关系,是人的价值真正实现。在敬畏自然、尊重生命的理念中,使组成生态系统的各子系统之间以及各子系统内部不同部分之间实现良性互动、协调共进。其二,人与人、人与社会的和谐为社会发展提供基本条件。社会的发展与自然生态系统之间的交互影响深刻而且全面,正如马克思所言,自然史与人类史是统一的。因而,在社会发展的整个过程中,必须注意协调人、自然、社会的关系。作为一个整体历史进程的社会发展,必须要在与自然生态系统的协调中才能进行。正如马克思指出的,人与自然和谐发展的真正实现只能伴之以人与人之间的社会关系的改变才会成为可能。在马克思、恩格斯看来,实现"两个和解",即"人类同自然的和解以及人类本身的和解"是人类正确处理人与自然、社会关系的最高价值目标。马克思主义生态观遵循和谐社会观的人、自然、社会和谐统一的观点,在新的时代背景下勾勒出"人同自然的和解"与"人同自身的和解"的现实路径,为当今社会的发展、文明的进步提供了一种新的理论图景。

和谐社会观决定了发展观合规律性与合目的性,以及发展观的目标指向——和谐共生、和谐优化、和谐创新。其一,和谐社会观坚信,发展生产力的前提条件是必须尊重客观规律、维护自然生态平衡。自然是人类生存和发展的物质和能量源泉。如果人类违背了自然规律、以破坏自然生态环境为代价来发展经济,就会出现各种天灾,天灾又会导致人祸,人就会遭到自然的报复。因此说,敬畏自然、尊重客观规律,构建人—自然—社会之间的多重和谐关系,是建立和谐社会的重要前提,也是科学发展观合规律性所在。其二,科学发展观倡导的"以人为本"以及人、自然、社会的全面发展,是其理念的根本与核心,是符合人类社会发展的规律和价值追求。科学发展观提出的全面协调可持续发展,正所谓发展依靠人、发展为了人、发展成果由人民共享,这种将人的价值实现和需求满足作为核心和社会的本位,努力为实现人的高质量生存和自由发展,是合目的性的体现。

因此,新时期马克思主义生态哲学在科学发展观、社会主义和谐社会观、马克思主义生态观三者有机统一这个更高的和更广阔的视域中把人、自然、社会三者的发展融通起来,实现三者的系统动态和谐,为实现中国特色社会主义提供理论基础。

# 社会脱落：现代性视阈下人和自然关系的一种思考

相雅芳

上海海关学院思政部讲师

**内容提要**：马克思认为社会是人同自然界完成的本质的统一。现代性的发展改变着人们的价值观念和生活方式，触及人、自然和社会的本位，引起人的生存困境。社会脱落是人的生存困境的标志。主要原因表现：主体性哲学下的世界祛魅；理性哲学下的科技发展；资本逻辑下的利润追逐；文化缺失下的异化消费等方面；其主要内容是人与自然对立、自然的消失、风险社会的来临和灾害的人为性四方面，表现特征为社会碎片化和无根化。因此，深入研究社会脱落的原因及特征是实现人、自然和社会和谐统一的客观要求。

## 一、社会脱落的命题：现代性下人的生存困惑

现代社会思想家从不同的角度阐述了当代人类生存的困境。这种生存困境的具体阐述就是社会脱落。脱落作为生物学的概念是否可以放在社会学科来透视社会现象是值得考究的问题。纵观人类发展史，斯宾塞最先把生物学引入社会领域，认为聚集体的特性是由单位的性质决定的，那么他们的本质特性是他们整体的特征的反映，这样显然也适用于社会。斯宾塞把生物学引入社会学领域对学科发展来说具有开创性的意义。如果说他站在唯心主义立场是不具有说服

力的,那么马克思立足于唯物主义的立场论述社会有机体思想为脱落命题奠定了科学的理论基石。"社会是人同自然界的完成了的本质的统一,个人、自然和社会是相互关联的活的有机体",并论述了社会活的有机体中人、自然和社会的相互关系:"只有在社会中,自然界对人来说才是人与人联系的纽带,才是他为别人的存在和别人为他的存在,只有在社会中,自然界才是人自己的合乎人性的存在的基础,才是人的现实的生活要素。只有在社会中,人的自然的存在对他来说才是人的合乎人性的存在,并且自然界对他来说才成为人"①。虽然社会有机体和生物有机体是有区别的,他们之间的差别不能取消他们之间的联系和共同性:"正如生物学发现生物生长、结构、功能的某些特征一样,有的是整体,有的是部分,而有的是在下一层次的形体器官中体现。社会学原理也是如此。社会学必须认识社会发展、结构和功能的原理,这些原理有些是普遍的,有的是大体上的,有些则是特例。"②社会有机体和生物有机体具有本质规律性,就是如同生物体一样,历经生长-发展-分化-脱落-衰亡的过程。一般社会学家都会认为社会分化是社会进化过程的关键因素。斯宾塞指出从有机体分化到物种,从社会分化到更分化的结构,都是不以人的意志为转移的趋势。这种分化等同于经济学家所说的劳动分工,并且社会规模的增加促进了社会分化。涂尔干也主张社会组织有条理分明的进化趋势。他认为增加的人口密度破坏了机械的团结,机械团结下,社会的整合是因为个体间的差异减少到很低程度,人们有着共同的信念和相似的职业。随着时间的流逝,它被更高级社会的有机团结所取代,这时社会是由源于高度复杂劳动分工的相互依赖而整合在一起。帕森斯仿效涂尔干,并运用斯宾塞的分化概念,他认为分化(就是一个单位或者系统分裂为两个或者更多的"对更大系统来说,

---

① 马克思:1844年经济学哲学手稿[M].中共中央编译局,译.北京:人民出版社,2000:68.
② 斯宾塞.社会学研究[M].严复,译.北京:世界图书出版社公司,1970:33.

在结构和功能的意义上不同的"单元或系统）是社会系统进化的关键。社会分化只是社会发展的一种过程表述，并不能直接体现社会分化的现象，而社会脱落从理论上阐释社会有机体在社会进化中的社会形态，从现实生活中表现对社会分化的直接观感。

何为社会脱落？社会脱落并不是空穴来风的社会现象，现代性就是人、社会从自然中脱落的现实背景，是造成人的生存困境的根源。马克思深刻指出现代人生存异化的困境："异化劳动，由于使自然界，使人本身，他自己的活动机能，他的生命活动同人相异化，也就使类同人相异化；它使人把类生活变成维护个人生活的手段。"① 他认为人们在异化劳动中破坏着自然界推进着文明的进程，也加剧着自身的异化。马尔库塞认为："文明所付出的代价则是，牺牲了它向人们许诺的自由、正义和和平。"② 存在主义萨特描述了现代人的生活状况：人在实在存在中是受磨难的，因为它向着一个它所是的而又不能是的整体不断被纠缠。纵观人类社会发展历程，人类社会是一个从低级形态向高级形态运动的过程，从传统社会过渡到现代社会："实现这一历史性跨越，主要是由于现代社会对传统社会实现了从共同体到社会、从身份到契约、从农业社会到工业社会、从特殊主义到普遍主义的一系列转换。"③ 这样的转化引起了人、社会和自然关系的变化，造就现代人的生活困境。罗马俱乐部在归结现代人生存的困境中把人与自然和人与人之间的矛盾作为重要的问题，认为现代性人对资源盲目地开发，使自然资源面临日益减少和枯竭的危险。人类前所未有地破坏了自然，技术以疯狂的形势在掠夺自然，这样的状况引起大自然生态系统的破坏以及人与自然的冲突，加剧了

---

① 马克思,恩格斯.马克思恩格斯全集：第43卷[M].中共中央编译局,译.北京：人民出版社 1979：96.
② 马尔库塞.爱欲与文明[M].黄勇,译.上海：上海译文出版社,1986：71.
③ 杨中芳.中国人的人际关系、情感与信任：一个人际交往的观点[M].台北：远流出版公司,2001.

自然的异化和人的异化。综上所述,现代性背景下人类加剧了人、自然和社会关系的矛盾,在理性和科技发展下加速了人、社会从自然中脱落的过程。

## 二、社会脱落的成因:现代性哲学的确立

### (一)主体性哲学下的世界祛魅

人从自然中脱落,社会从自然中脱落,这与主体性哲学下世界的祛魅关系密切。现代哲学的核心始终是主体性问题。"一般来说,西方思想分三种不同模式看待人和宇宙。第一种是超自然的,即超越宇宙的模式,聚焦于上帝,把人看作是神的创造的一部分。第二种模式是自然的,即科学的模式,聚焦于自然,把人看作是自然秩序的一部分,像其他有机体一样。第三种模式是人文主义的模式,聚焦于人,以人的经验作为人对自己,对上帝,对自然了解的出发点。"①在西方哲学史上,哲学思考的核心领域就是人的问题,不同时代思想家提出不同的人学思想,这样就逐渐建立以人为主体性哲学。主体性哲学不断追问:我们从哪里来?我们是谁?我们到哪里去?关注人的生存与发展、人与自然关系、人与社会的关系、人存在的价值和意义等一列关于人本身的问题。在主体性哲学下经历人性和自然的祛魅,人是自然的主人是现代性启蒙的旗帜。在这样的观念下,自然成为人类欲望支配下的对象物,人和自然之间的关系简化为支配和被支配、利用和被利用的关系,形成人和自然二元分裂。最早开始于笛卡儿的"我思故我在",通过"我思"而确立了主体的存在,人是思维的主体,自然是物质实体通过我思的过程确立的客体,即认识的客体。接着费尔巴哈提出"我欲故我在",认为人要顺应自然法则享受尘世生活的快乐,趋乐避苦是人性本然,人对人都和狼一样。黑格尔提出

---

① 阿伦·布洛克.西方人文主义传统[M].董乐山,译.北京:生活·读者·新知三联书店,1997:12.

"我类",通过人与人之间的关系为参照物确证人是社会的存在物。当现代人将人类认识自我定位于"我思、我欲、我类"的时候,自然界对于人类来说就处于边缘位置,现代人便从自然世界中脱落出来。在人的本质中去除了自然世界的影响,人与自然世界不再有任何本质性质的关系,那么,现代人便不能准确给予自己在宇宙中的位置。海德格尔认为,现代人固执于人道主义,割裂了此在与存在的关系,将漂浮在物质的泥潭中。因此,人从自然中脱落不是现代人的福音,而是一种灾难,环境、资源等出现不可持续问题就是最好的证明。

(二)理性哲学下的科技发展

现代性是伴随着理性自我构建、自我确证的过程,当代科学技术的发展进一步验证了理性对自然的负面效应。理性在西方传统中被看作是整个世界的本体,在柏拉图眼中,人们能通过理性发展或洞见真理,认为人们通过合理性和可计算性原则推理认识的东西总是真实的、永恒不变的。在日常生活中,人们把理性看作人的思想和行为的尺度与标准,合乎理性成为人们对自己的思想和行为的要求。而科学技术的发展将理性哲学推崇到至高点。特别是第二次世界大战以后,伴随着科学技术的迅猛发展,科学技术极大地提高了劳动生产力,给当代西方社会带来了巨大的物质财富和物质生活水平的迅速提高,也给人的自由全面发展奠定了物质基础。但是,现实的情况却是人们没有因为财富的增加和物质生活水平的提高而走向幸福、自由和解放,相反,一方面却是社会对人的总体控制的日益增强,人们处于一种总体异化的生活状态中;另一方面,科学技术的发展和运用造成了人和人之间、人和自然之间关系日益紧张,出现了以科技为基础的社会发展与人的发展日益背离的现象,这既凸显了科学技术运用的负面效应,同时也把"科学技术合理性"问题更加突出地摆放在人们面前。马尔库塞在《爱欲与文明》中揭示文明对人的本能的压抑,人类文明史实际上是一部对人的压抑史。他指出当代西方社会技术的进步,使人们生产生活必需品的必要劳动时间缩短了,原本为人们的自由发展创造了条件,但是由于资本主义生产是由资本的利益所支配的,因此,资本主义社会对人的压抑和控制不仅没有降低,反而是更加全面,其方式是通过技术理性所带来的生产过程和管理的合理性,对人们进行全面的控制。现代技术越来越趋向高、精、尖的方向发展,导致了技术分工越来越专门化,要求资本主义生产采取"泰罗制"的管理体制,劳动者只是生产体系中的一个原子。这样枯燥的机械操作使人不再是生产过程中的主人,致使他们无法享受到劳动中的乐趣。此外,资本主义发展技术从经济层面来说是为了资本追求利润的最大化,从政治层面来说是为了发展资本主义经济实现经济强国。所以,在资本主义社会下通过选择使用高度集中的大规模技术,如核技术,使技术使用的决策权日益集中,从而使资本能够更好地对劳动者实现控制,这实际上是一种"技术法西斯主义",这样的技术理性不仅造成社会发展与人的发展相异化,而且造成了人和自然关系的紧张。

(三)资本逻辑下的利润追逐

资本是现代性下资本主义发展的驱动力,自然在资本逻辑下是人类开发利用的客体。在马克思批判资本的时代,他认为人类面临的问题是资本的巨大生产力效应及"商品拜物教""资本拜物教",即商品、货币、资本的主体化。随着经济全球化的发展,资本渗透到社会中的所有领域,人们既感受到资本的巨大成就,又承受着资本的痛苦。资本主义从形成就以获得更多剩余价值为目的,马克思在《资本论》中认为节俭的目的是为了将更多的剩余价值和产品转变为资本,满足资本积累的需要。而资本积累就是为了对人和自然形成双重奴役,打破人和自然之间的有机性。资本主义区别于其他制度的典型特征就是对资本积累下的价值追求,追求利润最大化是资本主义的生产逻辑。高兹直接指出,在资本主义社会,一切都由资本的逻辑驱动,自然资源被视为免费的、可随意获取的,这是资本主义掠夺自然资源、破坏生态环境的诱因,因而"资本主义企业关注的不是实现生产与自然相平衡,而是以最小的成本生产最大限度的交换价值"①。这样在资本的驱动下不可避免地破坏了自然资源和生态环境,引起人类欲望与自然的对立,这是现代性脱落的重要原因。从技术运用与资本主义制度的关系来看,资本主义制度和生产方式是以追求利润为目的的,为了从市场竞争中获得超额剩余价值,资本总是倾向于通过技术革新和技术进步来提高劳动生产率,增进资本积累。虽然由于技术革新和技术进步能够降低单位耗能和对自然资源的使用效率,但是由于在资本主义制度下技术运用服从于资本追逐利润这一目的,技术运用是不可能遵循生态原则的,因此,在这样的制度下,资本驱动人类的欲望去追求利益的最大化,而忽视自然的价值性,人和自然之间的关系简化为支配和被支配、利用和被利用的关系,以至于技术革新和技术进步不仅不会导致可持续发展,更会加速资本消耗和人与自然的矛盾。

(四) 文化缺失下的异化消费

现代性随着全球化的浪潮改变着人类生活的方式和价值观念。人们的价值观念在现代性发展下出现了多样性的可能,既有传统文化的残留又有新价值的渗透,这样多样化的观念造成了现代性主流价值观的缺失,改变着人们的生活方式。正如布希亚所说:生产的时代结束,取而代之的是消费的时代。在霍克海默和阿道尔诺看来,异化消费是消费主义盛行的后果,而消费主义是文化工业发展所倡导的价值观念。他们在《启蒙辩证法:哲学断片》中提出"文化工业"理论,认为文化工业具有意识形态的职能,尤其是通过大众媒体宣传标准化和一律化的文化产品,营造"虚假消费"的社会氛围,而忽视自己的"真实需求",使人们在消费的过程感受到短暂的兴奋感。这是文化工业剥夺人们批判否定意识的验证,引导人们沉溺于感官享受中而忘掉痛苦,"个人生活转变为闲暇,转变为棒球和电影、畅销书和

---

① Andre Gorz. Ecology as Politics[M]. London: Pluto Press, 1983: 5.

收音机所带来的快感,这一切导致了内心生活的消失"①。当人们忽视内心生活而成为消费个体的时候,人们的生存方式和消费行为就必然处于被支配和被控制的过程。这是在资本驱动下,为了追求利润利用媒体和广告宣扬消费主义价值观与生产方式来扩大再生产,而人们在劳动中缺失自我的主体性,感受到的是劳动的痛苦和枯燥。人们为了补偿自己那种单调乏味的、非创造性的劳动致力于获得快感,这样出现人们的消费行为为资本所控制和引导。资本主义生产体系通过扩张给人们提供种类繁多的商品,人们通过消费享受由此带来的兴奋感。人们是否成功取决于对商品的占有和消费,"成功不再是一个人评价的事情,也不是一个生活品质的问题,而是主要看所挣的钱和所积累的财富的多少"②。这种消费主义导致了物欲至上的价值取向,强化人对自然的占有。人们的不满足的欲望,意味着征服自然没有终点,这样不顾及自然承受力的消费主义观念导致了人从自然中脱落。

## 三、社会脱落的内容:人与自然的对立

(一)自然的消失

马克思用"人化自然"概念论述了自然在现代性进程中的消失。自然作为未分开的混沌,人类在劳动的实践中与自然发生关系,自然在人的实践过程中被认识、被改造,所以,我们所意识到的自然是人们对象化的自然,即人化的自然。这样的人化自由都具有它自身新的特质。正如施密特所说:"人在其实践中不是停留在眼前给予的直接性上,而是转向依靠更起作用的工业去占有自然一样,人也绝不停留在知觉所能给予的感性的具体知识上,而是进入概念知识,这就打

---

① 马克斯·霍克海默,西奥多·阿道尔诺.启蒙辩证法:哲学断片[M].渠敬东,曹卫东,译.上海:上海人民出版社,2006:181.
② Gorz A. Critique of Economic Reason[M]. London: Verso, 1989:113.

开了现实的更深层次,从而显然比感性知识更为具体。"①对人来说,自然界在人的实践过程中从自然物升华为属人之物,这一过程不是自然发生的,具有不可逆性。因而,人类随着理性和科学技术的发展逐渐扩大开发和利用自然的能力,导致了自然从原始的涌现转变为人化的自然,纯自然在消失。

纯自然的消失并不是意味着自然环境的消失,是人们的社会活动影响到物质生活的方方面面,没有什么不是人类活动的结果。人类社会产生以前,人类面对自然是被动的,人类生活周围充满着野兽、自然灾害,缺乏食物,对大自然充满着恐惧。自人类社会产生以后,人类由于生存条件和本能的因素就开始了对自然界的改造与开发,自然界就被打上人类的标志,出现了人化自然的过程。特别进入现代社会以后,在现代人的眼里自然只有社会属性,大自然只是人们不断开发和利用的对象物,忽视人、自然的有机体整体性,不存在对大自然的任何道德情感。人们对自然界的征服永无止境:"自然力的征服,机器的采用,化学在工业和农业中的应用,轮船的行驶,铁路的通用,电报的使用,整个大陆的开垦,河川的通航,仿佛用法术从地上呼唤出来的大量人口——过去哪一个世纪料想到在社会劳动里蕴藏有这样的生产力呢?"②现代社会利用自然界创造出丰富的物质生活,同时自然界也承受着巨大的环境压力。现代性在理性的祛魅下导致了"自然的发现",并伴随着科学技术的发展让人类在自然的领域中肆无忌惮,既改造了人和自然,又开始人类社会发展的世俗化进程。人类站在理性的层面审视自然的时候,使自然在人类有机体中分离。因而,现代性在给人类带来发展和进步的同时,也在加速着自然从社会中脱落,社会是人工自然非有机的组成

---

① A.施密特.马克思的自然概念[M].欧力同,吴仲昉,译.北京:商务印书馆,1988:122.
② 马克思,恩格斯.马克思恩格斯选集.第1卷[M].中共中央编译局,译.北京:人民出版社,1995:277.

部分。

(二) 风险社会的来临

风险社会形成是社会脱落现象的显著特征。早在20世纪80年代,罗马俱乐部认为人类社会面临着"生态危机","人类已奔向灾难的道路。必须找到办法使它停止前进,改变防线"①。这种灾难只是一种风险,是未来社会可能会出现的一种危机。虽然这样的灾难并没有发生,但是对人们的生活方式、消费方式和发展模式具有警示作用。美国丹尼斯·米都斯从环境与人口的关系向罗马俱乐部提交研究报告——《增加的极限》。这份报告是生态危机论的代表作,从人与自然的关系出发,对工业文明的增长方式提出了严厉的批评,动摇了现代社会发展方式的根基。他提出生存危机论,认为世界是一个大系统,要实现可持续发展就要维持平衡,但是当前的发展模式到了21世纪某个时候就会崩溃,只有通过制定全球性的战略改变当前经济发展模式,才能促进人和自然的平衡。

在人与自然的关系上,经济增长论存在的根本问题是,只考虑社会内部而忽视社会外部,没有关注人与自然的协调发展。生存危机论其实是一种人从自然脱落的风险社会理论,由于人从自然脱落引起人类的生存和发展潜藏巨大的风险,这种风险唤醒人们对传统发展进行深刻反省。

(三) 灾害的人为性

在传统社会中人类和自然之间处于一种相对狭隘的状态。人类面临的自然灾害只是一种自然运动的结果。单纯的自然灾害运动不能成为风险问题,只有纯自然的灾害与人类的活动联系在一起的时候才能成为风险。社会脱落的标志就是自然灾害受到人为行为的影响。经典社会学家贝克、吉登斯、卢曼等都认识到:"当代社会的突出

---

① 奥尔利欧佩奇.世界的未来[M].王肖萍,蔡荣生,译.北京:中国对外翻译出版公司,1986:10(这本书是罗马俱乐部的第十一份报告).

特征在于出现了越来越多的不确定因素和一些始料未及的风险或者说副作用,在未来若干年内人类将面临激烈的社会矛盾和严重的生态危机。"①农业社会以来,人类开始使用青铜器和铁器,进行大规模的集中种植,生产更多的农作物,维持人口的生存需要。随着人口的增多,人类所到之处,砍伐森林,种植庄稼。美国学者哈伯在《环境与社会》中描述其后果,书中提到美洲的玛雅社会,在公元前300年到公元前250年间繁盛至极,但在1250年左右却突然从地球上消失。哈伯认为玛雅社会的繁盛正是建立在对周围自然资源的无节制开采和过度利用的基础上,玛雅人的不合理的生活方式,对周围生活造成了严重的破坏。正因为如此,这导致了社会的不可持续发展。而在文艺复兴和启蒙运动以来,伴随着人类理性的启蒙和科学技术的发展,工业实践成为人类活动的主导方式。人类征服自然的实践活动也越演越烈,人类在享受物质财富的增加的同时,面临的风险也更加突出,加重了人类破坏自然的程度。自然灾害频繁,气候日益变暖,森林面积锐减等,其中病毒基因突变所造成的新的致命性的传染疾病也是风险社会的一种表现。这是人类不断发展自己空间对生态系统造成的结果,体现了人类实践活动对生态平衡的破坏所导致的大自然的报复。吉登斯指出:"人化环境或者社会化自然这一范畴,指的是人类与物质环境之间的变化了的关系的性质。根据这个范畴,各种生态风险产生于人类知识体系所引起的自然变化。就社会化的自然而言,严重风险的绝对数量足以使人生畏:由核电站的许多事故和核废料引起的辐射;海洋的化学污染足以摧毁制造大气层中的氧气的浮游植物;大气污染的一种温室效应,破坏着臭氧层,使冰雪层融化,淹没大片地区;热带雨林遭到大规模的破坏,而它是再生氧的基本来源;大面积使用人造肥料,结果使得成千上万英亩的表层土

---

① 参见:周战超.当代西方风险理论引述[J].马克思主义与现实,2003(3).

壤失去了肥力。"①吉登斯对这些灾害做过一些考察,他认为一个人建立起来的生活方式很难去改变,即使知道有些疾病是从动物身体内的病毒感染到人体引起的,例如艾滋病、禽流感等,但是还是顽固地坚持他们自己以前所建立起来的生活方式。英国学者奥基夫针对这样的现象直接指出:"自然灾害不仅仅是'天灾',由社会经济条件决定的人群脆弱性才是造成自然灾害的真正原因。"所以,纯粹的自然风险发生的概率愈来愈低,人们所遭受到的风险与人们的行为密不可分。因此,在利益和资本的驱使下"我们生活在这样一个社会里,危险更多地来自我们自己而不是源于外界"。人类所面临的任何社会风险都与人的行为密切相关,人的行为给社会带来了不确定性,割裂了自然和社会的和谐关系,引起自然从社会中脱落。

## 四、社会脱落的特征

当人、自然和社会是非有机组成部分,脱落现象发生的时候,我们社会可持续发展从何谈起?这就需要我们搞清楚社会脱落的特征,为实现人、自然和社会和谐统一奠定基础。

(一) 社会碎片化

社会碎片化是社会从自然中脱落的标志。碎片化原意为完整的东西被打碎成诸多零块。它作为一个社会学术语,是描述社会阶层分化的过程中,由于不同社会利益群体形成不同的群体,不同群体再还原成社会个体,这些小个体形成一个一个小碎片,并未显现出集聚的迹象。这样的迹象与社会发展具有密切关系:"研究发现,社会从传统社会向现代社会的过渡,一个基本特征是社会碎片化,而传统的社会关系、市场结构及社会观念的整一性——从精神家园到信用体系,从话语权到消费模式——瓦解了,代之以一个一个利益群体族群

---

① 安东尼·吉登斯. 现代性的后果[M]. 田禾,译. 南京:译林出版社 2000: 111-112.

和文化部落的差异化诉求及社会成分的碎片化分割。"韦博直接指出：随着不可避免的专业化和理性化的过程，主要作用于物质领域的进步，也将精神的世界分割得七零八落；生活领域的被分割，进而使普世性的价值系统分崩离析，信仰的忠诚被来自不同的领域的原则所瓜分，统一的世界于是真正变成了"文明的碎片"。从现实的角度看，或者从现代性的立场看，社会的碎片化把人和社会隔离开来，个体与社会之间的关系变得很清晰。人们在现代社会无法从性别、身份和社会地位定义个体，个体无法从社会获得安全感，个人存在与社会并无关系，个体是社会多余的存在。个人所具有的社会属性逐渐减少，社会也逐渐向非社会的方向演变，社会的非社会化是社会发展的结果，促成个人从社会中脱落。

（二）社会无根

社会无根是人从自然中脱落的根本表现。史密斯在《齐格蒙特·鲍曼传》形象地用"笼中人"[1]描述了现代社会脱落中的无根性。"现代性的目标是寻求或保护美丽、保持清洁、遵守秩序；换言之，现代性的雄心就是消除丑陋、肮脏和无序。"[2]他认为现代性是一个"未竟的计划"，并不能实现这样的目标，是一个幻想的乌托邦。后现代性是否可以实现呢？鲍曼的"笼中人"到后现代时候即流动的现代性，人类被放出了铁笼，但面对茫茫荒漠却找不到一条未来的出路。雅斯贝尔斯接着指出，以现代技术的"技术性"为特征的现代性是社会无根的重要因素。"现代"的基本状况给现代西方人的生存状况造

---

[1] 笼中人：隐喻现代社会人的生活。故事说，在现代性的城市中，人们生活在笼子里，在每个被高科技的锁链束缚在高科技栅栏上的现代笼子里，每人都有一本生活指南，它向人们解释作为一个现代的笼中人如何过上好的生活。在人们熟悉的笼子里，现代城市的笼中人被调整得十分适应他们的现实。一条叫"后现代性"的蛇每夜潜入城市，打开笼门，笼子里的居住者被惊醒，带着恐惧和好奇，走出笼外，却发现自己处于迷惑的状态，他们因遗失了宝贵的生活指南而绝望得不知所措。摘自：郭强. 社会根理论知识行动论研究：第1卷[M]. 桂林：广西师范大学出版社，2013.

[2] Bauman Z. Postmodernity and its Discontents[M]. Cambridge：Polity Press，1997：1.

成了什么样的世纪影响？雅斯贝尔斯的回答是："我们正在一片未经表测的海洋上航行，无法达到这样一个岸口：在其上我们可以获得观察全体的清晰视野。或者用另一种比喻来说，我们是在一个旋涡里旋转。这个旋涡仅仅向我们显露种种事物，因为我们在它的涡流里被拖着走。"①在他看来，技术时代将整个社会变成一个巨大的机器，人的生产方式和生活方式均被深深地打上了机器化的烙印。作为个体的人是不愿意被技术时代的生活秩序消化掉的，但是人们在享受财富的时候，却泯灭了他们的自我精神意志和精神。所以，技术时代并不是人们的福音，而是人们的生存状况每况愈下的根源所在。"机器的统治"使人们失去了自我，使之变成了"无根"的人——"过着这种无根生活的人的数量正继续不断地增加。他们被迫四处奔走，也许会失业相当长时间而仅仅维持着起码的生计，因此他们在总体中也就不再有确定的位置或地位。"②无根的人对事物和人的爱减弱了，甚至丧失了，因为他们的视野中只有机器或技术因素了。那些每天在机器面前的工人仅仅专注自己的机械工作，无暇、也无兴趣思考生活的已有问题。现代人的生活和命运都由"机器的统治"来决定，技术和机器能够保证生活必需品的充足供应，但同时也使人因为被压抑、被拉到物的水平上，而失去了人性的实质。所以失去精神家园的现代人并不快乐和幸福；相反，他们生活在莫名奇妙的畏惧中。"在生活秩序的合理化和普遍化过程取得惊人成功的同时，产生了一种关于迫近的毁灭的意识，这种意识也就是一种畏惧，即担心一切具有价值的事物正在走向末日。"精神家园的失去使人的生活充满畏惧，这种畏惧是不可控制的，也是莫名奇妙的。他们的精神痛苦到前所未有的程度。所以，现代性下科技和理性走向了人的对立面，理性

---

① 卡尔·雅斯贝尔斯：时代的精神状况[M].王德峰，译.上海：上海译文出版社，2005：3.
② 卡尔·雅斯贝尔斯.时代的精神状况[M].王德峰，译.上海：上海译文出版社，2005：20.

变成了纯粹的工具理性,变成了部分人掠夺他人的御用工具。从这里我们可以看出,技术文明扩展了人之灵性的更新换代;物欲、功利、技术和实利主义价值观把人从社会中脱落出来,流落异乡,成为漂泊无根的人,这种漂泊意味着现代人精神家园的全面失落,现代人的精神依据和生存根基荡然无存。

## 结论

现代性视阈下主体性哲学的发展,人类高扬工具理性和资本利润两个旗帜,发展了人的主体性,人是宇宙的中心,自然是人的利用对象,仅仅是服务于人的利益的工具和手段。当人从功利的角度认识自然、看待自然的时候,就倾向于用资本和技术把自然进行分解,从整体的意义上确立人与自然的对立,引起人、社会从自然中脱落。个体化、碎片社会是社会脱落的必然趋势,这就需要我们从新的视野研究现代性下人和自然的关系。我们要实现人、自然和社会和谐统一,更需要我们深入研究社会不可持续的原因、内容和特征,这也是研究社会脱落概念的缘由。所以,现代性下人和自然关系的思考既要立足中西传统的理念和价值,又需要结合现实的问题深入剖析不可持续的根源,探索出实现人、社会和自然和谐统一的可持续发展的道路。

# 生态文明建设中国话语：
# 基础、诉求与建构

赵建超

上海大学马克思主义学院博士研究生

**内容提要**：马克思人化自然思想是以历史和实践为基础的辩证自然观。马克思在继承和批判传统自然观的基础上，从自在自然、人化自然和历史自然三个维度对人化自然思想进行了实践诠释。当前，中国虽逐步形成了以马克思人化自然观为要旨的社会主义制度，并由此成为相对于"猴体"解剖的"人体"，但仍受到商品经济的负面影响。由此，生态文明建设中国话语仍是作为"类"的人的发展诉求和商品经济的变革诉求。需要注意的是，生态文明建设中国话语作为中国道路对马克思人化自然思想的继承和发展，既是表征人文精神时代特征的生态文明的现代性话语，又是对自然生态、社会生态和信息生态的客观摹写与话语描述。由此，要在统筹自然生态话语、社会生态话语和信息生态话语的基础上，建构涵括话语思维、话语主体、话语介体以及话语权等在内的生态文明建设中国话语体系。

生态问题自始至终都是人类社会发展关注的焦点问题。从世界历史的维度看，人类工业文明的每一次进步，都是以牺牲自然界作为代价的。从现代化的维度看，经济全球化和信息化加速人类社会发展的同时，在规模、质量、速度等方面都给自然界造成了前所未有的破坏。基于此，人类自发提出了建设"生态文明"的口号。可见，生态文明并不是从来就有的，而是人类在现代化进程中对工业文明造成的生态危机认识反思的结果,是基于现实和未来考量做出的理性诉求。对此,人类不禁反思:生态文明的学理渊源该从何处探寻?生态文明建设该从哪些方面着手?回顾整个西方生态哲学思想史,作为对传统自然观批判、承继和创新的思想结晶,马克思的"人化自然"思想从历史和实践的维度为我们提供了根本的价值导向。由此,中国作为21世纪现代化发展速度最快的社会主义国家,深化融合马克思的人化自然思想,凝练社会主义生态文明话语、建设中国特色社会主义生态文明话语体系成为时代赋予的重要任务。

## 一、马克思人化自然思想的理论剖析

从历史上看,在马克思之前存在着四种自然思想,分别为:① 古代神话自然观。这种自然观强调了敬畏自然的重要性,同时也给自然界蒙上了神秘主义的面纱,消解了人类的主体性和自为性。② 近代形而上的自然观。这种自然观把自然界拟作实物,过分强调人的主体地位,呼吁征服、支配和控制自然,加剧了自然界与人类社会的对立。③ 先验的理性自然观。这种自然观以康德的先验自然观和黑格尔的抽象自然观最具代表性。康德开启了人化自然思想的闸门,以"人为自然立法"的原则,突出了作为理论理性和实践理性主体的人的价值,破除了宗教哲学的灵体二分说,从而架起了人类社会通往"作为感官对象的总和"[①](即自然界)的理性认识之路。但是,康德的自然观又是先验的,因其始终把自然界比做先验的对象,使得被抽象地孤立地理解的、被固定为与人分离的自然界,对人说来也是"无"。和康德相同,黑格尔也试图用抽象的主观理性来融合客观,并把自然界看作是不断运动、变化和发展的过程。但是,黑格尔把主体的真实性质亦抽离掉了,"自然是作为他在形式中的理念产生出来

---

① 康德.纯粹理性批判[M].邓晓芒,译.北京:人民出版社,2004:37.

的"①,自然界不再是纯粹的自然,而是人类抽象思维的扬弃对象,是被人的思维外化的丧失真实性质的存在。④ 机械唯物主义自然观。费尔巴哈的这种自然观与马克思的人化自然思想最为接近,它翻转了黑格尔倒置的存在与思辨的关系,用人的对象化活动来说明人与自然的关系,实现了自然思想史的变革。但是,费尔巴哈的这种自然观只是感性的直观的人的机械自然观,它忽略了人的实践性,并假设了与自然对立的神的存在,因而是一种不彻底的自然观。

不同于以往的生态哲学自然观,马克思的人化自然思想是以历史和实践为基础的辩证自然观。它扬弃了传统的哲学自然观,把人类对自然的认识从抽象思辨的迷宫中解放出来,真实揭示了自然与人、自然史与人类史的关系。需要提及的是,尽管马克思的人化自然思想并不是完善的人类自然观,却以对自然及其发展史的科学剖析涵括了人类自然观的整个思想蓝图,并在实践中为人类自然观的丰富和完善提供价值指引。那么,何为"自然"呢? 马克思在《德意志意识形态》中对"自然"进行了详细界分,并提出了区别于人化自然的自在自然概念。所谓人化自然,是作为人类认识和实践对象的自然。所谓自在自然即人类史前自然和人类认识与实践尚未触及的"除去在澳洲新出现的一些珊瑚岛以外今天在任何地方都不再存在"的自然的总和。由此,"自然"就成为自在自然与人化自然的统一体。为了使人们有效地理解自己关于"自然"总的看法和基本观点,马克思为我们呈现了三条基本的诠释路径:

其一,从自在自然到自然的人化。马克思在《德意志意识形态》中首先指出了自在自然的优先性,即自在自然不仅有着相对于人化自然的历史优先性,而且为人类认识和实践提供着基本的物质基础。可见,与其说自然界和人类的出现与发展息息相关,毋宁说,人类社会的形成和发展是自然界发展的历史结果,亦即人类是伴随着自然

---

① 黑格尔.自然哲学[M].梁志学,薛华,等译.北京:商务印书馆 2004:19.

界从无序向有序的自在运动出现的,并在发展过程中促使自然的自在状态呈现无序发展趋势。随着人类的出现,自然不再是从前的自在状态,而是转化为自然的人化状态。所谓自然的人化状态,指的是人类基于主体的需要通过实践对自然界进行改造(包括自然物属性、自然环境、生物圈的物质、能量变换等)从而打上人类活动烙印以区别于自在自然的状态。质言之,自然的人化过程就是以对自在自然的破坏为代价满足人的类需要(包括物质和精神)的过程,是促使自然界从有序状态变为无序状态的过程。

其二,从自然的人化到人化的自然。马克思对于自然的看法并不停留于自然的人化阶段,而是在此基础上提出了实践基础上人与自然和谐统一的人化自然思想。在马克思看来,自然的人化过程既是实践基础上人与自然的对立体现,又是人类的需要与自然发展需要的"磨合"。正是这种"磨合"使得人类与自然呈现共同的生存需要,使得人类随着自然的演化而不断进化。马克思还指出:"自然界是人为了不致死亡而必须与之处于持续不断的交互作用过程的、人的身体。"[①]可见,自然界与人类本身又是一体的,实现自然的人化"解蔽"和人与自然的和谐"促逼"成为人化自然思想的要旨所在。在这里,马克思指出了实现这一要旨的必要条件:一是自在自然的无序呈现或自然的人化实现。因为人类的认识和实践无法触及自在自然,也就谈不上对自在自然的改造。但需提及的是,自然的人化状态又是以自在自然的物质优先性和基础性为前提的,以自在自然发展的无序状态为表征的。二是人类社会的形成。马克思指出,社会是人同自然界的完成了的本质的统一。离开了人类社会,离开了人的实践活动,作为对象化的自然界改造就成了"无",谈论人与自然的关系也就失去了意义。在这两个条件的基础上,人化自然得以展开其

---

① 马克思,恩格斯.马克思恩格斯选集:第1卷[M].中共中央编译局,译.北京:人民出版社,1995:45.

和谐图景：一方面，根据类发展需要，人通过实践积极地改造自然，实现自然的人化；另一方面，自然以其自在的运动反作用于人类，实现人类的自然化，即促使人类尊重自然规律，按自然规律展开实践。

其三，从自然的历史到历史的自然。A.施密特指出，"把马克思的自然概念从一开始同其他种种自然观区别开来的东西，是马克思自然概念的社会——历史性质"①。质言之，马克思的自然"从首要意义上来讲，不是理论的东西，而是实践的、变革的东西"②，是由历史和社会规定的东西。可见，从出现自然的人化以来，自然与人类历史所呈现的是一个互动交叉的图景：自然的历史与历史的自然并存。在这里，自然的历史特指除去自在自然发展史之外的与人类社会史并存的自然史；历史的自然则是指人类通过实践将自然纳入人类社会历史的过程，亦即自然界被打上了人类活动的烙印，成为人类社会系统和人类发展史一部分的过程。不同于前资本主义生产方式对自然的崇拜，资本主义生产方式通过对自然的控制、利用，把自然真正对象化为历史的存在，并成为自然的历史与历史的自然交叉融合的显著标志。需要提及的是，资本主义生产方式的性质决定了其与自然自在运动的背离性，并成为人类盲目自然观的根源。对此，马克思指出了解决资本主义生产方式弊端的根本途径——对私有财产和人的自我异化的积极扬弃——共产主义。

## 二、马克思人化自然思想的生态文明建设中国话语诉求

马克思在《1857—1858年经济学手稿》中经过高度抽象，深刻剖析了人类社会历史发展的三大形态：人的依赖关系的社会形态、以物的依赖性为基础的社会形态以及人的自由个性的社会形态。经过社会主义革命和改革，我国虽逐步形成了以马克思人化自然观为要

---

① A.施密特.马克思的自然概念[M].欧力同，等译.北京：商务印书馆 1988：2.
② A.施密特.马克思的自然概念[M].欧力同，等译.北京：商务印书馆 1988：22.

旨的社会主义制度,但在追求人类自由个性(或共产主义)的过程中,我国仍受到商品经济的负面影响。由此,作为马克思人化自然思想精髓的时代化反映,生态文明的建设成为社会主义中国发展的根本话语诉求。具言之,生态文明建设中国话语是作为"类"的人的发展诉求(一般诉求)和商品经济的变革诉求(特殊诉求)。

其一,生态文明建设中国话语的一般诉求。毋庸讳言,人类生存发展的需要和自然界满足人类需要的矛盾是人类社会的主要矛盾。自从出现了自然的人化后,人就有了从恐惧、崇拜自然界的"自然中心主义"到支配、控制自然的"人类中心主义"的转变。事实证明,"人类中心主义"给自然造成破坏的同时,人类社会自身的伤害时间更长、范围更广、程度更深。那么,人们不禁反思:"人类中心主义"是否是人的"类生存"要求?答案是否定的。马克思人化自然观从根本上否定了"人类中心主义",并且从实践性和主体性的双重维度蕴含了人类的生态文明建设诉求。

一是实践性的维度。马克思的人化自然观说到底是实践的自然观。实践作为人类能动改造自然的活动,是人成为类存在物的根本前提,是人存在和发展的基础。可见,实践始终以人的"类生存"和"类发展"作为根本的价值尺度。然而,"人类中心主义"表面上是对人的生存和发展的根本尺度把握,实际上对于人类的价值"似有实无"。"人类中心主义"是对马克思人化自然观的叛离,它忽视了"自然尺度"的重要性,把人的利益置于自然界之上,其直接结果是人与自然的对立,间接结果是自然对人的生存进行报复,是一种"剜肉补疮"的行为。马克思指出:"动物只是按照它所属的那个种的尺度和需要来建造,而人懂得按照任何一个种的尺度来进行生产,并且懂得处处都把内在的尺度运用于对象;因此,人也按照美的规律来建造。"[①]在这里,马克思以"美的

---

① 马克思,恩格斯.马克思恩格斯选集:第1卷[M].中共中央编译局,译.北京:人民出版社,1995:47.

规律"揭示了实践基础上人与自然和谐的生态文明要旨,因为感性的人的活动不同于动物属"种"的需要,它是工具理性与价值理性的"类"统一体。"人类中心主义"作为属人的对象化活动,始终把自然作为实践的对象,有着工具理性的合理性。但是,它忽视了价值理性的终极作用,违背了"美的规律"。要言之,从实践的维度看,无论"自然尺度"还是"价值理性"都要求人们把生态文明摆在关系"类生存"的重要位置。

二是主体性的维度。何为主体性?从马克思关于主体性的论述中可以把主体性分为自主性和自为性两个维度理解。从自主性的维度看,马克思一方面强调了"主体是人,客体是自然"①的主客关系和"为我关系"②的"我"的自主性,另一方面强调了人是有意识的、追求"自由的自觉的活动",亦即人的"类特性"的实践主体;从自为性的维度看,作为支配一切自然力的那种活动出现在生产过程中的人有着强烈追求自己的对象的本质力量。正是在这种力量(即激情和热情)的支配下,人类积极主动(即自为地)地去改造自然以满足其利益和需要。质言之,马克思把人的主体性看作是相对于自然的感性的人的、有意识地追求"类特性"的实践主体。由此,人类的主体性活动不是盲目地支配、改造自然的活动,而是基于人的利益和需要以"类特性"追求为导向的实践活动。反观"人类中心主义",它只是为了短暂利益做出的价值判断,是背离人的"类特性"追求的盲目实践,因为真正"自由自觉的活动"是建立在人与自然和谐相处的生态文明基础之上的。

其二,生态文明建设中国话语的特殊诉求。商品经济的发展极大地扩延了生产力,为人类社会发展提供了丰富的物质基础。与此

---

① 马克思,恩格斯.马克思恩格斯选集:第2卷[M].中共中央编译局,译.北京:人民出版社,1995:3.

② 马克思,恩格斯.马克思恩格斯选集:第1卷[M].中共中央编译局,译.北京:人民出版社,1995:81.

同时,以工业文明为主导的商品经济映现出与马克思人化自然思想相背离的图景:以需要和利益双重导向为主的实践主体在生产、消费以及意识形态等方面破坏生物平衡规律,造成生态环境恶化和生物多样性濒危等。具言之,可以从三个方面进行分析。

一是以利益为主导的资本逻辑。在马克思看来,利益主要指物质利益,在现实社会中表现为在一定的经济关系中对财富的占有和支配权利,"每一既定社会的经济关系首先表现为利益"①。利益的主导性在以物的依赖性为基础的商品经济社会表现尤甚。同时,马克思的人化自然观指出了人类利益观的限度问题,即遵循自然界的发展规律,把人与自然的物质变换关系限定在正常范围内。要言之,坚持人与自然的契约规定——生态文明。然而,商品经济社会并没有彻底遵循马克思的利益观,而是以其资本逻辑的生产方式不断实现个体利益最大化。以掠夺式自然开发和生态治理成本缩减为主要形式的商品经济生产,在推动利益最大化的同时,加剧了自然生态的毁坏,表现为生态危机肆行:生物多样性减少、自然灾害频发、不可再生资源消耗殆尽等。需要提及的是,尽管当前我国的社会主义市场经济改革对于克服资本逻辑显示了其特定的制度优越性,但是从总体上看仍然处于资本逻辑的遮蔽之中,社会主义生态文明建设刻不容缓。

二是虚假需要造成的异化消费。马克思、恩格斯在《德意志意识形态》中指出:"个人的出发点总是他们自己,不过当然是处于既有的历史条件和关系范围之内的自己,而不是意识形态家所理解的'纯粹'的个人。"②马克思还把人的需要划分为生存需要、享受需要、发展需要三个层次,并认为这些需要密切联系,构成了人的实质内容。

---

① 马克思,恩格斯.马克思恩格斯选集:第3卷[M].中共中央编译局,译.北京:人民出版社,1995:20.
② 马克思,恩格斯.马克思恩格斯选集:第1卷[M].中共中央编译局,译.北京:人民出版社,1995:119.

可见，从一定意义上讲，需要构成人的本质。但是，虚假需要作为一种非真实的欲求并不是人的本质体现，而是一种漫无止境、无法满足的心理需要，是使"人本身越来越成为一个贪婪的消费者。物品不是用来为人服务，相反，人却成了物品的奴仆"①的异化消费源泉。马克思的人化自然观强调了自然作为人的无机身体与人类生存的关联性，批判了过度消费自然的"人类中心主义"。与之相背离，商品经济时代的工业发展和科技进步使得人类消费观发生了异化，即人们消费商品不再是为了满足作为人的本质的需要，而是为了满足占有商品的虚假需要，是以过度消费自然为代价的心理需求。可见，这种虚假需要产生的异化消费加剧了人与自然的对立，消除虚假需要的异化消费观成为生态文明建设的棘手问题。

三是"拜物教"意识形态的充溢。所谓"拜物教"意识形态，是指人类把"物"作为神的存在，并成为物质的奴隶的思想观念。这种观念源于商品经济时代的资本生产逻辑和异化消费模式，它使人在相信自身主体力量的同时又把自身变为物质的存在，使得作为物质主人的人成为物质的奴隶，造成了人的类本质异化。马克思人化自然观强调了人的主体性，强调"物"作为中介的工具价值而非主导价值。可见，"拜物教"意识形态是对马克思人化自然观的叛离，是以对自然界过度索取满足人的虚假需要的思想观念。质言之，"拜物教"意识形态一方面使人在崇拜物质的过程中丧失自我，另一方面使人在消费自然的过程中过度强调自我。由此，"拜物教"意识形态如果不被克服，人与自然的矛盾就会越演越烈。当前我国的市场经济改革正步入攻坚期，商品经济社会遮蔽下的"拜物教"意识形态仍旧存在，并借助多维渠道对人们的生产方式、生活方式以及思维方式产生负面影响。要言之，从根本上克服"拜物教"意识形态，建立基于马克思人

---

① 埃里希·弗洛姆. 在幻想锁链的彼岸[M]. 张燕, 译. 长沙: 湖南人民出版社, 1986: 174.

化自然观的生态文明建设中国话语迫在眉睫。

## 三、生态文明建设中国话语的三重向度

恩格斯在继承马克思人化自然思想的基础上提出,人类要实现与自然的和谐统一,"需要对我们的直到目前为止的生产方式,以及同这种生产方式一起对我们的现今的整个社会制度实行完全的变革"[①]。可见,建设作为人的"类发展"诉求和以物的依赖性为基础的社会形态变革诉求的生态文明,根本在于变革旧的社会制度(资本主义社会制度和前资本主义社会制度)。由此,作为完成了社会主义社会形态变革的中国的生态文明建设成为相对于"猴体"解剖的"人体"。有学者指出,中国话语作为现代性的中国版本,本质上是中国特色社会主义道路的理论表达和理论呈现[②]。那么,生态文明建设中国话语则是表征人文精神时代特征的生态文明的现代性话语[③],是中国道路对马克思人化自然思想的继承和发展。由此,生态文明建设中国话语的凝练成为现实和时代的必然要求。

毋庸讳言,自然生态话语是马克思人化自然思想最为直接的表达。当代中国在经历了高速发展的工业进程后,给自然界造成了难以弥补的破坏,集中分布在各类物质资源、能源等方面。其结果是,自然界以生态危机和环境恶化的形式多次对人类进行"疯狂"报复,并持续影响着各代人的生存和发展。对此,我国先后提出了可持续发展观、绿色发展理念等自然生态话语,这既是对马克思人化自然观的现实表达,又是我国面对现实困境做出的惨痛教训话语凝结。回顾过往改革历程,自然生态话语在现实生活中的效用并不明显,其实质原因并不限于自然生态话语的建设程度不够,而是疏忽了潜在的

---

① 马克思,恩格斯. 马克思恩格斯选集:第4卷[M]. 中共中央编译局,译. 北京:人民出版社,1995:385.
② 陈曙光. 中国话语与话语中国[J]. 教学与研究,2015(10):1-7,23-30.
③ 陈新汉. 核心价值体系论导论[M]. 上海:上海大学出版社,2016:20.

社会生态话语建设。马克思在《1844年经济学哲学手稿》中指出,"人对自然的关系直接就是人对人的关系,正像人对人的关系直接就是人对自然的关系,就是他自己的自然的规定"①。可见,尽管当时马克思的人化自然观还不成熟,却一语中的地道出了人与自然、人与人以及人与自身的相互决定、相互依赖和相互制约关系。由此,社会生态话语成为生态文明建设中国话语的关键向度。

  作为人类生态系统的基础结构呈现,社会生态是涵盖历史、宗教、文化、政治、经济、民族以及思想观念等的复杂动态系统,是人与人之间、人与社会之间的和谐结构形态。当然,社会生态通过系统要素的平衡同时支撑并延伸自然生态的要素和谐。由此,社会生态话语也就成为社会要素和谐有序的社会生态的客观摹写与思维描述。为了有效把握社会生态话语,应着重省思其多维品性。一是批判性。社会生态话语是对人类社会行为的反思,是基于人的生存和发展对社会生态公平与效率的思维检视。社会生态话语作为类存在物,有着人类特有的历史性、前瞻性和超越性,并借其"属人性"以省思的形式对人类生态系统进行负面"祛魅"和正面召唤。不同于自然生态话语,社会生态话语总是以其批判性对人类生存话语进行深层次挖掘并映现其生命力。二是共生性。从范围上讲,社会生态话语的共生性是以抽象思维的形式映现涵盖人与人、人与自然以及代际间的和谐生存关系图景;从效用上看,社会生态话语的共生性总是通过生态公平和生态效率两个指标展现,并且始终把推进作为公平与效率本体的社会生态的最优化作为终极价值指向。三是历史人文性。历史上社会生态话语总是在与"兽性""神性""物性"等的对立中呈现,在实践中体现着区别于动物自在本性的具有自为本性的人的"类特性"精神。可见,社会生

---

① 马克思,恩格斯.马克思恩格斯全集:第3卷[M].中共中央编译局,译.北京:人民出版社,2002:29.

态话语是在人类"为我关系"构建过程中形成的对生命过程的意识积淀,是最具广泛社会基础和贯穿历史始终的本质上体现人的类特性追求的话语表达。

随着技术和信息化的跨越式变革,更具时代特征的信息生态的话语建设成为生态文明建设中国话语的又一向度。信息生态是相对于自然和社会的物质生态而言的,本质上属于精神生态的范畴。从认识论上讲,信息生态是客观信息世界与主观信息世界相互作用建构的产物,是基于人的主观信息世界对客观信息世界的认知和评价;从本体论上讲,信息生态作为人的"类生存"需要,从根本上体现着人的"类特性"亦即人的自由自觉的实践活动。由此,信息生态话语既作为一种评价性的实践观念表达映现信息生态存在,又以其自为本性推动人类构建"为我关系"的活动走向自由自觉。具言之,对于信息生态话语的把握应重点从两个方面析之。一是从实践的维度看,信息生态话语是人类认识和改造世界活动的话语凝结。自出现自然的人化以来,客观信息世界的发展史亦即主观信息世界的发展史。从图腾符号、文本语言到电子文本,人类生产技术的进步在助推客观信息世界繁荣的同时,也丰富了人类的主观信息世界。需要注意的是,信息世界的繁荣并不意味着信息生态的和谐。相反,信息生态的失衡一度存在,并集中体现在人类思想文化和意识形态之中。究其原因,与信息生态话语相背离的信息糟粕没有从根本上体现人文精神的时代特征。二是从本体的维度看,信息生态话语是关系人类生存和发展的信息生态的评价性观念表达。从哲学基本问题的视角看,人类客观信息世界是第一性的,并且决定着主观信息世界。然而,两个信息世界不仅有着同一性,还有对立的一面。主观信息世界并不是客观信息世界的附属物,而是有着相对独立性。由此,处于第二性的主观信息世界在对客观信息世界产生能动反作用的同时,又以其表征人文精神的思想前瞻性对人类生存和发展进行导向评价。

## 四、生态文明建设中国话语的体系建构

生态文明建设中国话语作为马克思人化自然思想的时代话语凝结和人文精神的时代表征映现,是人的依赖关系的社会形态和以物的依赖性为基础的社会形态人类自然观的钥匙。可见,加强生态文明建设中国话语的建构不只是作为个体的社会主义中国的特殊诉求,更是最具一般性的人类生存话语的深层次挖掘。然而,生态文明建设中国话语的建构并不是一蹴而就的,而是在统筹自然生态话语、社会生态话语和信息生态话语的基础上,涵括话语思维、话语主体、话语介体、话语权等体系结构的复杂系统工程。为了切实加强生态文明建设中国话语体系的建构,应该重点从以下几个方面进行分析。

其一,话语思维的实践性。"一旦人思考地环顾存在,他便马上触到了语言,以语言规范性的一面去规定由之显露的东西。"[1]海德格尔用"思考"和"规定"真实再现了话语(语言)思维的实践性。生态文明建设中国话语思维本质上属于体现人的"类特性"的实践思维,是人类对于存在的理性认知和评价。因而,这种话语思维作为一种实践性和评价性的意识积淀能够通过其能动作用促使生态文明建设中国话语(语言)呈现基本效用。具言之,可以从两个方面理解。一是使得人类对生态文明的构建由个体认同走向社会共识。生态文明建设中国话语思维作为人的"类生存"意识凝结,在历史和现实中有着一定的合目的性与合规律性,由此也往往能够体现出对人类实践活动的导向合理性。在经过话语思维的能动作用后,人类关于生态文明构建的个体意识发生了从无序到有序的转化,并逐步呈现出个体意识社会化的趋势。需要注意的是,在个体意识社会化同时亦伴随着社会化的意识个体化的环节。如此循环往复,人类关于生态文

---

[1] 马丁·海德格尔.诗·语言·思[M].彭富春,译.北京:文化艺术出版社,1991:165.

明构建的活动逐步从个体认同发展为社会共识。二是使得人类对于生态文明的构建从自觉走向自为。生态文明建设中国话语思维作为实践观念总是自觉或不自觉地使人类实践呈现一定的目的性,并在现实生活中呈现自为性。由于生态文明建设中国话语思维是作为人文精神时代表征映现的生态文明话语的意识积淀,因此,它总是引领人类生态文明的构建朝着实现人的自由个性的方向发展,并在形成社会共识的过程中从自觉走向自为。当人类实践符合话语思维的价值指向时,生态文明建设中国话语会为人类从事生态文明的构建活动提供源动力;当人类实践不符合话语思维的价值指向时,人类从事生态文明的构建活动会适时、适地、适宜地发生转变。

其二,话语主体的人民主体性。从诠释学的角度看,"人民"概念是集合概念与辩证概念的统一①。从形式逻辑上看,人民是"'与敌人'相对应的推动历史进步的社会成员的总和"②,从辩证逻辑看,构成"人民"的个体具有"类"属性,即马克思所说的"现实的个人",是特殊性与普遍性的统一。由此,关于话语主体的人民主体性理解要立足"人民"的双重性质。一是从具有"类"概念的"人民"看,作为具有普遍性的"现实的个人"使得生态文明建设中国话语能够表征人文精神的时代特征;生态文明建设中国话语通过其表征的人文精神为人类社会走向"自由王国"提供价值引导。二是从具有"集合"概念的"人民"看,反映最广大人民群众的根本利益是生态文明建设的根本依据。毋庸讳言,人类在创造价值形态世界的活动中创造了历史,并且以社会形态更替的形式展开历史。在不同的历史时期,由于社会形态的不同,作为"从某种因果决定因素产生的必然的、无意的结果"③,生态文明的实际主体和执行主体一度产生了分离。尽管这种

---

① 陈新汉.核心价值体系论导论[M].上海:上海大学出版社 2016:240.
② 冯契,等.哲学大辞典[M].上海:上海辞书出版社,2001:1177.
③ 卡尔·曼海姆.意识形态与乌托邦[M].黎明,李书崇,译.北京:商务印书馆,2000:62.

分离使得人们和他们自己的关系产生了某种"倒现",人民却始终作为生态文明建设的实际主体从根本上发挥作用。可见,不管是主动的还是被动的,生态文明建设必须始终坚持人民主体性。在我国,生态文明建设的实际主体和执行主体实现了统一,这就使得我国呈现出资本主义国家无法比拟的优势。正是在坚持人民群众的话语主体地位和维护人民群众共同利益双重原则的基础上,我国的社会主义建设才能有着源源不断的主体动力。

其三,话语介体的动力效用。生态文明建设中国话语主要有学术话语、政治话语和公众话语三种介体。三种话语介体相互依存,共同为彰显生态文明建设的价值产生动力效用。具体而言,学术话语作为基于学术团体的知识生产和技术生产的语言表达,是对自然、社会和人类思维发展规律的科学阐释,为生态文明建设创造坚实的理论支撑力。政治话语是作为上层建筑的政治团体尤其是经济上占统治地位的阶级基于主体利益做出的话语阐述。不同于其他社会形态的国家,处于社会主义形态社会的中国,政治话语的实际主体和执行主体都是广大人民群众,是基于人民利益做出的生态文明话语表达,因而能够为生态文明建设创造稳定的政治保障力。公众话语是广大劳动人民群众基于生存和发展经验做出的实践话语表达,并因其实践性和历史性能够为生态文明建设提供源动力支撑。对于三种话语介体的把握应注意两点:一是话语主体的适配性。生态文明建设中国话语的三种介体分别适用于学术团体、政治团体和社会群体,并由此协调推进生态文明建设。反之,介体关系的紊乱会使得生态文明建设效用适得其反:当学术表达被政治话语或公众话语充斥时,学术话语的权威性就受到威胁;当政治表达被学术话语和公众话语替代时,政治话语的政治保障性锐减;当公众表达被学术话语和政治话语充斥时,公众话语的俗成性和普遍性会受到挑战。二是话语介体的共生性。生态文明建设中国话语的介体并不是前后继起的线性关系,而是相互制约、相互依存的非线性共生关系。具言之,脱离学术话语介体的生态文明建设中国话语的政治话语和公众话语就失去了理论说服力;脱离政治话语介体的生态文明建设中国话语的学术话语和公众话语就失去了政治保障力;脱离公众话语介体的生态文明建设中国话语的学术话语和政治话语就失去了现实基础。可见,只有三种话语介体"合力"作用,才能为生态文明的切实建设提供动力支撑。

其四,话语权的建设。何为话语权？要言之,即说话的权力、公信的权力和导向的权力。可见,生态文明建设中国话语要拥有话语权必须具备本体存在及其诠释的合理性。从诠释学的维度看,实践活动和历史分别是全部理解和解释活动的基础与基本特征。① 历史上的生态文明总是在与神性、物性等的对立中呈现,在实践中体现着区别于动物自在本性的具有自为本性的人的"类特性"精神。作为人的类发展诉求和以物的依赖性为基础的社会形态的变革诉求,完成了旧的社会形态变革的社会主义中国就成为相对于"猴体"解剖的"人体",因而其话语权对于生态文明建设有着权威的诠释。由此,生态文明建设中国话语的话语权即因对生态文明建设的权威阐释而具有公信性,继而对作为话语主体的广大人民群众的认识和实践产生导向的权力。

然而,生态文明建设中国话语的权威性在现实生活中仍面临着来自经济基础和上层建筑的双重冲击,如何真正发挥其权威性的导向作用成为历史和时代赋予的重要任务。具体而言,以工业文明为主导的商品经济社会造成的生态危机最根本的原因在于人类对于"自在自然"的"遗忘"。从国内看,我国的社会主义生态文明建设呼吁绿色发展、可持续发展,但是不能仅限于口号式的舆论宣传,而应更多地践行到实际生活中去。面对雾霾、食品危机、房贷危机等围绕

---

① 俞吾金.实践诠释学：重新解读马克思哲学与一般哲学理论[M].昆明：云南人民出版社,2001：83-88.

人们基本生存需要的吃穿住行问题和生态危机、资源破坏等以消费自然为主的经济发展,我国的生态文明发展似乎遇到了发展的"瓶颈"。事实并非如此,国家应该从法律和道德的双重维度对人们的生产方式和生活方式进行约束和规导。从国际上看,生态文明建设中国话语要得到国际认同,发挥国际话语权的效用,根本在于自身实践的合理性,关键在于建立与国外生态文明建设的链接话语,打破资本主义自然观话语垄断的格局。总而言之,生态文明建设中国话语的话语权建设要从"我"发力,从"他"借力,保证"我"的话语权威地位。

专题三 生态文明与西方话语体系

# 资本逻辑的两面：
# 生态危机与生态文明
## ——对生态马克思主义的批判和超越

刘 顺

上海海事大学马克思主义学院讲师

**内容提要**：生态马克思主义认为，逐利最大化的资本逻辑是生态危机的本质肇因，进而资本逻辑与生态危机具有因果关联，与生态文明相对立。无论是以马克思资本逻辑二重性的生态文明蕴含来省察，还是拿生态文明建设的中国境遇来检视，生态马克思主义的理论完备性并非自洽，既有进步意义也有含值得警惕的理论缺憾，尤其是驾驭资本逻辑的中国生态文明建设道路对其存在着丰富和超越。对资本逻辑的"道德批判"决不能代替"科学批判"：资本逻辑不只肇始生态危机的"一面"，而且包含非自觉创造人类文明的"另一面"。这即是"资本文明"与"生态文明"之间深刻的历史辩证法。

## 一、问题的提出

当下西方马克思主义领域最具活力之一的生态马克思主义理论，指认镶嵌着逐利最大化内核的资本逻辑构成生态危机的深层根源，不瓦解资本逻辑的全球宰制，任何旨在消弭生态危机和建设生态文明的举措都是空中楼阁。若遵此理路，资本逻辑就与生态危机具有因果关联，与生态文明就存在着对立。但不容回避的事实是，在当今及未来较长历史时期内,经济全球化和人类现代性得以持续向前推进的基本动力,仍是具有强大物化能力的资本逻辑,甚至可言,正是资本力量支撑了人类现代化驶入更高水平。在此背景下,究竟该如何合理评析生态马克思主义?若进一步追问,资本本身就是"活生生的矛盾"①,其内部充斥着自反性的悖论,这能否预示着:资本逻辑一方面既是生态危机的经济根源,另一方面又能同时嬗变为增益生态文明的工具性手段,尤其是在中国"既苦于资本之发展,更苦于资本之不发展"的社会主义初级阶段境遇下?

## 二、资本逻辑肇始生态危机:生态马克思主义的理论内核

(一)资本逻辑统治下的生产方式与生态危机

"今天的资本主义经济就是一个浩瀚的宇宙,每个人都生在这个宇宙之中。"②但是,面对日益糟糕的全球生态格局,"应该责备的不仅仅是个性'贪婪'的垄断者或消费者,而且是这种生产方式本身:处于生产力金字塔之上的构成资本主义的生产关系。"③在生态马克思主义的理论视域中,资本逻辑统治下的生产方式,铸就生态危机的本质根源。这种生产方式最显著的特征就是冀望在最短时间窗口内以最小成本产出最可观利润,属于典型的经济理性,而这种经济理性与稳态的生态原则相抵牾。正如福斯特指出:"作为资本主义主要特征的'一切人对抗一切人'之霍布斯意义上的战争,势必要求对自然界全面开战。"④

这种"一切人对抗一切人"的战争具有双重场域即社会领域和自

---

① 马克思,恩格斯.马克思恩格斯全集:第30卷[M].中共中央编译局,译.北京:人民出版社,1995:405.
② 马克斯·韦伯.新教伦理与资本主义精神[M].康乐,等译.北京:北京大学出版社,2012:39.
③ 戴维·佩珀.生态社会主义:从深生态学到社会正义[M].刘颖,译.济南:山东大学出版社,2012:105.
④ J. B. Foster. The Ecological Revolution: Making Peace with the Planet[M]. New York: Monthly Review Press, 2009:47-48.

然领域,具言之,是以资本积累为内核的资本主义制度的社会剥削在生态领域的延伸和反映,即社会关系层面的"人的异化"拓展为"人和自然的双重异化"。"资本主义经济增长的强制性,尤其值得关注,因为它是阻碍人与自然和谐相处的主要因素之一。"[①]资本的灵魂,就是资本家的灵魂,资本统摄下的社会化大生产始终围绕着可以量化的利润而展开,它以实现价值增殖为最高旨趣。在此语境下,诸如自然的内在价值与地球命运共同体等观念就根本不可能进入资本家的关怀视野,因为只有利润的多寡才是高悬在其头上的"达摩克利斯之剑"。正可谓"如果环境遭到污染,经济出现疾病,那么,造成以上两者的病毒均可在生产制度中找到"[②]。奥康纳则用"双重矛盾理论"来探寻生态危机的经济根源,他认为除了马克思所主张的资本主义生产力与生产关系之间的矛盾外,还存在着生产力、生产关系与生产条件(自然界)有限性之间的第二重矛盾,而出现第二重矛盾的根本原因,就在于资本主义凭借经济手段对劳动力和自然力的摧毁式滥用[③]。

(二) 资本逻辑引领下的消费方式与生态危机

"生态学马克思主义的目的也是双重的。它要设计打破过度生产和过度消费的社会主义的未来。"[④]生态马克思主义认为,生产规约着消费,如果说资本逻辑统治下的生产方式催生了生态危机,那么,资本逻辑引领下的消费方式则加剧了生态危机。在以资本为通

---

[①] F. Magdoff. Harmony and ecological civilization: Beyond the capitalist alienation of nature[J]. Monthly Review, 2012(2): 1-9.
[②] 约翰·贝拉米·福斯特. 生态革命——与地球和平相处[M]. 刘仁胜,等译. 北京: 人民出版社, 2015: 1.
[③] 詹姆斯·奥康纳. 自然的理由——生态学马克思主义研究[M]. 唐正东,臧佩洪, 译. 南京: 南京大学出版社, 2003: 284.
[④] 本·阿格尔. 西方马克思主义概论[M]. 慎之,等译. 北京: 中国人民大学出版社, 1991: 420.

约原则的社会里,"生产剩余价值或赚钱,是这个生产方式的绝对规律。"①资本家所追求的剩余价值肇始于生产领域,但最终实现在交换和消费环节。资本逻辑引领下的消费在本质上并不是为了满足社会成员的"真实需求",而是旨在协助资本家猎获最大化利润的中介,为此,他们不惜通过各种途径来硬生生制造"虚假性需求"或"炫耀性消费"。

消费宛如美国文化基因中的骑马以及印第安人传统中的放牧,是资本文化的中枢要素,所以"不理解人们是如何变成消费者的,以及奢侈品是如何变成必需品的,就没有办法理解环境破坏问题"②。这种"被制造出来的需求"具有双重意蕴:一方面对于资本家而言,有利于实现愈加丰厚的交换价值并加强对社会成员的经济和精神控制,因此"在此状况下,消费者垂涎欲滴的汽车反而变相成为自身被控制的某种'监狱'"③;另一方面对一般劳动者而言,各色的丰裕消费只是符号意义上的"暂时满足",即通过大量的过度消费以期从单调乏味的流水线生产实践中刷新"存在感"。"劳动中缺乏自我表达的自由和意图,会使人逐渐变得越来越柔弱并依附于消费行为。"④事实上,存在着这样的耦合链条,即在资本逻辑为首要原则的社会里,劳动的异化造就消费的异化,而消费的异化又导致自然界的异化。正如福斯特警醒道,随着各种消费主义意识形态的流行和浸染,"镶嵌于资本利润逻辑之中的生态破坏性,将会接管并支配一切,它不仅会破坏生产条件而且也会危害生命自身。……而且正在把整个

---

① 马克思,恩格斯.马克思恩格斯文集:第5卷[M].中共中央编译局,译.北京:人民出版社 2009:714.
② 理查德·罗宾斯.资本主义文化与全球问题[M].姚伟,译.北京:中国人民大学出版社,2013:295.
③ J. B. Foster. Ecology Against Capitalism[M]. Monthly Review Press, 2002:101.
④ 本·阿格尔.西方马克思主义概论[M].慎之,等译.北京:中国人民大学出版社,1991:493.

地球涵盖其中"①。

(三) 资本逻辑导控下的科学技术与生态危机

生态马克思主义总体上认为,在资本统治的社会里,科学技术的中立性往往"被湮没",它总是被导控与资本联姻以协助资本实现增殖的最大化,所以这种场域下的科学技术与生态危机存在着深度勾连。"在实践中,对技术的任何抨击都必须是对资本主义所有权、财产以及权力关系的一种抨击。"②他们认为,尽管科技本身只不过是人类探索地球奥秘并提升生存能力的一种"知性存在",在原初意义上也并不蕴含着明显的"科学之恶",但恶就恶在科学技术的资本主义化使用。在工业资本主义以前的社会,包括社群和自然界在内的广义生命,都能受到应有的敬畏,但自资本主义以降,利润、效率和增长上位为主流价值观,"并进而激发技术服务于这些价值观,甚至不惜毁损地球"③。

这就意味着原本旨在为人类社会祛魅的科学技术,在资本挂帅的社会制度里"彻底走了样",异化为一种协助资本增殖的工具性存在,蜕变为资本家的贴身奴隶。资本逻辑导控下的科学技术带来两种截然相反的场景:一是"资本家的升值";二是"人格和自然界的贬值"。正如奥康纳所言:"资本主义技术并没有将人类从自然的盲目力量和苦役的强制下解放出来,相反它使自然退化并使人类的命运变得岌岌可危。"④因此,本来寄希望于能使人类在充斥着复杂性自然界面前找到更多安全感的科学技术,反而却使发明它的人类陷入

---

① J.B. Foster. The Ecological Revolution: Making Peace with the Planet[M]. New York: Monthly Review Press, 2009: 41.
② 詹姆斯·奥康纳. 自然的理由——生态学马克思主义研究[M]. 唐正东,臧佩洪,译. 南京: 南京大学出版社, 2003: 332.
③ 丹尼尔·A. 科尔曼. 生态政治: 建设一个绿色社会[M]. 梅俊杰,译. 上海: 上海译文出版社, 2006: 32.
④ 詹姆斯·奥康纳. 自然的理由——生态学马克思主义研究[M]. 唐正东,臧佩洪,译. 南京: 南京大学出版社, 2003: 321.

诸种危险之中,这种危险包括但不限于生态危机。

(四)资本逻辑驱动下的经济全球化与生态危机

"当代生态危机产生的根本原因在于资本及其所控制的全球权力关系。"①在生态马克思主义看来,当下世界经济已经由"国民经济"演绎为"全球化经济",跨国公司是经济全球化的核心微观组织,它们代表了私人资本在世界空间内的配置和扩张,因此,经济全球化仍是资本逻辑的全球化并仍由资本主义国家来主导。经济全球化也会导致生态危机的全球滋生和蔓延。这种"滋生和蔓延"是资本主义国家凭借推行生态帝国主义来实现的:一是通过经济技术霸权向发展中国家大肆转移污染、逃避责任②;二是向经济欠发达国家掠夺资源,发达国家利用经济政治优势及熟谙落后国家想急于改变现状的心情,罔顾他们本已相当脆弱的生态承载力,疯狂地攫取资源并规模量产主要销往这些国家的各色消费品。此举可谓"一石二鸟"。

因此,在经济全球化的过程中,拥有强势话语权的资本主义国家就通过掠夺落后国家的经济和自然财富以及倾倒毒物来成为世界的羡慕目标③。显然,他们在经济维度和生态维度上"双重幸福"是建立在生产力欠发达的广大发展中国家之经济贫困和生态恶化"双重灾难"的基础之上的。在生产要素全球流动的格局下,生态帝国主义的本质是资本空间扩张在生态维度上的投射,是传统帝国主义演进的新阶段。例如,以美国为首的资本主义国家正在采取技术手段、利用第三方力量隐性地获取广大发展中国家的生物基因库,其后果必将是灾难性的:以后生物资源的存量和增量都由他们控制,目前在生物育种方面表现得尤为明显,生物的多样性很可能成为资本家发

---

① 王雨辰.生态学马克思主义与生态文明研究[M].北京:人民出版社,2015:373.
② 詹姆斯·奥康纳.自然的理由——生态学马克思主义研究[M].唐正东,臧佩洪,译.南京:南京大学出版社,2003:315.
③ 戴维·佩珀.生态社会主义:从深生态学到社会正义[M].刘颖,译.济南:山东大学出版社,2012:111.

财致富的"遥控器"。正可谓"当其他所有人都处于停滞状态或遭受苦难时,资本家却获得了肮脏的财富。"①因此,生态马克思主义认为资本逻辑驱动的经济全球化也势必招致生态危机的全球化。

### 三、省察生态马克思主义:回溯马克思资本逻辑的二重性思想

资本是马克思毕生的"敌人",资本批判是其终极一生最主要的理论工作。基于此,省察生态马克思主义所主张的"资本逻辑肇始生态危机"观点,就有必要回溯资本批判的鼻祖——马克思那里。他在《资本论》"第二版跋"中写道:"辩证法不崇拜任何东西,按其本质来说,它是批判的和革命的。"②这即是马克思对待资本逻辑的基本态度。

(一)资本逻辑的二重性:自觉追求价值增殖和非自觉创造文明

1. 自觉追求价值增殖

资本是一个矛盾的复合体,固然外显出多种样态,包括产业资本、商业资本、银行资本和金融资本等,但在马克思看来,"资本只有一种生活本能,这就是增殖自身,获取剩余价值"③。缘由就在于"对这一时代说来,货币是一切权力的权力"④。在资本主义生产方式下,制造出最大化的剩余价值,即让资本家攫取到最多的私人财富,是这种生产方式的绝对规律。资本增殖主要有两个通道:一是剥削工人,二是掠夺自然。对于剥削工人,马克思有着血淋淋的控诉:工人在资本家面前畏畏缩缩、没有尊严,而资本家却"昂首前行""笑容

---

① 大卫·哈维. 跟大卫·哈维读《资本论》[M]. 刘英,译. 上海:上海译文出版社,2014:364.
② 马克思,恩格斯. 马克思恩格斯文集:第5卷[M]. 中共中央编译局,译. 北京:人民出版社,2009:22.
③ 马克思,恩格斯. 马克思恩格斯文集:第5卷[M]. 中共中央编译局,译. 北京:人民出版社,2009:269.
④ 马克思,恩格斯. 马克思恩格斯文集:第5卷[M]. 中共中央编译局,译. 北京:人民出版社 2009:825.

满面",工人"只有一个前途——让人家来鞣"①。在资本逻辑的抽象统治下,资本往往异化成一种物化权力——"普照的光"和"特殊的以太",工人被迫降格为资本增殖的"活机器"。对于自然界,资本家一是罔顾其内在平衡律令去掠夺开发;二是为了压缩成本,会千方百计地使排污成本外化。资本的价值增殖,无论对于剥削工人还是对于盘剥自然而言,都是赤裸裸和野蛮的,并且"根本停不下来"。马克思这一思想充满历史洞察力,"马克思所主张的'资本无限积累'思想蕴含着深刻的洞察力,其之于21世纪的意义一点也不逊色于19世纪的影响。"②

2. 非自觉创造文明

"在资本的简单概念中必然自在地包含着资本的文明化趋势等等。"③马克思认为除了自觉追求价值增殖,资本还非自觉地在创造文明。倘若讲以资本为原则组织起来的生产,既催生出普遍存在于资本主义社会的产业化劳动,同时,它又生成了一个广泛利用自然属性和人的属性的价值体系,所以,正是逐利最大化的资本才能催生出资产阶级社会,并驱使"社会成员对自然界和社会联系本身的普遍占有。由此产生了资本的伟大的文明作用"④。

他基于特定语境道出了资本逻辑的伟大历史作用。相较于前资本主义时期,资本可贵的历史作用主要体现为制造了不同场景的剩余劳动,也即纯粹站在使用价值多寡的立场上,资本造就了整个社会普遍意义上的勤劳,再加上资本天生无限度的增殖欲望,就势必带来社会生产力的不断朝前增长……从而,到了那个时刻,"人不再从事

---

① 马克思,恩格斯.马克思恩格斯文集:第5卷[M].中共中央编译局,译.北京:人民出版社,2009:205.
② Piketty T. Capital in the Twenty-First Century[M]. Boston: The Belknap Press of Harvard University Press, 2014:10.
③ 马克思,恩格斯.马克思恩格斯文集:第8卷[M].中共中央编译局,译.北京:人民出版社,2009:95.
④ 马克思,恩格斯.马克思恩格斯文集:第8卷[M].中共中央编译局,译.北京:人民出版社,2009:90.

那种可以让物来替人从事的劳动"①。最关键的是,马克思又用"三个有利于"来集中概括资本逻辑的非自觉创造文明的趋势:资本的其中一个重要文明面就是,相较于过往的奴隶制和农奴制,它"更有利于生产力的发展,有利于社会关系的发展,有利于更高级的新形态的各种要素的创造"②。他通过把资本主义社会同以前的其他社会形态相比,站在更高的视野上提炼出了"资本的文明面"。

(二)生态马克思主义的进步意义和理论局限

1. 进步意义:对马克思资本批判的生态意涵有着丰富和拓展

尽管马克思在资本逻辑批判中蕴藏着深刻的生态维度,但囿于当时的历史条件,他的主要精力不可能过多地放到生态方面,其生态思考也不可能是完整的。对此,我们决不能苛求马克思,毕竟他"提供的不是现成的教条,而是进一步研究的出发点和供这种研究使用的方法"③。生态马克思主义正是基于他对资本增殖无限性的批判,且结合当代绿党运动和左翼思潮的有关理论对资本主义展开釜底抽薪式的生态批判。这蕴含着一定的进步意义。

其一,发掘马克思资本批判的生态魅力,为马克思理论的当代性提供一定的辩护。固然,与时俱进是马克思主义的重要理论品质,但在生态问题日益跨越国界和超越意识形态的境况下,如何继续保持其在这一现实问题上的"在场性",成为横亘在马克思主义理论工作者面前的一个重大课题。特别是在国际学界盛行着"马克思是'普罗米修斯式'生产力决定论的反生态思想家"等诸多论调下,生态马克思主义积极承继马克思的资本批判精神,旗帜鲜明地指涉资本逻辑不仅是造成社会正义缺场的元凶,而且是酿造生态危机的核心根源。

---

① 马克思,恩格斯.马克思恩格斯文集:第8卷[M].中共中央编译局,译.北京:人民出版社,2009:69.
② 马克思,恩格斯.马克思恩格斯文集:第7卷[M].中共中央编译局,译.北京:人民出版社,2009:927.
③ 马克思,恩格斯.马克思恩格斯文集:第10卷[M].中共中央编译局,译.北京:人民出版社,2009:691.

在某种程度上,他们结合新的社会条件,多维度发掘马克思资本批判的生态魅力,为马克思理论的当代性提供了一定的合理辩护。

其二,以生态批判为问题始点,进一步佐证马克思思想的丰富性。生态马克思主义虽冠之以生态之名,但该理论绝不是纯粹的"为了生态而生态"那么表层化,其有着丰富的问题域和深刻的思想性:努力建构"三大生态"即自然生态、社会生态和精神生态。他们以自然生态批判为基,把资本逻辑批判引向社会生态和精神生态领域。阿格尔把马克思有关资本主义周期性经济危机理论拓展到生态危机理论,在其看来,马克思囿于时代条件过多地去关注生产领域而忽视了消费领域,但肇始于当代消费领域的生态危机却成为了践履马克思本人所主张的"两个必然"的核心理据。就此而言,面对资本主义危机的新形态,必须把马克思、恩格斯阶级解放理论和新的危机模式统筹融合起来,"一种适当的危机理论会试图了解社会主义变革的可能性。"[①]福斯特则从摆脱资本的全球宰制和追求"普遍自由"来构建未来社会两个"基础三角"的视角拓展了马克思资本批判的生态意涵。因此,尽管马克思世界观是"真正系统的生态世界观"[②],但随着实践演进,马克思资本逻辑批判的生态意涵也同样需要丰富拓展,而生态马克思主义者无疑做出了可圈可点的贡献。

2. 理论局限:遮蔽资本历史作用二重性而过度锁定生态破坏性

从病理学诊断意义上指认"资本逻辑是生态危机的根源",成为生态马克思主义的一个最鲜明特质,也正是这种特质使其在西方马克思主义领域熠熠生辉。但也存在着不容忽视的理论缺憾:过度锁定资本逻辑的生态破坏性而遮蔽了马克思所主张的资本历史作用二重性。尽管马克思毕生都在批判制造阶级对立的资本逻辑,但他依

---

① 本·阿格尔.西方马克思主义概论[M].慎之,等译.北京:中国人民大学出版社 1991:416.
② 约翰·贝拉米·福斯特.马克思的生态学[M].刘仁胜,肖峰,译.北京:高等教育出版社,2006:前言,第Ⅲ页.

循唯物辩证法原则:资本的历史作用不是孤立的"一元存在",而是"资本之恶"和"资本之善"的悖论复合体。从历史进程上看,"资本不过表现为过渡点"①,届时资本的历史使命就会得以完成。而生态马克思主义为了达到其对生态危机根源揭橥之目的,过度地锁定生态问题上的"资本之恶",而忽视了资本在发生学意义上的历史进程性,即"资本的历史使命"被非理性地排除在外。事实上,资本的登场、演进和消亡都是一个自然的历史过程,"绝不能操之过急",在迈向人类更高文明的新社会过程中,正是资本的"双重逻辑"为其提供了若干可能因素。就此而言,生态马克思主义者就显得略微感性和冲动,离马克思站在人类社会演替总趋势基础上穿越历史并洞悉未来的生态辩证法智慧,尚有不小的距离,他们仍任重道远。

## 四、检视生态马克思主义:回到资本逻辑和生态文明建设的中国境遇

任何国家的生态文明,都承载着很强的本土性。产生于西方国家的生态马克思主义,虽有一定借鉴意义,但绝非意味着它就是"先进的"而源自中国本土的生态文明理论则是"落后的",相反,生态文明建设的中国实践对其存在着丰富甚至超越。"建设生态文明的目标内含于中国的马克思主义传统中,它是中国和世界马克思主义思想自然演进的一部分。"②

(一)资本逻辑和生态文明建设的中国境遇

1. 资本逻辑的中国境遇

梅扎罗斯认为"资本的历史优势"在当今世界已完全确立。③ 尽

---

① 马克思,恩格斯.马克思恩格斯文集:第8卷[M].中共中央编译局,译.北京:人民出版社,2009:170.
② 菲利普·克莱顿,等.有机马克思主义——生态灾难与资本主义的替代选择[M].孟献丽,等译.北京:人民出版社,2015:13.
③ I.梅扎罗斯.超越资本——关于一种过渡理论[M].郑一明,等译.北京:中国人民大学出版社,2003:1.

管资本逻辑存在一定的负面效应,但社会主义市场经济下的中国也客观存在着它,因为作为一种特殊社会关系的资本构成市场经济的"土著居民",没有资本机制和资本市场的支撑,旨在优化资源配置的市场经济唯能纸上谈兵。"任何脱离资本谈中国现代化,脱离资本逻辑谈中国特色社会主义建设,都是不切实际的。"①中国虽然在世界社会主义发展史上独树一帜,但毕竟仍处于生产力欠发达的社会主义初阶段,与马克思意义上的"成熟的社会主义模式"还有差距;虽然我们在本质上拒斥资本主义,然而限于其所处方位尚未跳出"资本逻辑统治的全球化时代,因此它乃'立足于资本逻辑的社会主义'"②。在一定程度上,中国特色社会主义正是在不断地利用资本与限制资本的微妙平衡中克服一个又一个发展难题,这是契合国情的现实抉择,也是中国发展道路的"特色"之所在。正如一学者指出,中国特色社会主义的"特色"不是"特"在其他地方,而是"特"在对资本逻辑的驾驭程度,我们的建设和改革正是围绕着如何驾驭资本逻辑这一重大问题而渐次展开的。③

2. 生态文明建设的中国境遇

当下中国生态文明建设的整体境遇是生产空间偏多,而生活空间、生态空间均偏少。国情专家胡鞍钢指出,当中国到 2020 年 GDP 将达到改革开放初的 42 倍时,我们就不缺 GDP 了,但将面临着急缺生态产品、生态服务和生态资产的困境。④ 当下我们的成绩主要包括:注重生态文明建设的顶层设计和制度建设、深入开展节能减排、发展循环经济以及应对气候变化等;主要问题凸显在我国自然环境总体退化的趋势

---

① 田辉玉,张三元.资本逻辑视域下的生态文明建设[J].现代哲学,2016(2).
② 胡建.立足于资本逻辑的社会主义——对中国初级阶段的社会主义之再认识[J].浙江社会科学,2010(7).
③ 叶险明.驾驭"资本逻辑"的中国特色社会主义初论[J].天津:天津社会科学,2014(3).
④ 参见:胡鞍钢.中国:创新绿色发展[M].北京:中国人民大学出版社,2012:178.

还未得到根本扭转。援引国务院发展研究中心课题组的话来讲,中国的自然生态和环境变化趋势尽管朝着向好的方向推进,但这种推进速度却很迟缓①。另外,资源能源对经济增量发展的约束趋紧、国土开发格局仍欠科学和环境问题的负外部性日益加剧等。总之,生态文明建设的中国境遇具有显著的复杂性,因为我们以历史上最为脆弱的自然生态来同时支撑起经济发展和环境保护"双重使命"。

(二)生态马克思主义的理论贡献和理论局限

1. 理论贡献:直指生态危机的经济根源

以中国境遇来检视生态马克思主义,它有着积极的理论贡献。站在更高层面上察之,中国生态文明建设实践中的成绩和问题,其实都与一个核心因素——经济增长方式——存在着内在关联。不妨追问,经济增长方式背后的深层因素是什么?事实上,中国经济发展方式的背后总是映射着资本逻辑的影子。在建设和改革的纵深进程中,资本关系在我国社会中已经落地生根并不断扩散,资本内在的逻辑正在侵入经济社会生活的各个领域②。既然社会主义初级阶段的中国也客观存在着资本逻辑,并且在当前阶段,诸种资本力量在经济社会进步中正发挥着并将继续发挥重要作用,那么在此过程中,出现一定层面甚至严峻的生态问题就不足为奇了。在一定程度上,中国的生态问题也是由资本逻辑的逆生态性造成的。因此,尽管中国的生态问题是不可逾越的历史阶段中所蕴藏的"发展性矛盾",但是,生态马克思主义历史回溯站在西方国家耗时300多年完成工业化的历程上,透过现象深刻揭示出"资本逻辑是生态危机的根源",无疑具有某种理论进步性。

2. 理论局限:模糊"资本逻辑肇始生态危机"的具体性

其一,生态马克思主义对资本逻辑所展开的多重批判,并不应该

---

① 国务院发展研究中心课题组.中国生态环境现状及其"十二五"期间的战略取向[J].改革,2010(2).
② 刘海军.资本逻辑与当代中国工人阶级结构变化[J].马克思主义研究,2013(6).

都视为资本主义国家的"专利",社会主义中国也照样局部存在着其所批判的现象。他们指认资本逻辑构成生态危机的经济根源,并对资本宰制下生产方式、消费主义、科学技术和经济全球化等展开了犀利的生态批判。客观地说,这些指控都算不上资本主义国家的"独有",它们同样存在于非资本主义国家包括中国。例如,以符号意义为主要特征的异化消费也开始在中国社会盛行起来,这种过度消费风尚的到来,纵然与资本逻辑主导工业生产和市场销售有一定勾连,但很难讲它到底是资本主义还是社会主义独有的。可见,生态马克思主义对资本逻辑展开的某些批判,事实上并无显著的社会制度属性,尤其在日益纵深的全球化时代,一些悖逆生态理性的生产理念和消费方式会在全球蔓延,在不同国家或地区不同程度地存在着。因此,以中国实践观之,不应该把这些肇始于资本逻辑的生态悖论,不加区分地归罪到资本主义国家头上,这样反而不利于我们自己认清形势和找到出路。

其二,生态马克思主义过度地锁定资本逻辑的生态负效应,而历史方位属于社会主义初级阶段的中国之发展,仍须臾离不开资本机制。生态马克思主义认为,资本逻辑在当前阶段集中释放出逆生态性,因此必须瓦解由垄断资本主导的世界体系。他们的思想无疑具有深邃性,但问题是"消灭资本不能不分阶段"。以中国国情为参照,就不难厘清其理论局限。当前我们最大的国情仍是社会主义初阶段,实现经济现代化仍是头等任务。这个任务的完成,离不开社会主义市场经济的持续推进,而资本要素和资本机制又是社会主义市场经济健康发展须臾离不开的关键因素。因此,我们要"加快发展多层次资本市场"①,因为这不仅关系着现代市场体系向更高水平的推进,而且也必然成为经济转型升级和结构优化的一项关键性战略举

---

① 胡锦涛在中国共产党第十八次全国代表大会上的报告[N]. 人民日报,2012-11-18.

措①。事实上,当前中国很多现实矛盾和重大发展问题的解决,都离不开资本力量的支撑。总之,结合中国改革和建设的"正反经验",尽管经济文化相对落后的国家可以适时大胆跨越资本主义生产关系充分发展的"卡夫丁峡谷",但却绝不应该放弃搞市场经济体制,也绝不能笼统地非历史地否定资本的伟大文明作用。

(三)生态文明建设的中国经验:对生态马克思主义的丰富和超越

诚然,由于西方资本主义国家完成工业化要比我们早的多,也更早地遭遇过生态问题,所以,他们相应的具体生态技术手段,要比我们更加娴熟。基于此,这里所探讨的"丰富和超越"不是指生态治理的微观领域,而是指站位更高的战略理念层面。

1. 适度发展自然资本而非不分阶段地消灭资本

日前中共中央国务院印发的《生态文明体制改革总体方案》明确指出:一定要树立自然价值和自然资本的理念,认识到保护自然就是增值自然价值和自然资本的过程,就是保护和发展生产力,就应得到合理回报和经济补偿②。此举旨在通过社会主义市场经济中的多层次资本市场来为生态文明建设提供动能支撑,具有深远的战略立意。对于是否应该消灭资本特别是在什么历史阶段上消灭资本,生态马克思主义在一定程度上背离了唯物史观。在目前生产力尚不发达的中国,就应该大胆解放思想,自觉把资本形态拓展到生态领域,即大力支持发展自然资本,是符合实际的理性认知和实践自觉。"在财富的创造过程中,本地资本也扮演着日益重要的角色。"③在当前及未来,要遏止生态恶化的整体态势,无论是宏观的生态市场体系培育、第三方交易机制创建,还是微观的生态修复技术等,中国都要积

---

① 中共中央关于全面深化改革若干重大问题的决定[N]. 人民日报,2013 - 11 - 16.
② 中共中央国务院印发《生态文明体制改革总体方案》[N]. 人民日报,2015 - 09 - 22.
③ 大卫·哈维. 新自由主义简史[M]. 王钦,译. 上海:上海译文出版社,2016:152.

极依托各种资本尤其是自然资本力量来展开。这也是 2015 年召开于上海的"未来新经济——生态经济的可持续发展模式"峰会中四十几位知名专家的共同吁求①。总之,立足本土实践、重视文明互鉴的中国生态文明建设之路,正努力协调和应对资本文明和生态文明之间的张力,完成对资本内在悖论的扬弃。这正是对生态马克思主义"非历史地阔谈消灭资本"的矫正和超越。

2. 生态文明与生产力统筹论而非生态环境至上论

"良好生态环境是最公平的公共产品,是最普惠的民生福祉。"②党的十八大以来,习近平在参加十二届全国人大贵州代表团审议、视察海南、纳扎尔巴耶夫大学演讲等场合反复要求:稳妥处理经济发展与环境保护之间的关系,决不能顾此失彼。③ 历史经验表明,忽视生态保护而去搞生产力发展必是竭泽而渔,但同时,不抓生产力发展而孤谈生态保护,也必是空洞的缘木求鱼。正是基于这种发展体会,我们在顶层设计中尤为注重处理生态保护和生产力发展之间的协调关系。反观生态马克思主义,他们站在对实现工业化较早的资本主义国家的批判视野上,主张诉诸激进的生态革命以期消解资本逻辑的全球统治。要知道,对于已经迈入中高端水平的发达国家而言,追求生产力发展或许并不是最紧迫的任务,他们更具条件把生态保护高悬在经济发展之上。然而,中国的实际情形是,农业文明尚有遗留、工业文明仍未完成、生态文明才露端倪。习近平主张的"两山论"即"既要金山银山也要绿水青山",既是展现中国生态文明建设图景的最高政治宣言,也是契合现实国情的科学抉择。总之,我们践履的生态文明道路属于辩证协调的"统筹论"而非片面的"生态至上论"。

---

① 张建松. 自然资本:让绿水青山真正成为"金山银山"[N]. 新华每日电讯,2015-02-12.

② 中共中央宣传部. 习近平总书记系列重要讲话读本[M]. 北京:学习出版社、人民出版社,2014:123.

③ 坚持节约资源和保护环境基本国策 努力走向社会主义生态文明新时代[N]. 人民日报,2013-05-25.

以此而言,镶嵌着鲜明本土性的"中国经验"对生态马克思主义存在着一定的丰富和超越。

## 结语

"诉诸道德和法的做法,在科学上丝毫不能把我们推向前进;道义上的愤怒,无论多么入情入理,经济科学总不能把它看作证据,而只能看做象征。"①对资本逻辑的"道德批判"决不能代替"科学批判":资本逻辑不只肇始生态危机的"一面",而且尚含非自觉创造人类文明包括生态文明的"另一面"。无论是以马克思资本逻辑批判的生态文明意涵来省察,还是拿生态文明建设的中国实践来检视,生成于西方社会土壤的生态马克思主义的理论完备性并非无懈可击,既有进步意义也含内在瑕疵,尤其是立足本土性的中国生态文明建设道路,对其存在着一定的丰富和超越。厘清这一点,有助于规避在研究包括生态马克思主义在内的西方理论过程中简单化的"以西解马"和"以西释中"倾向,进一步增强中国特色社会主义的道路自信、理论自信、制度自信和文化自信。

---

① 马克思,恩格斯.马克思恩格斯文集:第9卷[M].中共中央编译局,译.北京:人民出版社 2009:156.

# 当自然遭遇对欲求的欲求

## ——西方话语体系中的生态问题及其反思

张艳芬

上海大学哲学系副教授

**内容提要：** 在当代西方语境中，自然是作为消费对象而呈现出来的。因此，自然与其说要从其自然属性上来理解不如说要从其商品属性上来理解。而商品由以得到规定的东西乃是对于商品的欲求。但是，指向作为商品的自然对象的欲求是被另一个指向同一对象的欲求所中介的。由于这种对欲求的欲求，对自然的控制成为了物神层面上而言的对人的控制。最后，生态乌托邦作为摆脱这种控制的一种设想必须是对整个资本主义社会的摧毁。

尽管自海克尔以来，生态学所发展出来的东西在诸多领域得到援用以便应对当前的困境乃至危机，但是如果后者的实质没有得到揭示，那么问题是不会得到解决的。这是因为生态形式所透露的乃是人类的文明形式，而人类只有在其文明形式中才能作为人类存在下去。在这个意义上，就西方话语体系而言，对生态问题进行反思意味着对西方社会的一些根本问题展开反思。这些反思围绕自然问题而展开，因为自然不是别的而就是生态关系的现实场景。

## 一、呈现为消费对象的自然

由于同马克思的名字联系在一起的历史唯物主义的贡献，自然不再被抽象地理解为一种与人分隔开来的东西,就像马克思所说的,"但是,被抽象地理解的,自为的,被确定为与人分隔开来的自然界,对人来说也是无。"①也就是说,自然如果不是无,那么它就必定不与人分隔并因而向人呈现出自身。但问题是,如何呈现出自身?这当然是一个复杂的问题,我们有必要集中我们的讨论语境。一旦我们集中于当代西方语境,事情就明了许多了。比如,我们可以在阿多诺的判断中找到回答这个问题的线索,他说,"感受自然,尤其是感受它的寂静,已经变成一种稀有的特权并转而变成可在商业上开发利用。"②如果连感受自然的寂静都已经纳入了商业开发的范围,那么我们不知道自然中还有哪些东西是不能成为商品的。甚至那些表面上看起来只同物种、气候、土壤等自然状况相关的自然秉赋也已经是这种开发利用的结果了。对此,马克思在1848年所做的《关于自由贸易问题的演说》中谈到,"先生们,你们也许认为生产咖啡和砂糖是西印度的自然秉赋吧。二百年以前,跟贸易毫无关系的自然界在那里连一棵咖啡树、一株甘蔗也没有生长出来。也许不出五十年,那里连一点咖啡、一点砂糖也找不到了……"③凡此种种都表明,自然界与人的分隔被消除了,但是这种消除同样不能被抽象地加以理解,它在这个时代就是商业和贸易开发。因此,可以说,自然是作为消费对象亦即作为商品向人呈现出自身的。

如果是这样的话,那么咖啡和砂糖的生产与其说源于所谓的自然秉赋,不如说源于商品消费。甚至可以说,在咖啡和砂糖还没有在西印度被生产出来之前,对它们的需要已经被生产出来了;而且,正是对它们的需要导致了它们在西印度的生产,反过来,对它们的需要

---

① 马克思,恩格斯. 马克思恩格斯全集:第3卷[M]. 中共中央编译局,译. 北京:人民出版社,2002:335.
② Theodor W Adorno. Aesthetic Theory[M]. translated by Robert Hullot-Kentor, London and New York: Continuum, 2002: 69.
③ 马克思,恩格斯. 马克思恩格斯选集:第1卷[M]. 中共中央编译局,译. 北京:人民出版社,1995:228.

的消失将导致它们在西印度的生产的消失,就像马克思所设想的也许不出50年的情形那样。在这里,消费的决定性的意义在于,它把自然当作人们所需要的东西生产了出来。这也就是马克思所说的,"消费在观念上提出生产的对象,把它作为内心的图像、作为需要、作为动力和目的提出来。消费创造出还是在主观形式上的生产对象。没有需要,就没有生产。而消费则把需要再生产出来。"①简而言之,消费为自然向我们的呈现准备了这种呈现所不可或缺的需要、动力以及目的。不仅如此,在马克思那里,消费还意味着产品的最后完成,他说,"产品在消费中才得到最后完成。一条铁路,如果没有通车、不被磨损、不被消费,它只是可能性的铁路,不是现实的铁路。"②相仿佛地,西印度生产的咖啡和砂糖如果不被消费,那么它们就只是可能性的咖啡和砂糖,而不是现实的咖啡和砂糖。这不是指咖啡和砂糖失去了它们的自然属性,而是指它们失去了它们的商品属性——后者标识着它们在这个时代的全部现实性。

这样一来,非常悖谬地,自然反倒不应该从它的自然属性来了解,而是应该从它的商品属性来了解。而我们知道,商品之所以成为商品,很大程度上是由于它的交换价值。换言之,交换本身比所交换的东西更加重要。接下来,如果说重要的是交换而不是交换的东西,那么作为后者自然属性的使用价值就变得无关紧要了。也就是说,在交换社会,对于自然的有用性,我们不是要使其成为关涉于人的有用,而是要使其成为无涉于人的交换。由此不难发现,人是被交换价值所支配的,阿多诺称之为"交换价值对于人类的普遍支配"③。在这样的支配下,所交换的东西——根据交换的等价特性——必须废

---

① 马克思,恩格斯.马克思恩格斯全集:第30卷[M].中共中央编译局,译.北京:人民出版社,1995:33.
② 马克思,恩格斯.马克思恩格斯全集:第30卷[M].中共中央编译局,译.北京:人民出版社,1995:32.
③ Theodor W Adorno. Negative Dialectics[M]. translated by E. B. Ashton. New York: Continuum, 1973: 178.

除其自然的、具体的属性上的差别,而代之以计算的、抽象的属性上的同一。后者是一个归诸经济学的问题,随之归诸经济学的还有自然。换句话说,感受自然的寂静主要地不是与自然相关,而是与资产负债表的平衡相关,亦即与一种建立在量上的单位计算相关。这就是阿多诺所说的,"古典政治经济学证明,就像马克思在轮到他时所做的那样,作为等价形式位于货币之后的真正单位乃是社会劳动时间的平均必要的数量,当然,它随着支配交换的特定社会关系而得到修正。在这种就平均社会劳动时间来说的交换中,所交换的客体的那些特定形式必然被忽视了;取而代之的是,它们被还原为一种普遍单位。"①在这里,由平均社会劳动时间而来的普遍单位,作为一种量的东西,正是被取消特定形式的抽象同一的结果。换句话说,作为客体的特定形式的寂静被忽视了,因为它从一开始就被换算成了货币的普遍单位。

不过,当我们考虑到交换价值以其独立性与自律性对商品做出基本的界定时,也必须考虑到立足于商品的使用价值所做出的一个同样有道理的争辩,这就是交换不能取代使用。根据这种争辩,建立在纯粹交换价值之上的绝对商品是不可能的。比如,斯图尔特·马丁认为,"马克思澄清了下面这一点,交换价值从使用价值中区别出来,获得了一种独立性或者说自律性,正是这种独立性或者说自律性界定了商品,但是,尽管如此,这种界定从来不是完全的,因为最终所交换的乃是使用,而且,如果某样东西不再是可使用的,那么它也就不再是可交换的了。因此,'绝对商品'的观念——如果我们把它理解为一种'纯粹交换价值'——是不可能的……"②这样的争辩无疑是有意义的,不过,我们更愿意把我们的注意力放到这样的争辩的前提之上。这个前提就

---

① Theodor W. Adorno. Introduction to Sociology[M]. edited by Christoph Gödde, translated by Edmund Jephcott. Cambridge: Polity Press,2000:31-32.
② Stewart Martin. The Absolute Artwork Meets the Absolute Commodity[M]// Radical Philosophy:146. Nottingham: Russell Press,2007:19.

是,任何价值都是对于欲求而言的,也就是说,只有被欲求的东西才是有价值的。这提醒我们,我们还有必要从欲求的角度来理解商品:商品由以得到规定的东西乃是对于商品的欲求。那么,这是不是意味着对于自然的欲求规定了呈现为消费对象的自然呢?要回答这个问题,首先要弄清楚这里所说的欲求究竟指向什么。

## 二、对欲求的欲求和对自然的控制

欲求——不管是欲求交换还是欲求使用——究竟指向什么?这看起来像是一个虚假的问题,因为人们几乎可以不假思索地认为欲求当然是指向商品,或者就我们这里的讨论而言,指向呈现为消费对象的自然。就像在感受自然的情形中,欲求似乎就是指向那个商业上开发出来的自然的寂静。然而,事情恐怕并不就是这样,至少在科耶夫看来不是这样,他说,"指向一个自然对象的欲求之所以是人的欲求,仅仅是在这个程度上而言的,即它是被另一个指向同一对象的欲求所'中介'的;正是人欲求着他人所欲求的东西,因为他们欲求它。"[1]科耶夫的这番话是耐人寻味的。如果说一个人之所以欲求某个自然对象乃是因为他人欲求着它,那么这意味着,这个人与那个自然对象的欲求关系归根到底是他与他人的欲求关系。接下来,既然人对自然对象的欲求不是源于自然对象本身而是源于他人对它的欲求,那么不仅自然对象的自然属性可以忽略,而且自然对象是否真实和实在也可以被忽略,这就是科耶夫所说的,"所以,人类起源学意义上的欲求不同于动物的欲求(后者所产生的是一种仅只活着并且仅只具有其生命情绪的自然存在),因为前者并不指向真实的、'实在的'、给定的客体,而是指向另一个欲求。因而,比如在男人与女人的关系中,欲求之所以是人的欲求,仅仅是因为一个人所欲求的不是身

---

[1] Alexandre Kojève. Introduction to the Reading of Hegel: Lectures on the Phenomenology of Spirit[M]. edited by Allan Bloom, translated by James H. Nichols, Jr. Ithaca and London: Cornell University Press, 1980: 6.

体,而是他人的欲求;是因为他想要'拥有'或者'同化'那被当作欲求的欲求……"①这使我们获得了对于呈现为消费对象的自然的进一步了解,即,围绕着作为商品的自然所发生的事情就其实质而言乃是,人欲求着他人的欲求,或者说,人欲求着被欲求。作为结果,消费所带来的东西既不是就其自然属性而言的自然对象,也不是对这样的自然对象的欲求,而对欲求的欲求。

接下来的问题是,如果说自然对象不是真实的、实在的、给定的客体,那么它成为了什么? 换句话说,自然对象在对欲求的欲求中成为了什么? 让我们通过一个例子来考虑这个问题。这个例子是日光浴。一般地,我们很容易认为日光浴这件事情所涉及的是作为自然对象的日光。当然,稍微多思考一步就会发现,日光其实是消费对象,因为就像感受自然的寂静一样,感受海滩的阳光也属于商业开发的范围。而再多一步思考则会发现,日光就其自然属性而言并不是身体或者说皮肤所喜欢的,因为它会给后者带来不适。但是,日光仍然是被欲求的。这是因为,用阿多诺的话来说,日光这个时候不再是有着某种自然属性的自然物,而是成为了物神。他在"空闲时间"的标题下对日光浴做出了这样的分析,"一个典型的实例就是这样一些人的行为,他们让自己在太阳底下被烤成褐色而目的仅仅是为了黝黑的皮肤,尽管烈日底下的假寐决不令人享受,甚至可能在身体上是令人不快的,并且必定会使人在理智上懒散怠惰。藉着那在其他方面当然会十分漂亮的皮肤的褐色,商品的物神特性抓住了人们自身;商品对于人们来说变成了物神。"②通过这一段分析,我们可以说,自然对象在对欲求的欲求中成为了物神。这意味着,自然对象主要地

---

① Alexandre Kojève. Introduction to the Reading of Hegel: Lectures on the Phenomenology of Spirit[M]. edited by Allan Bloom, translated by James H. Nichols, Jr. Ithaca and London: Cornell University Press, 1980: 6.

② Theodor W. Adorno. Critical Models: Interventions and Catchwords[M]. translated by Henry W. Pickford. New York: Columbia University Press, 1998: 170.

不是作为具有自然属性的某物存在着,甚至也不是作为具有商品属性的某物存在着,而是作为崇拜的偶像即物神而存在着。事实上,在对欲求的欲求中,它必定作为物神而存在着,因为它不是实在的,而只是被欲求和被迷恋的。

这样一来,生态主义者们热衷于讨论和批判的对自然的控制就不能简单地被理解为物的层面上的控制,而是必须被理解为物神的层面上的控制。也就是说,自然的控制者控制住了人们的欲求和迷恋,因为他们或者它们控制住了人们的崇拜偶像。后一种控制是更为隐蔽也更为深刻的。由此,我们再来看《自然的控制》的作者威廉·莱斯所做的相关判断,或许就能得到另外的启发。在莱斯看来,对自然的控制关联于"一种不断增长的对自然'奥秘'和'效用'的迷恋和一种要识破它们以获得力量和财富的渴望。"[①]自然的"奥秘"和"效用"在物的层面上也许可以被识破,但是在物神的层面上却永远不能被识破,所以它们永远只能被迷恋和被渴望。而迷恋者和渴望者也正是因为他们的这种迷恋和渴望而成为了被控制者。在这个意义上,自然的控制者就是人的控制者。莱斯直接就说:"如果控制自然的观念有任何意义的话,那就是通过这些手段,即通过具有优越的技术能力——一些人企图统治和控制他人。"[②]这句话无疑是在回应阿多诺和霍克海默尔在《启蒙的辩证法》中做出的那个判断:"人们想要从自然学到的东西,乃是如何去使用自然以便完全地控制它以及其他人。这便是唯一的目标。"[③]这种控制乍看起来是物的层面上的,比如自然资源或者自然环境。然而事情并非如此。莱斯说,控制自然"意味着由个人或社会集团完全支配——特殊范围的现有资源,并且部分或全部排除其他个人或社会集团的利益(和必要的生存)。

---

[①] 威廉·莱斯.自然的控制[M].岳长龄,李建华,译.重庆:重庆出版社,1993:35.
[②] 威廉·莱斯.自然的控制[M].岳长龄,李建华,译.重庆:重庆出版社,1993:109.
[③] Theodor W Adorno, Max Horkheimer. Dialectic of Enlightenment [M]. translated by John Cumming. London and New York: Verso, 1995:4.

换言之,在已经成为一切人类社会形态特征的持久的社会冲突条件下,自然环境总是或者表现为已经以私有财产的形式被占有,或者将遭受这种占有。对它的接近实际地或潜在地被拒绝或受到严格限制"①。如果说自然环境主要地不是生存的条件,而是占有的对象,那么这个自然环境就不是在物的层面上讲的。作为结果,人们对它的接近不是出于生存的需要,而是出于欲求,确切地说,是出于对欲求的欲求。而对这样的接近的拒绝和限制就是对欲求的控制。

## 三、生态乌托邦的可能与不可能

那么,有没有可能从这样的欲求和控制中摆脱出来呢?这几乎是一个无法回答的问题。尽管如此,一种建基于生态学上的设想为我们描述了这种摆脱之后的场景。这就是生态乌托邦(Ecotopia)。20世纪70年代,生态乌托邦这个词出现在了美国人卡伦巴赫的小说的标题中,这部小说描写了一个如这个标题所提示的那样的理想社会,即有着理想的生态环境和人类生活的社会。

当然,小说所描写的这个社会并没有像作者所说的那样出现在20世纪末美国的某处地方。就乌托邦而言,这样的不出现完全是正常的。不过,我们或许也可以从另外一个角度来加以理解,即,资本主义生产方式注定这样的乌托邦是不可能得到实现的。这是因为,资本就其本性而言不可能放弃它对利润的贪得无厌的追求,同时无法放弃的是在此过程中对自然的控制——当然是两个层面上的控制,即物的层面和物神的层面。詹姆斯·奥康纳曾经举过这样一个有趣的例子,他说,"自然界作为一个水龙头已经或多或少地被资本化了;而作为污水池的自然界则或多或少地被非资本化了。水龙头成了私人财产;污水池则成了公共之物。"②在这里,自然界的资本化无非就是自然界的物神化,

---

① 威廉·莱斯.自然的控制[M].岳长龄,李建华,译.重庆:重庆出版社,1993:122.
② 詹姆斯·奥康纳.自然的理由——生态学马克思主义研究[M].唐正东,臧佩洪,译.南京:南京大学出版社,2003:296.

亦即,自然界成为了崇拜的偶像,正如在资本拜物教中资本成为了崇拜的偶像。这样的自然界就像一个水龙头,总是有更多的水连同更多的欲求不断流出来。而另一方面,非资本化的自然界则成为了污水池,因为它相较于资本化所达成的物神崇拜来说注定是卑污的。如果结合前面莱斯的那段话,那么可以说,自然环境被划分为水龙头和污水池,前者作为物神拒绝和限制后者,而私人占有是使得这种拒绝和限制成为可能的东西。就此而言,这个比喻所道出的主要不是作为公共环境的自然遭到了污染,而是自然在资本主义欲求关系中的资本化和非资本化的命运,或者说物神化和卑污化的命运。这个命运的根源就是处在资本主义生产方式核心位置的私有制。因此,只要资本主义生产方式还继续存在,那么自然就无法逃避这样的命运。

如果是这样的话,那么可持续的或者说生态学的资本主义无论在什么意义上都是不可能的,这就如同佩珀所指出的:"资本主义的生态矛盾使得可持续的、或者说'绿色的'资本主义成为一个不可能的梦,因此也就是一个骗局。"[1]但问题是,现在骗局正在上演。在这个骗局中,我们看到,一方面,与可持续性联系在一起的生态乌托邦在资本主义社会永远无法得到实现,另一方面,资本主义社会之中又充满了对生态乌托邦的欲求以及对这个欲求的欲求,后者更为重要。那么,我们所看到的这两个方面意味着什么呢?意味着生态乌托邦自身的意义正在被取消,这也正是这个骗局的全部核心之所在。

尽管如此,在我们看来,生态乌托邦仍然有着它自身的意义,也就是说,它描绘了一种理想的生态环境和社会生活并表达了对它们的向往,更为重要的是,它通过这种描绘和向往激发出了对现实进行不妥协变革的力量。而它的取消则意味着这一切都消失不见了。那么,它究竟是怎么被取消的呢?回答是,通过把生态乌托邦变成对生

---

[1] David Pepper. Eco-Socialism: From Deep Ecology to Social Justice[M]. London and New York: Routledge, 1993: 95.

态乌托邦的欲求,以及对这个欲求的欲求。当欲求本身成为决定性的东西时,生态乌托邦就变成了一个没有实际意义的符号。这是因为,如前所述,被欲求的对象的意义不在于对象本身,而在于欲求以及对欲求的欲求;这样一来,对象一方面可以不具有任何意义,另一方面又可以被赋予任何意义,只要欲求关系愿意赋予给它的话。在这个过程中,对象变成了符号。

作为结果,在资本主义社会中,当人们欲求着对生态乌托邦的欲求时,具有自身意义的生态乌托邦消失了。当然,那被欲求赋予意义的作为符号的生态乌托邦倒是更加真切了,真切得让人们觉得仿佛就要实现了,如果说不是已经是实现了的话。人们以各种各样的欲求,以及对欲求的欲求,来渴望和迷恋生态乌托邦。这些欲求可能是伤感,也可能是欣喜,可能是怀旧,也可能是求新,可能是保守,也可能是革命,总而言之,可能是任何东西,因为生态乌托邦本身已经沦为一个等待赋予意义的空洞符号。

要使得生态乌托邦重新恢复其意义,就必须彻底摧毁这种无所不在的欲求关系,而这种摧毁同时就是对整个资本主义社会的摧毁。唯其如此,我们才能直面事情本身,直面生态乌托邦,而不是在对欲求的欲求之中放任危机。这个危机不仅是指生态危机,而且是指一种全面的危机,即人类作为一个物种在尚未开始它的真正历史之前夭亡。科耶夫曾经说,"人类历史乃是被欲求的欲求的历史。"[1]显然,科耶夫所描述或者说所能描述的这个历史是指到资产阶级社会为止的历史。但是,在马克思看来,直到资产阶级社会,人类社会还只处于史前时期,因为"人类社会的史前时期就以这种社会形态而告终。"[2]这样的

---

[1] Alexandre Kojève. Introduction to the Reading of Hegel: Lectures on the Phenomenology of Spirit[M]. edited by Allan Bloom, translated by James H. Nichols, Jr. Ithaca and London: Cornell University Press, 1980: 6.

[2] 马克思,恩格斯. 马克思恩格斯全集:第31卷[M]. 中共中央编译局,译. 北京:人民出版社,1998: 413.

话,人类社会的真正历史乃是摆脱了被欲求的欲求的历史,亦即摧毁了欲求关系的历史。人不再欲求他人的欲求,而是以人的方式自由地面对自然和自身,这就如同马克思和恩格斯所描述的那样,"而在共产主义社会里,任何人都没有特殊的活动范围,而是都可以在任何部门内发展,社会调节着整个生产,因而使我有可能随自己的兴趣今天干这事,明天干那事,上午打猎,下午捕鱼,傍晚从事畜牧,晚饭后从事批判,这样就不会使我老是一个猎人、渔夫、牧人或批判者。"① 在这里,"我"无论是从事打猎还是捕鱼,无论是从事畜牧还是批判,显然都不是在欲求他人的欲求,而是出于自己的自由,出于既非物也非物神而是人的无机身体的自然。唯其如此,"我"才能够作为一个个人同他人组成一个自由的联合体。这也就是马克思和恩格斯在《共产党宣言》中所说的:"代替那存在着阶级和阶级对立的资产阶级旧社会的,将是这样一个联合体,在那里,每个人的自由发展是一切人的自由发展的条件。"②

也就是说,一旦摧毁了对生态乌托邦的欲求的欲求,那么生态乌托邦就恢复了它自身的意义。这个意义既在卡伦巴赫的小说中得到体现,也在马克思的下面一段论述中得到体现,即,"这种共产主义,作为完成了的自然主义=人道主义,而作为完成了的人道主义=自然主义,它是人和自然之间、人和人之间的矛盾的真正解决,是存在和本质、对象化和自我确证、自由和必然、个体和类之间的斗争的真正解决。"③人和自然之间以及人和人之间不是欲求的关系,更不是对欲求的欲求的关系,而是矛盾和斗争的真正解决。

---

① 马克思,恩格斯. 马克思恩格斯选集:第1卷[M]. 中共中央编译局,译. 北京:人民出版社,1995:85.
② 马克思,恩格斯. 马克思恩格斯选集:第1卷[M]. 中共中央编译局,译. 北京:人民出版社,1995:294.
③ 马克思,恩格斯. 马克思恩格斯全集:第3卷[M]. 中共中央编译局,译. 北京:人民出版社,2002:297.

# 生态社会主义何以可能

杜姣

吉林大学马克思主义学院硕士研究生

**内容提要**：人类现代化过程中生态问题以前所未有的紧迫性显现在我们面前，生态学马克思主义认为，资本主义制度的反生态性是当今生态问题的关键所在，随之而来的是技术的非理性运用和消费价值观的异化，生态社会主义的构建在于协调人与人的物质利益关系，实现人与自然的和谐相处。但是只有实现生态民主的平等理念，才能真正意义上实现"人类整体性"的生态正义的社会。

现今生态问题的日益严重，已经引起了人类的广泛关注，人们开始思索生态问题的根源，探索解决生态问题的办法。资本主义制度下的技术的非理性运用，以及随之而来的人们的消费主义文化和生存方式的异化逐渐出现在人们的生产生活中，究其根源是资本主义制度的反生态性以及资本主义制度下的生产方式带来的负面效应。资本主义的制度成为生态问题的根本所在，基于制度批判为核心的技术批判和消费批判是服从且服务于资本主义制度批判的。因此，解决生态问题的关键就在于社会制度的变革，资本主义制度向生态社会主义制度的过渡，协调处理人与人的物质利益的关系，建设生态社会主义，实现人和自然的协调发展。

## 一、资本主义制度下的资本主义生产方式的反生态性

生态学马克思主义态度鲜明地指出生态问题的根源是资本主义制度,因此一切生态问题都是围绕对资本主义制度批判展开的。对于制度批判,生态学马克思主义从不同的角度论证了资本主义制度和资本主义制度下的生产方式的不正义性和反生态性。

首先,私有制为基础的商品经济决定了商品经济的本质或者目的是交换。社会分工条件下,从事商品生产的生产者相互联系、相互依存,每一个商品劳动者的劳动都是社会生产的一部分。然而,由于所有制下生产资料的私有制,私有的资本家对私有的生产资料有绝对的控制,资本家按照自己的利益的最大化进行生产,这就使得生产具有私人性质。私有制下的社会劳动使得商品的价值实现是以交换为前提的,只有交换的实现,商品的价值才能最大化的实现。商品的根本的属性不再是为满足人们的基本生存需求,而是通过交换实现价值,追求利润的最大化。

资本主义制度下的以私有制为基础的商品经济决定了生产的目的已经不再是满足人们的根本需求。为实现财富的增值,生产的目的是为了获取更多的利润,而要实现这一目的就必须通过商品的交换这一行为来实现。商人关注的重点是如何使商品通过交换这一行为顺利地实现商品的价值,而对于商品的使用价值是否能够实现,商人则不再更多的关注。此时,使用价值被迫让位于商品的交换价值。"资本主义生产的目的并不是建立在满足人们基本生活需要,特别是穷人的需要的基础上的,而是把追求经济无限增长和利润看作是生产的目的"[①],商品的生产是以财富的累积为目的,穷人没有财富去购买商品来满足自己的基本的生活需求,在基本的生活需求得不到满足的情况下,穷人为维持基本的生存被迫地采取极端的方式从自

---

① 王雨辰.生态学马克思主义与生态文明研究[M].北京:人民出版社,2015:32.

然中获取生存资料。这种以交换为最终生产目的的商品经济忽视人的基本生存需求,商品的交换价值取代使用价值成为商品经济舞台上的主角。这种异化的价值模式中商品的使用价值在未被完全消耗时就被遗弃,取而代之的是商品的社会价值。资本主义下的生产不再是正义的,异化的价值模式也是反生态性的。

其次,资本为追求更多的剩余价值和利润必然地会不断地扩张,而这种资本主义的生产方式是自然环境所无法承载的,这就决定了资本主义制度下的经济的发展对于环境的掠夺式索取,不可持续的发展模式最终将导致资本与资源和环境的交换裂缝①。资本的扩张本性的属性决定了这种断裂性的交换中断最终将以环境的枯竭式索取为句号。

资本主义的内在矛盾,即生产社会化和生产资料的私人占有之间的矛盾也决定了资本主义制度的反生态性。资本生产社会化在最大程度上提高了劳动生产率,提高了资本的运作效率,加快了资本积累的速度,资本追求剩余价值和利润的本性得到了最大程度的满足,而生产资料的私人占有使得社会化生产的产品归个人所有,生产的目的不是为了满足人的基本的生存需要,而是追求利润的快速增长。资本主义的内在矛盾以及资本追求利润的本质,使得资本主义的生产方式无限的扩张,不断地投入原料和资本。福斯特强调,资本主义的现今的生产方式是严重的依赖资源密集型和资本密集型的工业,扩张性的发展模式必然要以投入更多的原材料和能源为前提,这种原材料无论来自本国还是国外②。

资本主义的这种生产模式对于环境能源供应的要求远远超过了环境本身所能负载的极限,矛盾就不可避免。环境的自我恢复的周

---

① 约翰·贝拉米·福斯特. 生态危机与资本主义[M]. 耿建新,宋兴无,译. 上海:上海译文出版社,2006:3-4.

② 约翰·贝拉米·福斯特. 生态危机与资本主义[M]. 耿建新,宋兴无,译. 上海:上海译文出版社,2006:24.

期远不能负荷资本对于环境的索取速度,于是,涸泽而渔、焚林而田的情况便不胜枚举。自然的馈赠无法满足资本逐利的增长速度,"自然"被资本化,它不再作为主体存在于世界,而是服务于资本主义下的生产方式的客体,这种反生态性的环境观指导下的不正义的生产方式在本质上就是反生态性的。资本主义制度下的生产方式与自然环境的矛盾是由其根本性质决定的,是不可调和的,要实现其可持续性的发展,就必须变革资本的社会制度,即资本主义制度。

## 二、资本主义制度下技术的非理性运用和消费价值观的异化

### (一) 技术的非理性运用

生态学马克思主义学派与其他的生态学研究最鲜明的不同点在于他们旗帜鲜明地指出资本主义制度是生态问题的核心,制度批判是生态学马克思主义的最核心议题。在此基础上,西方生态马克思主义又进一步地提出了技术批判和消费批判的新视角,需要明确的是技术批判和消费批判是服从于且服务于制度批判的。

两次世界大战,人类付出了惨痛的代价,之后深刻地意识到了科学技术在带来积极的社会作用的同时,也随之伴随一些不可忽视的负面影响。时至今日人类仍然没有掌握有力的控制手段来克服科学技术给人类带来的消极影响,人们开始从狂热的科学技术的迷恋中清醒过来,并开始反思技术的本质以及它所带来的一系列社会问题。

不可否认,科学技术在人类发展进程中的重要作用,每一次科学技术的进步都不同程度地引起了生产方式、生活方式和思维方式的深刻变化和社会的巨大进步。科学技术的运用实现了生产力的跨越式发展,推动了社会的飞速进步,但其负面的消极影响也不容忽视。生产力的飞速发展伴随着人类对于自然资源的极尽掠夺式的使用;工业的污染排放所导致的水体的污染、空气的雾霾现象、草场的沙漠化等自然环境的破坏;克隆技术、基因工程等所带来的伦理问题也不

容忽视。人类在享受科技带来众多福利的时候,惊恐地发现它所带来的破坏也是可怕的。然而,需要明确的是科学技术所带来的这一切并不是它本身必然导致的,生态马克思主义者认为,科学技术的运用有一定的负面影响,但并不足以必然地导致生态危机,生态学马克思主义理论者认为生态问题是资本主义制度下的为追求剩余价值对技术的非理性运用所导致的。"技术的运用是建立在以资本为基础上的特殊利益集团之上的,技术理性既被用来控制自然资源的占有,同时也被用来控制人的消费需求。资本对利润的追求,也决定了技术运用必然会走向非理性,进而导致对自然的非理性的开发和利用,最终导致生态危机。"①

科学技术的运用使得生产力得到了极大的提升,单位产品的价格下降。同时科学技术的使用也使得产品更新换代的速度加快。商品的自然价值被迫让位于社会价值,商品在它本身的使用价值没有得到发挥时就被人们搁置,取而代之的是它的社会价值。资本主义市场经济下的商品经济社会,商品的社会价值开始成为主导,它背离了自然价值而拥有了独立性。最明显的例证是,现实中,人们对手机的使用这一点:随着手机的生产效率的提高,价格下降,越来越多的人手机更换变得很频繁;同时手机生产商为了进一步地刺激消费,不断地推出性能、外观、运行等各个方面更加完善的新款机型,手机的更新换代也进一步地刺激消费者更换手机,追求更新的体验,更好的服务。而这种模式下就必然地导致商品的自然价值得不到完全的实现,造成资源的浪费,物不尽其用,而这都将成为我们生态环境的承重的负担。

追求利润,使得科学技术非理性运用。一方面新产品不断开发和生产需要开发资源,另一方面,旧的产品也需要自然去分解和消解,在科学技术的刺激下产品更新速度远远超多了自然所能负荷的,

---

① 王雨辰.生态学马克思主义与生态文明研究[M].北京:人民出版社,2015:35.

这将带来生态问题的不断恶化。技术的非理性运用也带来了市场上假冒伪劣产品的横行。不法商贩通过各种渠道利用现有的技术,偷工减料,以次充好,滥竽充数,导致市场上的假冒伪劣产品愈演愈烈。商品的使用价值是价值的物质承担者,没有使用价值的商品是没有价值的,假冒伪劣产品没有使用价值或使用价值和人们对它的消费期许不相符合,这就导致其使用的周期将会大幅度地缩减甚至根本不能使用,生产假冒伪劣产品所耗费的能源资源就被极大的浪费,这也给自然环境带来了沉重的负担。

资本主义生产方式追求剩余价值的绝对规律,也决定了资本主义制度下的技术的使用是不可能按照生态的选择进行的。技术的应用加快了资本的增长速度,加快了对自然资源的掠夺的速度,一旦人们向自然界索取的速度超过了自然系统本身的循环更新的速度,生态环境就必然地会遭到破坏。资本积累加速了生态环境问题。资本主义制度下的技术运用是服务于资本主义制度的,霸权政治下个别国家利用科技发明武器、发动战争、攻打其他国家,给别的国家造成毁灭性的生态及社会的破坏。全球化背景下,资本主义国家利用技术优势,肆意掠夺落后国家资源服务于本国的经济,加剧了全球的生态环境问题。

(二)消费价值观的异化

和技术批判一样,生态学马克思主义对于消费价值观的批判是和资本主义制度批判结合起来的。当今的资本主义制度之下盛行的扭曲的消费观是和资本制度密不可分的,而这种异化的消费观念从根本上是反生态性的,带来最直接的影响就是生态的异化。生态学马克思主义指出,资本主义制度之下的异化劳动导致人的消费观的异化,这种价值观的指导下忽视了劳动是自我实现价值的根本方式,而把自我的实现建立在异化消费的基础之上。异化消费的无限性扩张是生态系统根本无法承受的,异化消费下的不可持续性的发展最终将导致生态危机。

马克思指出,劳动是人的自由自觉活动和本质,人在劳动中实现自己的价值,而资本主义的生产过程的劳动异化使得人与劳动实现了分离①。资本家伪装在剩下价值面具下购买自由劳动者的劳动,对其进行剥削,获取剩余价值与利润。劳动成为劳动者的枷锁,人在劳动中无法实现自我的价值②。

"劳动-闲暇二元论",人们在劳动中失去了自由表达的能力,人的劳动变得痛苦,此时劳动已经不能帮助人实现自我的价值,人被迫通过另一种方式来满足自我,借以慰藉自我压迫下的单调乏味的劳动生活,消费行为在此便登堂入室,消费的行为使得劳动者在繁重苦痛的劳动中暂时地解脱出来,感官的享受让劳动者得到了满足,消费的行为让劳动者获得虚幻的幸福感,而这种消费的享受又迫使劳动者不得不继续投入到繁重的劳动中。例如,现今在欧美国家盛行的一种理念"拼命工作、拼命消费",工作作为劳动的一种最直观的形式,在人们通过自己的劳动获取到报酬后,通过消费的行为满足自己的基本的生存生活需要,实现自我的发展,而在这种异化的消费心理下,消费成了工作的一部分,这种异化模式必然导致人们的毫无节制、无所顾忌的浪费性消费行为。

异化劳动下的人们异化的消费观使得人们依靠浪费性的消费行为来实现自我,这种消费模式根本性的是反生态的。进一步的研究发现,资本主义制度下异化的消费行为是资本主义制度得以维持所必须的。消费的行为使得商品经济中的商品的价值得到实现、资本积累和继续投资,而这将又进一步强化已经严重的生态危机。

资本主义下的异化消费是服务于资本主义的统治的,消费行为使得劳动者的幸福感得到了最大化的满足,劳动者"心甘情愿"地投

---

① 马克思,恩格斯.马克思恩格斯全集:第42卷[M].中共中央编译局,译.北京:人民出版社,1979:90.
② 马克思,恩格斯.马克思恩格斯全集:第42卷[M].中共中央编译局,译.北京:人民出版社,1979:91.

入劳动中,矛盾得到了缓和。同时,不断增长的消费需求也推动了商品经济的发展,资本主义经济得到了进一步的发展,资本主义的统治得到了巩固。

资本家为了不断地刺激消费,通过广告和产品不断的更新换代等方式蛊惑、引诱和强制了人的消费行为。最开始劳动者只是为了满足生存发展的需要,之后通过购买产品实现物质和精神的双重愉悦。奢侈品的出现,人们的这种持续的非理性的消费行为,最终商品的使用价值得不到物尽其用,最终要以环境资源为代价。马尔库塞在《单向度的人》一书中提出"真实需求"和"虚假需求"[1],指出西方人的真实的消费需求已经被资本虚幻化成虚假的需求,疯狂病态的消费行为给人们带来了人的短暂的刺激性的幸福感。西方世界的人们的消费行为不再是一种实质性的行为活动,它开始成为一种象征性的符号,消费行为开始是一种身份的象征,一种满足人的虚妄和虚荣的手段。"告诉你我扔了什么,我就会告诉你,你是谁。"[2]这种浪费性的消费价值观指导下必然会导致资源的极大浪费,这种不可持续性的消费模式使得浪费性的消费行为成为一种风尚,资源得不到充分的使用。自然资源的有限性决定了非生态性的消费模式终将会以掠夺式索取方式来满足消费需求,破坏自然原有的生态系统,从而导致生态危机。

## 三、生态问题的解决途径——构建生态社会主义

生态马克思主义在深入分析论证生态相关问题的基础上,进一步地提出了生态问题的解决途径,即建立生态社会主义。生态社会主义是指在满足人的基本需求的基础上,恰当地处理人与自然的关系,进一步推动生态环境与经济建设的良性可持续循环发展。

---

[1] 赫伯特·马尔库塞.单向度的人[M].刘继,译.上海译文出版社,2008:7.
[2] 本·阿格尔.西方马克思主义概论[M].慎之,等译.北京:中国人民大学出版社,1991:439.

首先,要明确商品的生产目的是为了满足人的基本需求,商品的使用价值的实现是一切商品的生产目的。生态问题产生的重要原因是由于资本主义制度下的商品经济以交换关系为主导的非正义性的生产所带来的人的发展的片面性。以"物的依赖性"为特征的人的片面性发展所带来的人的价值理念的偏差①、技术的非理性运用和消费观的异化最终都以生态为代价。生产的目的影响生产的模式,生产的目的是正义的,生产的模式就是可持续的。因此,生态问题解决要求资本主义的制度变革,随之而来,资本主义制度下的私有制的生产也相应地与之改变。只有制度的变革才能从根本上解决技术的非理性运用和人的异化消费的价值观。只有实现制度变革后,技术才将会被重新地作用于生产力的发展,可持续性的发展模式下技术的理性运用也将最大限度地推动社会的和谐发展,而不再是资本制度下的、仅仅服务于资本攫取利润的工具。

其次,生态社会主义的构建要求人们在马克思主义人的需求理论的指导下,从资本主义制度下的不真实的虚幻需求中摆脱出来,回归人的真实需求,从而实现人的全面发展。资本主义社会中劳动者的劳动是痛苦的,劳动者在劳动中不能满足自己的独立与真实的需要,为缓解苦闷,劳动者选择用消费来刺激自我、蒙蔽自我,自欺获得理想的幸福感。这就需要劳动者从被牵引和控制的异化消费中摆脱出来,回归正确的消费模式和价值观,克服人和自然的异化,实现人与自然的可持续发展。

最后,发挥工人阶级在环保活动中的重要作用。生态马克思主义认为,生态问题的根源在于资本主义的制度,资本主义制度下的资本家为缓解环保压力而被迫采取的应付性的环保活动只能是表面文章,不能从根本上解决生态问题,甚至某些资本家借口环保活动反而

---

① 马克思,恩格斯. 马克思恩格斯全集:第46卷(上)[M]. 中共中央编译局,译. 北京:人民出版社,1980:197,518.

更进一步地攫取资源、破坏环境。资本主义的阶级局限性决定了他们不能承担起生态环保运动者的重担,此时必须将工人阶级唤醒,发挥工人阶级的伟大力量,从根本上认清生态问题的根源,改变以往的资本主义制度下的资本家的高度集中的生产模式,从生产的源头开始要求工人阶级进行决策参与①,工人阶级的民主的决策和管理将会最大限度地推动生产的可持续性发展,对生态问题的解决起到重要的作用。

通过以上的分析,生态社会主义对于生态社会主义的构建主要在以下三个方面:第一,破除资本主义制度和生产方式的不正义性和不公平性,资本通过控制自然资源服务于资本主义制度,而带来的结果就是生产的不正义性。生态社会主义在实现资源合理分配的前提下,将生产的目的回归于满足人的基本生活需求。第二,从异化的消费观中剥离出来,在制度变革的前提下变革压迫性生产方式,使人们在劳动中得到自我的满足,而不是在异化的消费中麻醉自己。第三,将生态运动和社会主义运动有机地结合起来,发挥工人阶级在生态运动中的重要作用,实现资本主义生产方式的民主化。

## 四、"批判-构建"后的反思

不可否认,西方的生态学马克思主义以其鲜明的理论视角批判了资本主义制度所带来的生态问题,其鲜明的马克思主义立场、观点、方法是我们应当研究与借鉴的,但同时我们也要看到它的理论存在的缺陷。首先,生态社会主义的构建并没有真正地解决在资本处于绝对的控制地位下,工人阶级依靠何种力量来实现资本主义生产的生态化,实现生产决策的民主化。如何真正意义上地实现这种社会性的变革,如何真正让工人阶级参与到生产决策当中去,激发工人的劳动热情,摆脱异化消费的控制,这还存在着很多的未知的领域需

---

① 王雨辰.生态学马克思主义与生态文明研究[M].北京:人民出版社,2015:326.

要我们研究探索。生态学马克思主义建构的生态社会主义有一定的进步意义,但是缺乏实现这一目标的切实可行的实际操作方案,带有一定乌托邦性质。

对于技术运用的问题,有很大一部分生态学马克思主义学者认为对于技术的运用要与生态相适应,"适应性的技术"实质是对科学技术的排斥,一方面强调科学技术本身并不带来生态问题,另一方面对于技术的使用又不是无限制的,要求在适应生态的基础上的有限制的使用,这实则陷入了技术的悲观论中,造成理论的自相矛盾。生态学马克思主义缺乏对于马克思主义相关理论的足够重视和深入的研究,因此它的理论存在着一定的缺陷。深入地探索研究马克思主义的生态理论的内涵就是摆在当前理论工作者面前的一个重要的议题。

生态问题的解决以生态社会主义的构建为核心,生态学马克思主义的核心是社会制度的批判,而制度的变革应当以价值观为前提。当前人对自然绝对控制主宰下的掠夺式思维模式使得人们形成了一系列错误的劳动观、技术观、消费观、幸福观。在错误价值观的指导下人们为满足自我的利益无所顾忌,肆意妄为,全然不顾其行为对自然和社会造成的影响。同时,资本主义社会制度不仅强化了人对于自然的机械控制的价值观念,为了掩盖资本逐利的目的,将人们引向无止境的异化的消费中,借以寻求空虚的幸福感和满足感。在这种价值观指导下,人们无法真正处理好劳动、消费、幸福的关系。

生态社会主义幸福观是为生态社会主义而服务的,它是以人和自然的和谐相处为基本条件的。人类任何的幸福都是建立在一个适宜的生存环境之上而言的,试想当一个人生存的环境已经恶化到不足以维持他的生存,那他的生活幸福都是无稽之谈。只有基本的生存环境得到保证后,才可以进一步探讨生态社会主义的幸福来源。资本主义社会下人们在疯狂、病态的消费中麻痹自己以获取短暂的感官的刺激,这种自我催眠下的异化的幸福不是真正的幸福。幸福的来源必须回归到劳动中,在劳动中获得的幸福才是真实的、持久的。

社会制度变革后实现的生态社会主义社会中劳动者在劳动中不再是压抑的,建立在平等基础上的劳动赋予任何劳动者以平等的社会地位,劳动中的劳动者是被尊重和肯定的,劳动这一最为直接和最为普遍的社会实践活动成为劳动者实现自我的主要途径,劳动者在劳动中获得最大的满足和幸福。在劳动中获得幸福后要想幸福成为永续性的,人们必须改变之前错误的消费观,异化的消费模式被理性的消费模式所取代,可持续性的理性消费将不再是生态环境的负担,生态问题将会得很大程度的缓解。任何一个社会的变革必然以价值观的变革为先导,在生态价值观的指导下实现人们的行为方式的改变,继而实现社会的变革。

生态社会主义幸福观指导下的社会变革要求改变现有的不平等的政治"民主",于是生态民主运用而生。生态民主在人与自然关系问题上践行民主的核心精神——平等,用平等的理念来审视和处理人与自然的关系。同时,生态民主不仅要发挥工人阶级在生态运动中的重要作用,还要发挥全世界人民的作用,对于生态问题的解决不再局限于一个国家、一种制度,而是全世界人民共同参与。任何一个地区、一个民族都不足以解决人类文化危机下的全球性的生态问题。当今资本主义制度下的工人阶级已经很大程度上衰落和同化,工人阶级实现社会变革的原动力已经消失,工人阶级对于资本主义生产体系的反抗并不是从其阶级属性和劳动实践中获取力量,而是在其社会物质生活受到剥削压榨后的后知后觉的抵抗,而这微弱的力量根本不足以实现社会的变革。因此,必然的要发动其他的社会阶级参与到生态运动中,调动人们的积极性,发挥全人类的共同的力量保护生态环境,解决生态问题。当今的生态问题已经成为全球性的问题,它要求全世界人民平等地联合起来共同解决。

以"人类整体性"为原则构筑的生态正义的理想社会,以马克思唯物主义自然观为指导,坚持人类中心主义和人本主义思想,平等、公正、合理地处理人与自然的关系。人与自然处于一个共生的生态系统,人类对于自然有开发利用的权利,同时,对于自然也有保护的责任和义务。生态正义[①]的社会不仅仅是简单的体现在人与自然、人与人的关系上,它是建立在以生态资源公平分配为前提的人与人的社会关系上的正义。生态正义的社会要求实现生产资料公有制的生产关系,变革资本主义制度下生产资料归私人所有的所有制模式,资源的分配不再是在资本的绝对控制下方向性的流动,而是自由自觉地在社会中实现公平的分配。生态社会主义只有建立在生态正义的原则下,生态社会主义可持续发展的理性诉求才能实现。

## 总结

资本主义的自我增值扩张的本质属性决定了资本主义的生产方式是反生态的,这是生态学马克思主义研究当今生态问题的关键之所在,资本主义制度下对自然的掠夺式的发展模式终将导致自然和社会的异化发展,借助于制度批判视角,生态学马克思主义进一步将批判的视阈扩展到技术和消费等领域,批判视阈下在明确了生态问题的核心论题后探寻生态问题的解决办法,构建生态社会主义。探讨人的全面发展和生态社会的可持续发展的结合点和可能性,在满足人的基本需求的基础上实现人与自然的和谐相处推动生态社会的可持续发展。生态问题实质上是人与人、人与社会矛盾关系下的产物,协调物质利益关系,构建完善的生态社会主义制度是生态问题解决的关键。生态问题的解决以生态社会主义为核心,生态社会主义可持续发展的理性诉求在生态社会主义幸福观指导下,践行生态民主的平等理念,真正实现"人类整体性"的生态正义的社会。在当今社会生态问题日益严重的社会背景下,对于生态学马克思主义的理

---

① 廖小平.代际伦理刍议[J].哲学动态.2002(1).

论研究有助于我们明确当今资本主义制度下生态问题的根源,在生态学马克思主义的批判视阈下寻找社会制度下的社会现实与生态可持续发展的契合点,明确当今人类的生存境遇和历史任务:实现生态正义,解决生态问题。

专题四

国际比较视野中的中国绿色发展及话语体系

# 全球生态合作共治：
# 价值、困境与出路

方世南

苏州大学马克思主义研究院教授

---

**内容提要**：人类在全球性生态危机面前已结成真正意义上的命运共同体——人类生态命运共同体，全球生态合作共治的时代已经来临。充分认识全球生态合作共治的重大价值，将问题意识与建设意识紧密结合起来，正视全球生态合作共治面临的现实困境，探寻全球生态合作共治的路径，有助于构建全球生态合作共治的利益共同体、责任共同体、共享共同体，促进全球生态民主和生态法治的发展，从而以全球生态合作共治的合力拯救濒临失衡的地球，保护全球居民共同的生态权益，确保全球生态公正和生态安全，将全球生态这块公有地真正建设成为公共福地。

---

以齐格蒙特·鲍曼（Zygmunt Bauman）所揭示的流动的现代性为显著特征的声势浩大的全球化运动，既在经济、政治、文化等诸多领域全面展开，也在生态层面表现出来，生态全球化时代已经到来。这同时意味着乌尔里希·贝克（Ulrich Beck）所说的全球风险社会特别是生态风险社会的来临。生态风险全球化指的是生态风险并不会因为世界上各国和各地区的大小强弱、贫富贵贱而有所选择地降临，而会超越区域的、民族的和国家的界线，发生在地球上任何一个空间场所。人类已经生活在如同 K. 波尔丁（Kenneth E. Boulding）所描

绘的"地球宇宙飞船"上，组成了真正意义上的命运共同体——人类生态命运共同体。为此，国际社会需要以当代整体性视野来重新审视人与自然的关系、人与社会的关系以及人与人的关系，以全球生态政治的宏大眼光通力合作，倾力拉开全球生态合作共治的帷幕。充分认识全球生态合作共治的重大价值，以强烈的问题意识与建设意识紧密结合为导向，正视全球生态合作共治面临的一系列严峻困境，寻找推动全球生态合作共治的主要路径，对于构建人类生态命运共同体，形成全球生态合作共治的利益共同体、责任共同体、共享共同体，发展全球生态民主和生态法治，以全球联合行动的合力拯救濒临失衡的地球，有效保护全球居民共同的生态权益，确保全球生态公正和生态安全，将全球生态这块公有地真正建设成为公共福地，都具有十分重大的理论意义和现实价值。

## 一、人类生态命运共同体：全球生态合作共治的价值诉求

人类生态命运共同体与全球生态合作共治是一个问题的两个方面，两者具有内在紧密联系。人类生态命运共同体是在生态危机成为全球性危机态势下形成的。世界作为一张具有普遍联系和相互作用的由"自然——社会——人"所组成的关系网络，在全球严重生态危机面前，已没有任何地区、集团、民族和国家可以超脱于这场生态危机之外而独善其身。有鉴于此，必须展开全球生态合作共治，即世界各国摒弃意识形态差异和各自利益诉求，增强人类生态命运共同体意识，充分发挥各自优势，凝聚生态治理智慧，采取国际分工、国际合作和国际技术互补、国际生态治理协商民主等方式形成整体合力，应对和解决全球性环境污染，整体提高全球生态治理绩效，将生态危机转化为有助于全球绿色发展的良好契机。

人类生态命运共同体与全球生态合作共治的理念是由问题倒逼而产生的。当代社会，全球工业化、城市化、现代化狂飙突进式的推进充分显示了一百多年前马克思认定的现代化本质上是工业化的结

论。美国《国际社会科学百科全书》刊载的"现代化"条目中解释现代化的第一根据就是用马克思在《资本论》第一卷第一版序言中的这句话:"工业较发达国家向工业较不发达国家所显示的,只是后者未来的景象。"①马克思将其称为是资本主义发展的客观规律,是"以铁的必然性发生作用并且正在实现的趋势"②。工业化导致了城市化以及马克思恩格斯在《共产党宣言》中所说的"四个从属于"现象:"资产阶级使农村屈服于城市的统治,它创立了巨大的城市,使城市人口比农村人口大大地增加起来,因而使很大一部分居民脱离了农村生活的愚昧状态。正像它使农村从属于城市一样,它使未开化和半开化的国家从属于文明的国家,使农民的民族从属于资产阶级的民族,使东方从属于西方。"③以工业化为主导和为标志的城市化、现代化不断地冲破单个的、区域的、民族的和国别的界限,而将全球连接为一个联系越来越紧密的有机整体,与此同时,因人类过多地向自然界掠夺和索取而不管其承受能力,日益加剧了人与自然之间的矛盾和对抗,在资本主义经济危机不断产生的同时,资本主义生态危机也不断爆发出来。社会主义国家在推进工业化、城市化和现代化的过程中,同样存在因人与自然关系紧张引发的生态矛盾。这说明只要进行工业化、城市化和现代化,资源、环境、人口之间的矛盾必然会激化,生态问题必然成为超越民族和国家以及社会制度和经济制度,超越宗教、文化和意识形态的全球共同面对的重大问题。全球区域发展虽然不平衡,但是,在经济发展过程中产生的污染总量却在与日俱增,全球生态环境已呈现出局部改善但总体恶化的严峻态势。在鸡蛋可以挑选而地球只有一个的人类生存和发展面临严峻挑战的境遇

---

① 马克思,恩格斯. 马克思恩格斯文集:第5卷[M]. 中共中央编译局,译. 北京:人民出版社,2009:8.
② 马克思,恩格斯. 马克思恩格斯文集:第5卷[M]. 中共中央编译局,译. 北京:人民出版社,2009:8.
③ 马克思,恩格斯. 马克思恩格斯文集:第2卷[M]. 中共中央编译局,译. 北京:人民出版社,2009:36.

中，全球生态命运共同体的格局已毫无争议地形成。

构建全球生态命运共同体因全球居民所共同面临的生态危机而日益祛除其乌托邦性质成为一个客观真实的问题。发生在20世纪30年代到70年代的世界八大公害事件，以环境污染造成的在短期内人群大量发病和死亡事件的骇人听闻的生态灾难降临到全球所有的公众面前，向全球惊醒地提出了是按照目前在污染中发展的模式中继续运行从而一直走向一座无绿色的坟墓，还是正视人类生态命运共同体面临的深刻危机，采取全球生态合作共治方式促进人与自然和谐，从而将公有的悲剧转化为人类公共的福地的全球性问题。鉴于整个世界上所有人群都面临着不可摆脱的两大关系即人与自然关系和人与社会关系，而这两大关系都折射出深刻的利益关系，反映了只有以全球生态命运共同体作为价值追求，才能唤起全球生态合作共治的责任意识，创设全球生态公正格局，促进全球性生态安全，切实地维护好、实现好和发展好全球居民的生态权益。

生态问题是最典型的全球性问题，地球这个人类赖以生存和发展的星球也是最典型的全体地球村民的公有地。空气、水每天都在进行无国界的流动，沙尘暴和固废污染都具有极强的扩散能力与一定的流动性。目前全球生态问题正以全球性、超越意识形态性和具有对于全球居民严峻挑战性的基本特征呈现出来，要求非得以全球生态命运共同体的构建加以应对和解决不可。从生态问题具有的普遍联系和相互影响的关系看，某一个局部性、区域性、民族性和国别性的生态问题都有可能逐渐波及全球，成为全球性的生态灾难，如热带雨林被毁会促使地球温室效应程度增加，破坏正常的气候和生物的多样性，从而促使整个人类的生态恶化。目前全球相继出现的温室效应、大气臭氧层破坏、人口爆炸、土壤毒化和侵蚀、森林锐减、陆地沙漠化扩大、水资源污染和短缺、生物多样性锐减等生态问题，不是短时期形成的，都是通过"积跬步而至千里"和"积小流而成江海"的发展趋势形成的。同样，这些全球性的生态问题也不可能短时期内予以解决,而需要全球生态合作共治久久为功的持续努力。

因全球性生态危机而构成的全球生态命运共同体内在地要求具有不同社会制度和意识形态的地区、民族和国家在"类难当头"的境遇中必须摒弃民族的、集团的、区域的和国家的价值偏见,超越作为观念上层建筑的意识形态的意见分歧,尤其是防止意识形态将生态问题任意地政治化、国别化和情绪化,以全球生态命运共同体的价值诉求整合多元思想意识,携手通力合作,共同推进全球生态问题解决。正如《人类环境宣言》中所说:"保护和改善人类环境是关系到全世界各国人民的幸福和经济发展的重要问题,也是全世界各国人民的迫切希望和各国政府的责任。"[①]

构建全球生态命运共同体的价值目标是确保全球生态安全以及维护好全球居民的生态权益。全球性生态问题影响全球生态安全和全球居民的生态权益。美国生态安全专家诺曼·迈尔斯(Norman Myers)在《最终的安全——政治稳定的环境基础》一书中指出:"安全的保障不再局限于军队、坦克、炸弹和导弹之类这些传统的军事力量,而是愈来愈多地包括作为我们物质生活基础的环境资源。这些资源包括土壤、水源、森林、气候,以及构成一个国家的环境基础的所有主要成分。假如这些基础退化,国家的经济基础最终将衰退,它的社会组织会蜕变,其政治结构也将变得不稳定。这样的结果往往导致冲突,或是一个国家内部发生骚乱和造反,或是引起与别国关系的紧张和敌对。"[②]诺曼·迈尔斯以生态与政治联姻的方法论看问题,提醒人们特别是提醒各国政治家,必须充分认识人民的生态权益和生态安全在国家总体安全与国际总体安全中的重要性、紧迫性以及特殊地位,通过构建人类生态命运共同体来夯实全球政治稳定的生

---

① 万以诚,万妍.新文明的路标——人类绿色运动史上的经典文献[M].长春:吉林人民出版社,2000:1.

② 诺曼·迈尔斯.最终的安全——政治稳定的环境基础[M].王正平,金辉,译.上海:上海译文出版社,2001:19-20.

态基础,以推动人民生态权益的实现、国家结构的稳定以及促进国际关系的健康发展。

## 二、理念、制度和实践的偏颇:全球生态合作共治的困境

全球化带来了如同吉登斯所说的"时空压缩"现象,国与国之间相互依存度的加强,生态危机对全球居民共同的重大威胁,客观上都成为推动全球生态合作共治的重要契机和强大力量,全球生态合作共治实质上是对生态风险全球化的一种积极回应。在全球生态危机面前,全球生态合作共治已露端倪,但是,目前仍处于步履艰难和进展甚微的困境之中,在全球生态合作共治理念、全球生态合作共治制度和全球生态合作共治实践等方面都存在一系列急切需要破解的难题。

从理念困境看,全球生态合作共治的全球利益意识和全球责任意识亟待加强。

全球生态合作共治的全球利益意识缺失是影响全球生态合作共治的最为重要的因素。按照马克思的观点,人们奋斗的一切都与利益有关,"'思想'一旦离开'利益',就一定会使自己出丑"[1]。丘吉尔说过这样一句非常深刻的话,我们没有永恒的敌人,没有永恒的朋友,唯一永恒的是我们的利益。生态危机主要是利益冲突引起的,全球范围内的生态危机是各国经济利益冲突在生态领域的深刻反映。因此,透过生态危机的各种现象把握利益冲突这个本质,就抓住了当代生态矛盾凸显和生态危机频发的实质与关键。在生态问题上的利益冲突主要表现为各国面对有限的生态资源以及在生态治理上的巨大投入,必然呈现出民族利益、国家利益与全球利益,目前利益与长远利益,局部利益与整体利益,经济利益与社会利益,生态利益与人

---

[1] 马克思,恩格斯.马克思恩格斯文集:第1卷[M].中共中央编译局,译.北京:人民出版社,2009:286.

类利益的矛盾冲突。各国特别是以美国为首的西方发达国家专为本国利益着想的思维方式和实践方式是影响全球生态合作共治的重大观念阻力。事实上,有限的全球资源使世界各国都能公平地共享是很难做到的,而国家主权的独立性与国家利益的全球性的矛盾在生态问题上也格外凸显出来,围绕争夺水资源、土地资源、石油资源、森林资源、煤炭资源、矿石资源等生态资源的斗争从古至今都没有停息过,相反却越来越激烈。美国之所以退出《京都议定书》,最根本原因还是出于国家利益的比对,因为该议定书有助于美国竞争对手获益而使美国自身利益受损。全球环境保护技术的研发和运用,有利于环保技术发达的欧洲,而对美国来说却不占优势。另外,该议定书的实施会直接打击作为美国重要支柱性产业的能源工业,美国是绝不舍得在这一重大利益上受损的。实施该议定书还必然会强制性地改变美国国民的非绿色生活方式和消费方式,影响到美国的消费市场,从而不利于美国的就业、税收等。总之,国与国之间对于各自利益的算计,特别是想以牺牲别国利益来满足自己利益的利己主义以及只考虑局部利益而忽视全球整体利益的想法,都是目前阻碍全球生态合作共治的重要观念阻力。

  利益意识与责任意识是紧密关联的。全球生态合作共治的责任意识不强,使全球生态合作共治乏力。全球生态合作共治的责任意识集中体现在,面对资源的有限性和发展的无限性,必须既对当代人的生存和发展负责,又要对下一代以及子孙后代的生存和发展负责;既要对国内的生态治理负责,还要对全球生态治理负责。生态合作共治的价值追求是达到人类可持续发展。而可持续发展从时间序列看,要注重代内价值与代际价值之间的连续性和延续性,要求不能以牺牲后代人的利益来满足当代人的利益;可持续发展从空间序列看,要注重国内价值与全人类价值的协调性和均衡性,要求不能将本国的价值与全人类的价值对立起来。国际社会确立的应对气候变化基本准则是各国"共同但有区别的责任"原则,这是从客观实际出发提出的，体现了在生态治理问题上的客观性和公正性立场。其宗旨是要求世界各国要从全球利益出发，以整体性和历史性眼光认真对待全球气候变化。发达国家在长期工业化过程中无节制排放以及通过产业转移污染别国的做法，对全球气候变暖带来重大影响，无论是历史责任还是现代责任，发达国家都不应推诿。当然，那些正在追赶现代化潮流的不发达国家也要对全球生态优化尽到自己的责任和义务。目前，在全球气候变化谈判等生态治理问题上意见分歧，导致难以形成思想共识和集体行动的重要原因，是与各国特别是发达国家全球责任意识不强有关。而在自然资源利用上的杀鸡取卵、竭泽而渔的做法，在生态治理上的以邻为壑和各人自扫门前雪所谓洁身自好的做法，在生产和消费方面的生产主义、消费主义、浪费主义、个人主义、拜金主义、享乐主义等等非绿色的做法，都与全球生态责任意识缺失有关。

从制度困境看，全球生态合作共治的制度欠缺、制度设计不合理、制度权威性不够以及制度缺乏执行力是全球生态合作共治的制度性障碍。

目前全球生态合作共治还存在着许多制度真空，如何解决市场经济发展对许多稀缺资源的要求与为了保障生物多样性和生态系统稳定而从全球视角加以管制的制度欠缺问题，如何推进全球生态治理的跨国界多元生态治理主体联盟组建的制度设计问题，如何促进全球绿色外交和生态治理信息共享机制构建问题，如何加强全球生态非政府组织的交流协商互动机制建设问题，如何加强对太空、深海、极地等全球生态公域这个薄弱区域的全球治理制度建设问题，如何构建全球性的涉及生态诉讼、生态审理、生态判决的国际生态司法制度建设问题，如何构建全球性的对违反生态制度的惩戒机制问题，等等，都是目前推进全球生态合作共治需要加强的重点制度建设问题。

全球生态合作共治的本质是全球生态民主治理，而目前因为在制度设计和诠释制度的话语权问题上民主化不够导致制度的公正性不足,使全球生态合作共治制度建设陷入了合法性危机、认同性危机和权威性危机。现在一些西方大国特别是美国在生态治理领域牢牢地掌握着全球生态治理制度的投票权、表决权、监督权、知情权和决策权,而广大发展中国家则处于全球生态治理制度体系的边缘位置,它们因享受不到与西方发达国家相应的生态治理权利而很难发挥应有的积极作用,同时,也导致全球生态治理制度缺乏应有的合法性,从而导致合法性危机、认同性危机和权威性危机,使全球生态合作共治以及相关制度陷入失范、失效和失灵的窘境。另外,制度的生命力在于执行,但是,鉴于全球生态治理制度存在的一些问题以及全球生态监督执法机构的缺失,加上有关的国际生态治理制度没有严格的惩罚性效力,只具有一定的软约束作用,因此一些国家对全球生态治理领域的有关生态国际法律就根本不当回事,将其看作纸老虎、稻草人、橡皮图章而不严格遵循,严重地制约了全球生态合作治理制度有效性的发挥,阻碍了全球生态合作共治的进度、质量和效能。

从实践困境看,全球生态合作共治中的各国利益与全球利益的价值冲突、各国个体理性和全球整体理性之间的矛盾碰撞都是全球生态治理实践中的普遍性的突出问题,阻滞着全球生态合作共治的实践进程。

全球生态合作共治显著地突显了全球整体利益影响下的整体理性与国别利益制约下的个体理性之间的内在矛盾。在生态公共物品和生态公共事务面前,各国相对于全球呈现出的是"个体理性",它并不能保证全球这一"集体理性",而往往导致集体的非理性结局。对于这个现象,哈丁的"公地悲剧"理论、囚徒困境理论以及奥尔森的多人在场反复博弈理论都揭示了全球生态合作共治集体行动存在的显著困境,生动形象地描述了个体实践行为尽管理性地追求最大化利益,但由于与整体利益相悖,仍然导致了集体公共利益受损的恶果,这说明了全球生态合作共治中的集体行动存在着困境。

在全球生态公共物品利用和治理问题上的搭便车现象也是不容忽视的重大实践困境。凯利·科格莱昂斯在《全球化与国际制度的设计》中指出:"所有的国家都能把大气作为排放场所,而所有的国家都能从温室气体的减少中获益。不管它们是否对这种减少做出过贡献。结果,大家都会有强烈的免费搭车企图。而在这种情况下,如果有良好的设计,国际制度就可能克服免费搭车的问题。"①

在全球生态合作治理中的实践困境还表现在发达国家虽然拥有绿色技术和生态治理本钱,但是不愿意无偿或有偿地提供给不发达国家,不愿意及时地伸出援助之手为他国的生态治理提供帮助。

## 三、全球整体知行合一:全球生态合作共治的出路

要有效克服全球整体性生态合作共治存在着的理念多元、制度赤字、规则滞后、行动迟缓、绩效不明显等状况,必须倡导全球整体知行合一,从理念、制度到实践紧密结合的高度开辟全球生态合作共治的宽广大道。

目前全球整体性合作治理在知行合一方面已经取得了相应成就。联合国于 1992 年支持成立了由 28 位国际知名人士组成的"全球治理委员会",如何加强全球生态合作共治是其重要内容之一。该委员会于联合国成立 50 周年之际发表了《我们天涯成比邻》报告,其将全球治理定义为"各种公共的和私人的个人与机构管理其共同事务的各种方式的总和"的说法得到了国际社会的广泛认同。全球生态合作共治要取得更好的绩效,必须进一步强化全球整体知行合一,进行包括从理念到制度再到实践的全方位变革。理念上要求强化全球整体性生态合作共治的认知,以全球整体性思维推进全球生态合作共治;制度上要以全球整体性生态合作共治的制度设计规范生态

---

① 约瑟夫·S.奈,等.全球化世界的治理[M].王勇,等译.北京:世界知识出版社,2003:250.

治理实践;实践上要以全球整体性集体行动提高全球生态合作共治的绩效。

首先,理念上要求强化全球整体性生态合作共治的认知,以全球整体性思维推进全球生态合作共治。全球生态合作共治,这个命题中的四个核心概念——全球、生态、合作、共治——都突出了整体系统性,全球这个概念强调的是打破民族的、区域的、国别的边界界限的有机整体;生态就是自然界的一定空间内生物与环境相互影响、相互作用和相互制约所构成的统一整体;合作是多元主体为了达到一定的目标和完成一定的任务而采取的联合行动,着眼于整体形成的合力;共治则是多元主体以利益产出为目的的联手合作的共同治理,强调的也是整体性和协同性。无论是生态环境作为全球整体性存在的人与自然关系系统还是人类作为整体性存在的类系统都突出说明,生态局部性的治理固然有助于生态整体性优化,但是,每一个局部并不能代表生态有机整体,只是注重局部生态治理存在着不利于整体生态系统优化的弊端。只有全球整体性生态合作共治才能真正解决生态系统的整体性优化问题。为此,需要全球增强合作共治意识,在全人类意识即类意识指导下推进全球生态治理协商民主建设。皮埃尔·卡蓝默(Pierre Calame)的《破碎的民主:试论治理的革命》从整体性民主和法治的角度提出了全球治理中的民主推进合作协同的思想。佩里·希克斯(Perry Hicks)的《迈向整体性治理》中针对局部治理中的碎片化现象提出了提升行为主体之间的相互依赖性而进行的民主协作治理。这些理论对于强化全球整体性生态合作共治的认知有着重大的价值观和方法论意义。全球生态合作共治有助于全球生态整体优化,是由全球整体性合作共治的价值功能决定的。安塞尔(Ansell)、戈士(Gash)等人认为合作治理是由六个方面紧密联系的内容所组成的,即针对某一特定的议题如公共政策和公共管理等问题,由政府等公共权力机构组织发起合作,治理主体包括利益相关的公共和私人部门,还涉及一些利益无关者,这些多元主体直接参与公共决策过程,而不仅仅充当公共机构的顾问,在公共舆论空间组织化运作中展开协商并要求共同参与,通过协商达到形成思想共识和采取共同决策之目的[①]。全球生态合作共治是从生态危机发生的根源以及生态治理方法论的角度提出的,是从客观世界作为一种整体性存在和发展过程,而生态系统的复杂性、多样性、跨区域、跨国界的流动性,单凭一个国家或一个地区的力量难以收到实质性改善,因而需要人类确立整体性思维联手合作治理确定的。马克思、恩格斯的社会有机体理论、社会全面生产理论、整体现代化理论,都从全球整体的高度揭示了"自然—社会—人"构成的有机系统,提出了要在自然—社会—人的相互依存、相互制约和相互作用中协调好各种关系,促进自然与社会有机体和谐运行,包含了促进自然解放、社会解放和人的解放的社会整体解放与整体文明进步的一种生态—社会—人类互动理念。因此,在生态治理问题上采取哈蒙主义的态度是不利于克服全球生态危机和促进全球生态环境整体优化的。[②]

其次,制度上要以全球整体性生态合作共治的制度设计、制度创新和增强制度执行力规范生态治理实践。全球生态合作治理要靠制度规则来保障。切实加强全球生态合作治理制度建设是全球生态合作治理取得良好绩效的关键。全球生态合作共治的过程就是创立制度、完善制度、加强制度创新以及增强制度执行力的过程。

制度是一个制度系统,由正式制度和非正式制度所组成。全球生态合作共治的正式制度包括国际组织制定颁布的有关国际社会合作推进全球生态治理的法律、法规和规章,它们是保证全球生态合作共治有效发挥作用的基本前提。非正式制度是指全球各治理主体在

---

① C. Ansell, A. Gash. Collaborative Governance in Theory and Practice[J]. Journal of Public Administration Research and Theory, 2008, 18(4).
② 1894年,美国和墨西哥为流经两大国的大河改向而发生争议时,美国司法部长哈蒙强调每个国家在本领土管辖范围内行使主权而不受制。这种绝对主权的观点被称为河流法历史上的哈蒙主义。

参与全球生态合作共治实践中形成并被彼此遵守的文化价值观以及各种生态治理行为规则,包括直接影响全球生态合作治理的传统习惯、行为准则、伦理道德和意识形态等。其中,全球生态合作共治中具有共识的文化价值观是强大的精神支柱。

在全球生态合作共治制度建设中,正式制度和非正式制度都是不可或缺的,而且两者相互影响、相互作用并相互转化。全球生态治理的正式制度影响到非正式制度,全球生态治理的法律、法规和规章在实施过程中有助于内化为世界各国的基本信念、行为准则、伦理道德和意识形态,有助于上升为各国政府推进绿色增长和绿色发展的主流意识形态。而非正式制度也可以转化为正式制度。可持续发展思想在20世纪70年代只是少数学者的见解,到1992年成为联合国环境与发展大会确定的各国政府都要遵循的正式制度,即可持续发展战略。英国学者大卫·皮尔斯1989年在《绿色经济蓝皮书》中提出可持续发展的经济形式是绿色经济,不久,许多国家将绿色经济和绿色发展确定为正式制度。因此加强全球生态合作共治的正式制度建设和非正式制度建设是同等重要的,要整体性地一体化推进。

全球性的生态危机必然出现全球生态合作治理行为主体多元化,要求在制度建设中要以制度的力量来增强多元主体共识的达成和力量的凝聚。解决全球生态危机已经成为一个由政府、政府间组织、非政府组织、跨国公司、市民社会等共同参与和互动的实践活动,推进全球生态合作共治进程的重要力量和主要途径是强化国际生态治理规范和国际生态合作治理机制。只有着力构建将具有全球生态合作治理刚性强制约束力的体制机制与生态文化价值观和生态伦理道德规范柔性软实力紧密结合的、有利于解决全球生态合作共治问题的全球生态合作共治体制机制,才能强有力地应对生态危机这一全球性问题。因此,广泛吸纳全球生态合作共治中的多元主体积极参与制度设计、制度完善和制度监督工作,是一项事关全球生态合作共治建设成效的重大任务。这既要求国际组织在生态合作共治中充分地发挥作用,还要求全球非政府组织、全球公民、各国政府、跨国公司等全球生态合作共治行为主体充分发挥积极作用。

从全球生态合作共治制度建设的重点和难点问题看,目前,要重视全球生态合作共治制度设计的民主性、公正性、权威性保障制度作用的发挥。鉴于目前全球生态治理的制度设计基本上都由美国主宰和把控,美国出于自己利益的考量,可以随意地对有关制度予以废改立转,如美国退出《京都议定书》,该协议书的执行就难以为继。由于全球生态治理制度设计上存在的问题,难以保障全球生态治理在公正、透明、民主、平等、法治的轨道上运行,从而难以调动多元主体形成凝聚力,导致全球生态合作共治的理想与现实、目标与举措出现巨大反差。因此,保证不发达国家在全球生态治理中的参与权、话语权、知情权和决策权,改变不公正、不公平、不透明的全球生态治理格局,有助于制定出更加客观合理公正的全球生态合作共治制度,开创真正科学意义上的全球生态合作共治新局面。

全球生态合作共治的信息情报制度建设是推进全球生态合作共治的重要前提条件和坚实基础。加强全球生态合作治理的信息交流,有助于全球生态合作共治各行为主体之间的信息沟通和信息共享,也有助于及时消除全球生态治理中的矛盾和隔阂。在全球生态合作共治中,各国政府、跨国公司、利益相关者往往会从各自利益角度出发,对于生态治理信息采取封闭、保密或者有限公开的做法,也会故意制造信息不对称、信息渠道不畅通等问题,使生态治理多元主体间存在信任危机,进而制约并妨碍全球生态合作共治理想目标的实现。

推进全球生态合作共治还必须加强全球生态治理中的监督机制和惩戒机制建设。在联合国等国际组织框架内构建全球生态保护执法制度和检察官等制度,为全球生态保护提供强有力的全球司法执法保障。除了要充分发挥联合国以及其附属的生态组织机构、世界银行和国际货币基金组织等国际组织的作用外,还要重视发挥各类全球性行业组织、全球性环保公益组织、环保非政府组织以及环境志愿者、公民的作用。特别要加强对跨国公司在生产消费过程中污染环境的严厉法律监管，不允许跨国公司享有特殊的治外法权。要通过非正式制度建设，加强跨国公司的绿色信用体系建设，对造成严重环境污染甚至是生态灾难的公司，要通过运用拒绝购买其产品和服务以及通过舆论谴责，使其物质和精神上遭受巨大损失而促其加快整改。

最后，实践上要以全球整体性集体行动提高全球生态合作共治的绩效。全球生态合作共治既是理念，更是实践，绝非空洞的口号，不能坐而论道，关键在于行动。全球生态合作治理的实践证明，全球生态合作治理理念一旦付诸实践，就能产生推动全球生态优化的显著效果。全球生态合作共治注重的是全球整体生态治理的联合行动，能够有效改变目前存在的本土生态治理实践有余而全球联合行动不足的现象。世界自然保护联盟（International Union for Conservation of Nature）曾于2011年9月与世界各国提出了历史上最大的修复倡议《波恩挑战》，计划在2020年前修复全球1.5亿公顷的采伐退化林地，在2030年前修复3.5亿公顷。虽然这一目标很宏大，但是正在不断向前推进。目前全球已经修复了8 600万公顷采伐退化林地。这一事实说明，全球整体性集体行动有助于在实践中进一步强化世界各国的合作意识、使命意识和责任意识，进一步加强全球生态协商民主建设，有助于充分发挥集全球性优势与区域性优势为一体的新的更大的生态治理优势，促进全球生态治理绩效的提高。鉴于全球经济社会发展的不平衡性，发达国家在全球生态合作共治的实践中更要多作贡献，要将慈善的理念运用于生态治理实践，自觉地奉献先进的绿色技术和绿色发展经验，主动地帮助不发达国家加强生态治理，因为发达国家所从事的这些生态善举善行活动，最终都造福于人类自己。

# 有机马克思主义生态理论的话语体系元素及其启示

吴德勤

上海大学哲学系教授

**内容提要**：作为开放性学说的有机马克思主义,首先,其话语体系中有马克思元素,主张从马克思主义传统中学习人与自然的理论,明确人与自然关系的实践本质,为我们科学理解生态文明本质和解决生态危机奠定了思想基础,说明马克思主义仍然是生态文明建设的指导思想。其次,其话语体系中有后现代元素,认为生态危机深层的原因,就是现代性,于是主张解构主义,解构现代主义的哲学基础,对二元对立等级观念进行了完全的颠覆。但只有批判,没有建设,并不能真正解决生态危机。为了建设,要有后现代性质的马克思主义,而中国马克思主义具有后现代性质。最后,其话语体系中有中国元素,既直接继承中国传统文化的哲学智慧,又对中国传统文化进行后现代语境下的创新性改造,特别肯定马克思主义中国化的发展过程、方式、成果。说明中国建构生态文明建设理论必须引进中国自己的经验。

在西方马克思主义各种流派中,有机马克思主义是一种较新的流派。尽管目前有机马克思主义还是一种生成中的开放性学说,存在不同的版本,不同的有机马克思主义者对其表述也各有所别,离真正成熟的学派还有距离,然而,有机马克思主义作为一个新的理论存在,显然是一种不可忽视的力量。① 有机马克思主义是当代建设性

---

① 杨志华.何为有机马克思主义[J].马克思主义与现实,2015(1).

后现代思想家集体创造的产物,特别是与中国学者互动的结晶。在多年的互动中,特别是在与中共中央编译局和中国自然辩证法研究会联合举办的前后8届生态文明国际论坛上,越来越多的中国学者特别是中国的马克思主义学者发现,建设性后现代主义和过程哲学与马克思主义深度契合,直接激发和促成了有机马克思主义的诞生①。

关于有机马克思主义的产生和理论源头,美国中美后现代发展研究院院长、《有机马克思主义》的作者、美国克莱蒙林肯大学前常务副校长菲利普·克莱顿教授概括为四点：第一,马克思的共产主义根本原则,然而,对马克思的思想做些修改是必要的;第二,建设性的后现代主义,就是以怀特海的过程哲学中生长出来的不同于解构性后现代主义的建设性后现代主义;第三,全世界宗教的或"智慧"的传统,特别是过去两千年伟大的中国思想;第四,不断升级的生态危机意识②。所以,有机马克思主义是21世纪生态灾难时代的马克思主义宣言,它的话语体系是围绕着以上几点展开的。

## 一、话语体系关于人与自然关系中的马克思元素

在解决生态危机的各种理论中,人类中心论和生态中心论是两大重要思潮。人类中心论可以追溯到古代,"人是万物的尺度,是存在事物存在的尺度,也是不存在事物不存在的尺度"。毕达哥拉斯学派可以说是人类中心论古代的代表。近代人类中心论其价值趋向是认为人类属自然界的最高端,因而自然界应满足人类的各种偏好,于是,向自然界进军,造成了生态危机。现代人类中心论从任何物种都是以自己为中心的价值观出发,认为近代人类中心主义的错误在于缺少理性,只要稍作修正,用"理性偏好"取代"感性偏好",就能阻止

---

① 王治河,杨韬.有机马克思主义及其当代意义[J].马克思主义与现实,2015(1).
② 任平,菲利普·克莱顿.生态灾难时代的马克思主义：拯救地球命运的行动纲领[J].江海学刊,2016(3).

人类对自然的滥用,就能防止生态危机的产生。所以,人类中心论并不反对科学技术及其应用,甚至相信科学技术有助于人类战胜生态危机。生态中心论则认为,人类中心主义价值观及其背后的近代主体性哲学世界观是造成当前生态危机的思想基础。应确立人类之外的动植物也有价值,人类不应自私,只看到自己的价值。如果人类只追求自身的价值,最终将失去整个价值。

有机马克思主义是不同意人类中心主义价值观的。克莱顿指出:"学者们用'人类例外论'这一术语,来概括那些认为人类独立于支配地球上所有其他生命形式的自然法则之外的意识形态。几个世纪以来,人类主要根据自身的利益来构建价值观,而把一切其他生命形式看作人类实现自身利益的'资源'。"①所谓"人类例外论",是人类中心主义价值观为自己辩护的理论,该理论认为只有人类是自然界的例外,是主人,自然界是满足人类需要的工具。有机马克思主义认为,这种只关注人类的福祉,而不管人类之外自然物的死活,是当前生态危机的理论根源。这种理论不仅威胁着整个人类文明,而且还威胁着生物的多样性存在。

生态中心主义有一个"内在价值"的基本概念,这个概念是生态中心主义为自己辩护的基本理论。通常生态中心主义是从三种意义上使用这一概念的:其一,与工具价值相对立,强调人类之外的自然界就是目的本身,而不是一种满足于人的需要和目的的工具性存在;其二,强调顺应自然物的内在结构和属性;其三,即便不存在主观评价者,自然物也具有自己的客观价值②。有机马克思主义在坚持生态中心论时,本质上是赞同"内在价值"的。认为人类与非人类的存在物具有相同的价值,主张应从生态科学视角,也就是从自然生态系

---

① 菲利普·克莱顿,贾斯廷·海因泽克.有机马克思主义[M].孟献丽,等译,北京:人民出版社,2015:226.
② 王雨辰.生态学马克思主义与有机马克思主义的生态文明理论的异同[J].哲学动态,2016(1).

统的有机性和整体性的视角讨论价值,这种内在价值是客观的。而人类中心论价值观是建立在人的需要是最高目的的基础上的,这种价值观是主观的。

当然,生态中心主义也是有缺陷的,它把人类的价值与非人类存在物的价值等同起来,表面上是尊重生态、保护生态,但这种尊重和保护的同时,又是贬损人类、反人道主义的。同时,"内在价值说"在理论上有逻辑证明的困难性,在实践上也无法解决人类与非人类生物圈之间的矛盾。人类始终只能从自己的需要出发,来达到人、自然和生态之间的平衡,离开人的需要的所谓"内在价值"是不存在的。所以,有机马克思主义在人与自然的关系上,主张有机整体主义。所谓有机整体主义就是视宇宙万物为一个相互联系的有机整体,事物与事物之间、人与自然之间都是相互联系和相互依存的,整个世界是一个动态发展着的有机共同体。从这样一种视角出发,有机马克思主义强调人为地割裂人与自然、人类社会与生态环境的有机联系是错误的。人类中心主义也好,生态中心主义也好,都在这里陷入了误区[1]。而有机马克思主义的有机整体主义一方面主张整个自然界中的事物都有内在价值,认可本体论平等,另一方面有机整体主义同深度生态学主张人与自然绝对平等不同,认为事物的价值是有区分的。也就是说,"每一事物对其他事物有着多种不同的价值,并且自身也有着多种不同的价值"[2]。为此,有机马克思主义特别分析人的存在的独特内在价值,"人类的经验也向这个星球注入了许多据我们所知其他物种所不能有的经验。人际关系和人类的创造力所特有的享受的特性具有独一无二的内在价值。我们是自然不可分割的一部分,这一点丝毫不会有损于我们已实现的价值的独到之处"[3]。

有机马克思主义正确指出,近代以来,资产阶级学者宣扬的人类

---

[1] 王治河,杨韬. 有机马克思主义及其当代意义[J]. 马克思主义与现实,2015(1).
[2] David Griffin. The Reenchantment of Science[M]. SUNY Press, 1998:109.
[3] David Griffin. The Reenchantment of Science[M]. SUNY Press, 1998:109.

中心主义价值观本质上是服务于资本追逐利润的,这种个人主义价值观是造成阶级不平等、造成穷人成为环境污染受害者的理论根源。为此,有机马克思主义认为,马克思主义仍然有指导作用。"马克思研究工作中的哲学方面的理论基础——如路德维希·费尔巴哈的哲学——仍然有着强大的说服力。马克思对直到他那个时代为止的经济史做出的大叙事依然充满深刻的洞见。"①

在人与自然或生态问题上,马克思有深刻的认识。首先,人是自然的产物,人即使创造出文明,"在这种情况下,外部自然界的优先地位仍然会保持着"②。其次,也不能简单地认为,"只是自然界作用于人,只是自然条件到处决定人的历史发展"③。不能忘记了人也反作用于自然界,改变自然界,为自己创造新的生存条件。马克思在《资本论》等一系列重要著作中,对人与自然的关系作了自己的阐述,揭示了人与自然关系的实践本质,得出人与自然的关系实际上是人化自然的关系。文化和文明作为人的本质力量的对象化,其前提是人本身的自然存在和外部自然对象的存在。因此,文化和文明的创造一方面要服从于自然规律,按照自然界各种物种的尺度进行生产,另一方面在生产中要将人本身的内在尺度应用于对象,使物质生产和精神生产满足人的需要,这就是马克思强调的人对世界要"按照类的规律来改造"④。这就为我们科学理解生态文明本质和解决生态危机奠定了思想基础。

在马克思生活的时代,生态问题已初露端倪。恩格斯在《英国工人阶级状况》中,就从生产方式的视角对资本主义对生态环境的破坏

---

① 任平,菲利普·克莱顿.生态灾难时代的马克思主义:拯救地球命运的行动纲领[J].江海学刊,2016(3).
② 马克思,恩格斯.马克思恩格斯选集:第1卷[M].中共中央编译局,译.北京:人民出版社,1995:77.
③ 马克思,恩格斯.马克思恩格斯选集:第4卷[M].中共中央编译局,译.北京:人民出版社,1995:329.
④ 马克思,恩格斯.马克思恩格斯全集:第42卷[M].中共中央编译局,译.北京:人民出版社,1979:97.

作过揭露和批判。马克思也就社会与生态环境的协调发展提出自己的观点,他指出,工业化的生产方式影响自然、也影响社会,只有通过工业化生产方式的变革,才能真正做到人、社会与生态环境的协调发展。生态危机并非自然环境本身所造成,它起因于人类的行为。在深层次上,这种危机是由于社会原因导致的。以资本为基础的工业生产的目的,不是为了满足人的真正的、普遍的、自然的需要,而是一味地去追求交换价值,即利润,这就必然导致自然异化,导致人与自然之间的"物质变换的断裂"①。因此,要解决人与自然的对立,"仅仅有认识还是不够的。为此需要对我们的直到目前为止的生产方式,以及同这种生产方式一起对我们的现今的整个社会制度实行完全的变革"②。可见,有机马克思主义从马克思主义传统中学习了很多东西,尽管仍主张要重构马克思主义,并认为有机马克思主义就是这样一个尝试。

## 二、话语体系中关于解决生态危机的后现代元素

有机马克思主义认为,资本主义对今日的生态危机难辞其咎,但生态危机更深刻的根源在于近代以来西方主张的现代性。我们知道,现代性与资本主义有着复杂的关系。在马克思看来,现代性是发端于文艺复兴和宗教改革,并经过以后的工业革命而确立起来的。社会学家吉登斯说过类似的话:"在其最简单的形式中,现代性是现代社会或工业社会的缩略语。"③资产阶级在建立现代社会过程中,促进了经济发展,提高了文明程度,也破坏了环境。所以,现代性与资本主义是紧密联系在一起的,这个现代社会就是资本主义社会。

---

① 陈筠泉. 关于生态文明的几点思考[J]. 马克思主义与现实,2014(1).
② 马克思,恩格斯. 马克思恩格斯选集:第4卷[M]. 中共中央编译局,译. 北京:人民出版社,1995:385.
③ 安东尼·吉登斯,克里斯多弗·皮尔森. 现代性——吉登斯访谈录[M]. 尹宏毅,译. 北京:新华出版社,2001:69.

马克思明确指出:"'现代'社会就是存在于一切文明国家中的资本主义社会。"①有时,马克思直接把它称为"现代资产阶级社会"②。所以,在马克思看来,现代性不是某一方面、某一领域的问题,而是一个整体性的社会问题。

但有机马克思主义认为生态危机更深层的原因,就是现代性。正如斯普瑞特奈克分析的,现代文明的危机,大多数人认为是资本主义的利益驱动而形成的技术主义、物质主义、消费主义,"所有这一切的确是我们时代令人忧虑的现实,然而它们仅仅是'现代性'这个包罗万象的现象的表面"③。其"深层结构"就是"现代性"。这种现代性的哲学基础,有机马克思主义认为是机械主义世界观。机械主义世界观是由笛卡儿确立的。这种机械主义世界观将世界看成毫无生气毫无内在联系的物质的堆积,笛卡儿甚至将人都看成是机器。"机械主义模式从未考虑过主体的感受。它们认为,世界是由唯一的物质组成,最好的研究方法就是割裂它们之间的内在关系将其分开。"④在有机马克思主义眼中,马克思主义与资本主义都是机械主义世界观的代表,这是因为两者都追求物质生产的最大化,同样把自然看作是生产加工的对象和工作场所。马克思主义要抛弃的是资本主义的生产方式,取而代之的社会主义仍然处于机械主义世界观的控制下,生态危机仍无法避免。所以,有机马克思主义提出,要超越马克思主义与生态思维的对立,建立一种后现代的、有机整体的生态价值观。⑤ 其实,马克思主义的唯物主义并不是机械主义的。生态学马克思主义就不同意有机马克思主义关于马克思主义唯物主义是

---

① 马克思,恩格斯.马克思恩格斯选集:第3卷[M].中共中央编译局,译.北京:人民出版社,1995:313.
② 马克思,恩格斯.马克思恩格斯选集:第2卷[M].中共中央编译局,译.北京:人民出版社,1995:25.
③ Charlene Spretnak. The Resurgence of the Real[M]. Routledge, 1997:5.
④ J.柯布.走向一种建设性后现代的生态文明[J].马克思主义与现实,2016(4).
⑤ 宋林泽,丁凯.超越还是误解[J].江淮论坛,2016(6).

机械主义。福斯特专门研究梳理马克思著作,指出唯物主义有两种理论传统,一种是德谟克利特的决定论的唯物主义传统,这种理论传统造就了近代机械唯物主义,其特点是将人类与自然分裂并使之相互对立;另一种是伊壁鸠鲁承认偶然性和人的主观能动性的唯物主义传统,马克思主要受该理论传统的影响,其特点是强调人类与自然是有机联系的统一整体。这使得马克思一方面反对神学目的论,另一方面又避免了机械决定论,从而创立了建立在人类实践基础上历史观和自然观相统一的实践唯物主义,它内在地包含了生态思维方式。因此,"马克思的世界观是一种深刻的、真正系统的生态(指今天所使用的这个词中的所有的积极含义)的世界观,而且这种世界观是来源于他的唯物主义的"①。生态马克思主义另一代表人物佩珀也指出:马克思的历史唯物主义通过批判笛卡儿的机械论,把"社会——自然辩证法看作是有机的(把社会和自然看作是一个有机体)和一元论的(物质和精神的现象可根据一个共同的现实基础来分析)"②。

有机唯物主义批判机械主义,坚决主张超越现代性。因为机械主义世界观将我们及我们的身体与整个自然割裂和对立,现代人在将世界"祛魅"的同时,将自身也"祛魅"了。而现代性所宣扬的生存逻辑造成了生态灾难和社会危机。早在 21 世纪初格里芬就指出:必须抛弃现代性,否则,"我们及地球上的大多数生命都将难以逃脱毁灭的命运"③。为此,有机马克思主义主张后现代主义。他们专门分析了德里达、齐泽克和哈维。"德里达、齐泽克和哈维是过去几十年来最著名的三个西方马克思主义阐释者。前两位为了推动激进的

---

① 约翰·贝拉米·福斯特.马克思的生态学:唯物主义与自然[M].刘仁胜,肖峰,译.北京:高等教育出版社,2006:22.
② 戴维·佩珀.生态社会主义:从深生态学到社会正义[M].刘颖,译.济南:山东大学出版社,2005:157.
③ 格里芬.后现代科学[M].马季方,译.北京:中央编译出版社,2004:19.

政治变革将马克思主义融入欧洲后现代主义背景中,而哈维则用它科学地揭示了资本主义的深层结构。"①但他们的后现代主义是解构性的后现代主义,这种现代主义否定和批判二元对立的等级观念。从西方传统看,从柏拉图开始,西方哲学就具有二元对立的等级观念特点。以德里达为代表的解构主义,解构了现代主义的哲学基础,对二元对立等级观念进行了完全的颠覆。"因此,在某种程度上,我们成功地将建立在机械主义世界观基础之上的生态危机解构了。"②但有机马克思主义指出了解构性后现代主义的不足,即只有批判,没有建设,容易导致怀疑主义和虚无主义,并不能真正解决生态危机。所以,一方面从后现代主义的理论立场出发,有机马克思主义主张创立一种批判性和建设性相结合的理论体系,通过批判"现代性"来寻找生态危机的根源。③ 另一方面,从实践出发,有机马克思主义寻找真正解决生态危机的、积极进行生态文明建设的国家,"生态文明建设不仅要和谐人与自然的关系,而且要和谐人与社会、人与人的关系"④。于是,有机马克思主义看到了中国,从中国看到了希望。

### 三、话语体系关于生态文明建设的中国元素

中华民族生生不息的重要原因是中国传统文化的丰富内涵和厚实底蕴。有机马克思主义在构建自身理论体系、创造话语体系中,充分注意到中国传统文化中丰富的哲学智慧,并把它凝结到话语体系中。

有机马克思主义对中国话语元素的运用有两个特点:第一,直接继承中国传统文化的哲学智慧。第二,对中国传统文化进行后现

---

① 菲利普·克莱顿,贾斯廷·海因泽克.有机马克思主义[M].孟献丽,等译.北京:人民出版社,2015:104.
② J.柯布.走向一种建设性后现代的生态文明[J].马克思主义与现实,2016(4).
③ 宋林泽,丁凯.超越还是误解[J].江淮论坛,2016(6).
④ 王治河.中国式建设性后现代主义与生态文明的建构[J].马克思主义与现实,2009(1).

代语境下的创新性改造,使之与整个有机马克思主义的话语体系相吻合、成框架。正如克莱顿在《有机马克思主义》一书的中文版序言中指出的,"中国传统无论新旧,用后现代术语进行重构,应用到当前的全球化形势下,能够提供最好的指导框架"①。

(一)有机马克思主义在话语体系构建中借鉴中国哲学智慧中的过程思想

有机马克思主义挖掘了中国传统哲学中大量的过程思想,包括《易经》阐释的天地间的万事万物都在以自发的和创造性的方式相互作用,在这种必然的不断变化中产生无数有意义的联系模式。儒家思想主张的人是共同体中的人,人在这种社会关系网中实现自我,并强调一种理想的社会交往形式——"仁"。道家主张的宇宙是一个流动变化的过程,人类是这个过程中不可分割的一部分,道家还鼓励人类与自然等更大的整体和谐共存。中国佛教的华严宗关于宇宙的图景是每个现实存在与其他每个现实存在处于相互依存的网络之中。中国佛教的禅宗强调每一个当下时刻经验的首要性,因为在这里人们获得了禅悟。当下性说明过去的直接性已经消失,而未来的直接性还未出现。中国传统医学告诉我们:人的身体并不是一个与世隔绝的简单独立存在,整个宇宙也融入了人的生命。②

有机马克思主义认为,中国传统哲学智慧的过程思想符合过程哲学四个基本特点。第一,过程哲学主张的关系实在论,认为不存在完全独立的个体事物,每个事件都是由它与其他事件之间的关系所构成。这显然同中国传统文化的观点是一致的,比如道家的一切都是流动过程,即过程比事物更为根本。第二,重视非确定性的影响,每个事件既是由过去构成并深受过去影响,但又没有一个事件完全由它的过去决

---

① 菲利普·克莱顿,贾斯廷·海因泽克.有机马克思主义[M].孟献丽,等译.北京:人民出版社,2015:8.
② 菲利普·克莱顿,贾斯廷·海因泽克.有机马克思主义[M].孟献丽,等译.北京:人民出版社,2015:183-185.

定。这同中国传统文化的观点也是一致的,比如禅宗既肯定过去和未来的直接性,但又更强调当下性,因为只有在当下才有主体的直接性。所以,变化是常态。第三,重视审美价值。过程哲学把价值定义为合作和共同体,也就是和谐,它要求人们去分享、去享受。这种价值理论与中国传统哲学智慧非常相似。如果不能辨识美,就无以理解价值;如果不能辨识和谐,就无以理解美;如果不基于整体的视角来考虑,就无法把握和谐。中国老子的道,就经常用于表达这种所有事物间的潜在统一性。第四,重视公私平衡。过程哲学本质上是一种生态哲学,它研究自身与他者之间的关系,也就是我们既影响环境,也被环境影响。在社会领域就是自由和责任的关系。既追求个人自由,又承担社会责任,以达到私人与公共之间的平衡。这种公私平衡理论与中国传统哲学智慧是相通的,如儒家强调仁,主张把个人与社会联系在一起,也把理想人格和理想社会联系在一起,平衡了公私之间的关系。

(二)有机马克思主义肯定中国特色马克思主义的话语体系

有机马克思主义不仅在自己话语体系的建构中肯定中国传统哲学智慧,而且在建构自己的价值目标中肯定今天中国特色的马克思主义。肯定中国特色马克思主义,必然肯定中国特色马克思主义话语体系中的中国元素。

面对生态危机和社会不公,有机马克思主义认为资本主义的现代性决定了资本主义制度解决不了这一系列问题,这就需要有资本主义的替代选择。有机马克思主义认为,在世界上,中国最有希望引领生态文明。其依据:"1. 马克思主义已从现代主义的错误假定、不适用于中国文化语境的欧洲特征中被解放出来。2. 在政治上和经济上,中国正在世界舞台上迅速起到引领作用。3. 英明的领导绝不容忍基于个人和企业自私目的而对地球进行的蹂躏。"[①]这就说明中

---

① 菲利普·克莱顿,贾斯廷·海因泽克. 有机马克思主义[M]. 孟献丽,等译. 北京:人民出版社,2015:7.

国已经把马克思主义与中国国情和中国文化结合,形成中国特色社会主义理论体系;说明当今中国既是重要的政治大国,也是世界第二大经济实体的经济大国,在当今"新状态"条件下引领着世界经济,是世界经济的发动机;说明中国的经济改革没有追随美国的消费主义模式,既没有过度破坏环境,又没有导致贫富两级分化。可见,有机马克思主义肯定了中国的指导思想,肯定了中国在当今的国际地位,也肯定了中国当前经济政策。

关于中国最有希望引领生态文明,有机马克思主义进一步考察了我们党的指导方针:"自中国共产党的第十七次全国代表大会以来,建设'生态文明'的理念已经正式成为党的纲领和工作计划的重要部分。建设生态文明的目标是形成'节约能源资源和保护生态环境的产业结构、增长方式、消费模式'。在党的十八大上,'生态文明'是一个中心议题,把建设'生态文明'的任务写入党章。报告强调,我们必须把生态文明建设放在突出地位,努力构建美丽中国,实现中华民族永续发展,习近平也说,建设生态文明是一项'功在当代、利在千秋的事业'。"[①]可见,有机马克思主义认为,建设生态文明已成为中国共产党迫切需要解决的优先任务。同时,对中国马克思主义内含着的生态文明理念,有机马克思主义始终高度评价:"建设生态文明的目标内含于中国的马克思主义传统中,它是中国和世界马克思主义思想自然演进的一部分。"[②]就指导思想中蕴含着生态文明理念而言,当然有利于生态文明建设。

## 四、话语体系中马克思元素、后现代元素、中国元素的启示

今天,以极度崇尚器物为特征的现代工业文明在给人类带来空

---

[①] 菲利普·克莱顿.贾斯廷·海因泽克.有机马克思主义[M].孟献丽,等译.北京:人民出版社,2015:12-13.

[②] 菲利普·克莱顿.贾斯廷·海因泽克.有机马克思主义[M].孟献丽,等译.北京:人民出版社,2015:13.

前物质繁荣的同时,也正在把人类带上了一条自我毁灭的不归路,竭泽而渔式的发展已经成为地球不能承受之重①。正是在时代呼唤下,有机马克思主义诞生了。有西方学者认为有机马克思主义"为马克思主义的社会理想注入新的活力"②。更有中国学者认为,有机马克思主义从哲学、经济、政治、文化、社会、法学等多学科领域"充实了中国特色社会主义理论体系"③。

有机马克思主义认为,现在无节制的经济增长已经达到甚至超越了地球的极限,一次摧毁文明的世界性的灾难并不遥远,生态矛盾是人类面临的根本矛盾。为此,有机马克思主义提出了自己解决问题的理论框架,通过话语体系,能使我们理解理论内容,也会给我们创新生态文明建设的理论和实践以启示。

(一)关于话语体系中马克思语言元素的启示

有机马克思主义认为生态文明既是一种理论,又是一种实践。这些实践一方面植根于有机哲学,另一方面也存在于马克思主义在阶级和资本的动力分析之中④,对马克思主义理论给予肯定。并且有机马克思主义在自己的宣言中,提出了三个重要的观点:资本主义的正义并不公正;"自由市场"并不自由;穷人将是生态灾难的最大受害者⑤。在阐述这三个观点时,有机马克思主义都运用了马克思主义理论进行了分析,在分析第一个问题时,有机马克思主义用马克思"各尽所能,按需分配"的正义观批判了资本主义"各尽所愿,按市场分配"的正义观。在分析第二个问题时,有机马克思主义批判了亚当·斯密的"自由市场主义",运用阶级分析的方法,指出资本主义已经创造了一个巨大的下层阶级,下层阶级从来不自由。在分析第三

---

① 王治河,杨韬.有机马克思主义及其当代意义[J].马克思主义与现实,2015(1).
② 劳德.马克思与怀特海:对中国和世界的意义[J].求是学刊,2004(6).
③ 余敏,李丽纯.中国特色社会主义现代化道路的重要启示[J].文史博览(理论),2013(9).
④ P.克莱顿.有机马克思主义与生态文明[J].马克思主义与现实,2016:4.
⑤ P.克莱顿.有机马克思主义与生态文明[J].马克思主义与现实,2016:4.

个问题时,针对穷人将成为全球危机的最大受害者,有机马克思主义分析了《共产党宣言》中"工人阶级失去的是锁链,得到的将是整个世界"的口号。可见,有机马克思主义尽管对经典马克思主义有误解,但仍坚持马克思主义理论的开放性。

有机马克思主义话语体系中的马克思主义元素,对我们生态文明建设有启示。

我们认为,重要的是要完整理解马克思人与自然的思想。马克思的"自然"既是指人的自然,又是指人以外的自然。关于人的自然是指人是自然界长期发展的产物,现已成为自然界的一部分。关于人以外的自然,是指不依赖于人的自然界,它具有优先性,是人类生存和发展的基础。但是,马克思认为,自从有了人,自然史和人类史就不可分割、相互制约。可见,我们面临的自然已经是人化自然。同时,马克思认为人控制自然,既要看支配自然的工具控制在谁的手里,也要看人是否顺应自然规律。但尊重、顺应自然,不意味着人是自然的奴仆。人是自然界的一部分,然而人又能认识自然、改造自然。

当然,在马克思所处的时代,生态问题是资本主义发展中的一个问题,但还不是核心问题,也不是马克思特别关注的问题。同时,马克思所处的时代生态科学还未充分发展起来,人类对自然认识的局限性还未充分暴露出来,尽管恩格斯正确指出过,人类每一次对自然的胜利,都遭到过大自然的报复。但是即便如此,马克思的哲学、政治经济学和科学社会主义都对人与自然、对生态环境做过思考,马克思谈到共产主义社会是"人与自然矛盾的克服"的生态美好的社会;马克思的唯物主义和辩证法正如生态马克思主义者福斯特所言,与生态学原理是一致的;马克思《资本论》中新陈代谢理论已经接近现代生态学的概念。① 总之,有机马克思主义关于生态理论中的马克

---

① 陈永森."控制自然"还是"顺应自然"[J].马克思主义与现实,2017:1.

思语言元素给我们的启示是：马克思主义仍然是生态文明建设理论的指导思想。

（二）关于话语体系中后现代语言元素的启示

在生态问题上，中国人选择绿色生活方式经常处于两难境地，因为我们还处在实现工业化、实现现代化的过程中。在现代化尚未实现的今天，就谈后现代化是否太奢侈？要全国人都过上西方式的"现代生活"，"地球确实难以支撑"[①]。但是，有机马克思主义提出了自己的观点，在他们看来，既然生态危机源于"现代性"，那就必须要超越。

我们认为，这就可以给我们启示。尽管有学者认为，"座架在全球化与现代性之中的中国，由于自身的历史处境已经毫无选择地踏上了资本发展之路。但是中国的发展依然处在较低的层次，因而，如何探求资本的发展成为首要的方法论原则"[②]，然而，有机马克思主义的后现代语言告诉我们：历史的发展不是线性的，现代性也不是只有资本主义现代性，可以在实现工业文明的同时实现生态文明。正如当年列宁用充满历史辩证法的语言宣告：既然社会主义必须要有先进的生产力和文化，为什么我们不可以先夺取政权，利用无产阶级政权创造先进的生产力和先进文化？

事实上，在有机马克思主义看来，从西欧诞生的马克思主义，在向俄国及东欧传播的过程就是根据本国国情不断修正调适的过程，在由俄国向中国的传播过程也是中国人根据本国国情和面临的现实问题不断修正调适的过程。"在这个过程中，新的马克思主义者也渐渐地从现代模式转向了后现代的模式。"[③]所以，在有机马克思主义看来，中国的马克思主义已经具有后现代性质。

总之，有机马克思主义后现代语言元素的启示，从本质上说，是

---

① 江晓原. 中国人选择绿色生活方式的两难处境[J]. 绿叶, 2009(2).
② 程广楠. "第二次启蒙"的贫困[J]. 马克思主义研究, 2012(12).
③ 克莱顿. 中国如何避免西方的现代性错误[J]. 红旗文稿, 2013(2).

中国这样的社会主义发展中国家,能否走一条跨越式发展之路,能否规避资本主义工业文明现代性的弊端,利用社会主义的制度优势和中国文化的优质资源,直接建设生态文明①。我们相信,在中国共产党领导下,能走通这条路。

(三)关于话语体系中中国语言元素的启示

有机马克思主义在阐述自己生态文明建设理论时,深刻认识到中华优秀传统文化的独特和精深,主张吸取中国传统哲学的智慧作为构建自身理论的资源之一。同时,有机马克思主义对马克思主义中国化发展的过程、方式、成果都大加赞赏,对当前正在建设的中国特色社会主义加以肯定并寄予厚望,对中国率先进入社会主义生态文明社会也充满莫大希冀。无疑,这是西方学者对马克思主义科学真理性的再次确认,也是对当前中国特色社会主义发展的充分肯定和支持。②

有机马克思主义话语体系中关于中国的种种语言,对我们构建生态文明建设理论应有许多启示。

其一,中国构建生态文明建设理论必须与中国传统建立决定性的联系。中国传统哲学智慧在天人关系上有着与西方不同的特点,主张天人合一。天包括作为实体和属性的存在两个方面。天作为实体的自然界,是人生存的环境,也是人认识的对象。天作为属性的存在,表现为自然的客观必然性,在主体自由与客观必然的关系上,促使人由必然王国向自由王国迈进。中国传统文化主流儒家和道家都肯定自然之天,尽管儒家主张人按自然办事,道家主张道法自然,提倡自然而然,着眼点是对天的顺从和效法,但都主张天人合一,主张人与自然、万物的和谐相处。所以,我们在构筑生态文明建设理论时,一定要坚持我们的传统,一定要坚持天人合一。一方面要满足人

---

① 王治河,杨韬.有机马克思主义及其当代意义[J].马克思主义与现实,2015(1).
② 王玉鹏.论有机马克思主义的中国元素及启示[J].社会科学家,2016:9.

的需要,这种需要是人真实的需要,而不是资本追求利润创造出来的虚假的需要。另一方面,要坚持"自然界的尺度",必须符合生态系统的规律,使自然界万物"各得其宜",把现实和中国传统结合起来,把合目的性和合规律性结合起来。

其二,中国构建生态文明建设理论必须引进中国自己的经验。面对无限制的工业化发展带来的生态危机和社会不公,有机马克思主义要寻找资本主义的替代选择,他们的目光指向中国。对于中国的经验我们要有充分的认识。我们不仅率先提出走生态和谐发展道路,率先倡导建设社会主义生态文明社会,而且在建设"美丽中国"中积累了许多经验。我们实际就走了一条不同于西方社会"先污染,后治理"的新路,我们意识到环境的重要性,习近平就形象地说过:绿水青山就是金山银山。我们要总结自己的经验,构建生态文明建设新理论,促进中华民族伟大复兴,促进全世界可持续发展的新潮流,推动人类从工业文明迈向生态文明,进而促进人的全面发展和人类社会的和谐。

# 现代性的生态学批判

## ——生态学马克思主义现代性批判论析

胡绪明

上海理工大学马克思主义学院副教授

**内容提要**：在西方马克思主义的现代性批判理论谱系中，生态学马克思主义的现代性批判具有独特的问题意识、理论气质和批判路径，集中体现为生态学马克思主义基于生态危机理论展开对现代性的"生态学诊断"，基于资本逻辑反生态性的批判性分析展开对现代性的"生态学批判"以及基于生态理性展开对现代性的"生态学重建"。生态学马克思主义的现代性批判不仅彰显了经济全球化背景下马克思现代性批判强大的生命力，而且对坚持绿色发展理念、建设生态文明的中国道路具有重要的启示意义。

在西方马克思主义现代性批判理论谱系中，生态学马克思主义既秉承卢卡奇以降西方马克思主义现代性批判的理论传统，同时，基于对资本主义反生态本性的批判性分析而使其现代性批判又具有独特的问题意识、理论气质和批判路径。从这个意义上说，生态学马克思主义丰富了西方马克思主义现代性批判的理论主题，进一步彰显了西方马克思主义现代性批判的时代特色和当代价值。本文的主要任务是，基于生态学马克思主义对现代性的"生态学诊断""生态学批判"和"生态学重建"三个维度，分析梳理生态学马克思主义现代性批判的理论路径，在此基础上，就生态学马克思主义的现代性批判理论对坚持绿色发展理念、建设生态文明的"中国道路"所具有的积极意义展开简要讨论。

## 一、当代资本主义危机的本质是生态危机：生态学马克思主义对现代性的"生态学诊断"

生态学马克思主义一方面对当代资本主义社会日益严峻的环境问题和生态危机表示深切忧虑，并运用马克思主义的立场观点和方法透视生态危机的资本主义制度根源，但另一方面认为，马克思关于资本主义的经济危机理论已经过时而需要重新解释。在生态学马克思主义看来，马克思过高估计了资本主义危机的严重性，而低估了资本主义社会本身的再生性和生命力，尽管当代资本主义社会存在着各种各样的危机，但所有这些危机都与生态环境问题直接相关，毋宁说，当代资本主义危机的本质是生态危机而不再是表现为马克思意义上的经济危机。从这个意义上说，生态学马克思主义通过重释马克思经济危机理论，创造性地开启了一条对现代性的"生态学诊断"的理论路向。

加拿大生态学马克思主义理论家本·阿格尔指出，当代资本主义的危机趋势已从生产领域转移到了消费领域，在今天它主要表现为因过度消费或异化消费而导致了环境问题和生态危机，因而对于生态学的马克思主义来说，就需要以生态危机理论来取代马克思的经济危机理论，"历史的变化已使马克思原先关于只发生在工业资本主义生产领域的危机理论失效了。今天，危机的趋势已转移到消费领域，生态危机取代了经济危机"[①]。在他看来，马克思的资本主义危机理论产生于工业资本主义阶段，它已不能适应当代资本主义的新变化新情况，马克思关于资本主义的危机理论应随着历史条件的

---

① 本·阿格尔. 西方马克思主义概论[M]. 慎之, 等译. 北京：中国人民大学出版社, 1991：486.

变化而予以修正。阿格尔的主要理由是,马克思建立在生产力与生产方式矛盾运动基础上的历史唯物主义理论,不仅过高地估计了资本主义经济危机必然瓦解资本主义制度,而且也完全低估了资本主义生产方式本身所具有的再生能力。阿格尔由此得出结论,认为"今天的危机理论既强调资本主义内在结构的矛盾……又要强调发达资本主义异化程度的加深、人的存在的分裂、环境的污染状况以及对自然资源的掠夺趋势"①。在此基础上,阿格尔进一步指出,当代资本主义的危机趋势已从生产领域转移到了消费领域,在今天它主要表现为因过度消费或异化消费而导致了环境问题和生态危机,因而对于生态学马克思主义来说,就需要以生态危机理论来取代马克思的经济危机理论。

法国生态学马克思主义理论家安德烈·高兹明确指出,当代资本主义的种种危机都是由生态危机激发的,生态危机就是当代资本主义危机的主要表现形式,"毫无疑问,生态因素在当今的经济危机中起着决定性的和咄咄逼人的作用",当代资本主义社会中出现的各种危机"均被生态危机所激化",因而当代资本主义社会的危机从本质上来说就是生态危机②。高兹进一步将当代资本主义社会中产生的生态危机的根源归结为支配资本主义无限追逐利润最大化原则的"经济理性"(Economic Reason),其实质就是一种建立在"计算与核算"基础上的"经济合理性"。在这种经济合理性原则的支配下,资本主义社会的生产必然带有一种强制性质,正是这种强制最终使得社会的生产目标由"够了就行"变成了"越多越好"。在高兹看来,"替代'够了就行'这种体验,提出了一种用以衡量各种成效的客观标准,即利润的尺度。……这种量化的方法确立了一种确信无疑的标准和等级森严的尺度,这种标准和尺度现在已用不到由任何权威、任何规

---

① 本·阿格尔.西方马克思主义概论[M].慎之,等译.北京:中国人民大学出版社,1991:420.
② André Gorz. Ecology as Politics[M]. Boston: South End Press, 1980: 20.

范、任何价值观念来确认。效率就是标准,并且通过这一标准来衡量一个人的水平与效能:更多比更少好,钱挣得更多的人比挣得少的人好"①。正是在这种经济理性的支配下,整个资本主义社会都盲目追求最大限度的生产和消费,这不仅造成了社会资源的极大消耗,而且也最终产生了日益严峻的环境问题和生态危机。

美国生态学马克思主义理论家詹姆斯·奥康纳认为,马克思的经济危机理论虽然揭示了资本主义生产力和生产关系之间的矛盾所造成的需求不足而导致的生产相对过剩,但终究没有说明资本主义生产的无限性与生产条件的有限性之间的矛盾,而这种矛盾正是导致生态危机的真正原因。奥康纳指出,在传统的马克思主义理论中,价值的生产与实现之间的矛盾以及经济危机是以资本的生产过剩的形式来表现出来的,而在生态学马克思主义的理论中,经济危机则是以资本的生产不足的形式表现自身的。与传统马克思主义不同的是,生态学马克思主义关注的焦点问题是资本主义的生产力和生产关系与生产条件之间的矛盾,"生态学马克思主义对充满危机的资本主义制度的解释,主要聚焦在资本主义的生产关系和生产力,通过损害或破坏,而不是再生产其自身的条件……而具有的自我毁灭的力量的问题上"②。奥康纳在此基础上提出"资本主义第二重矛盾"理论,在他看来,资本主义社会存在两重矛盾和危机,第一重矛盾是马克思揭示的资本主义生产力与生产关系之间的矛盾,这种矛盾必然导致经济危机;第二重矛盾就是资本主义的生产力和生产关系与生产条件之间的矛盾,这种矛盾产生的是生态危机。奥康纳的主要理由是,"出现第二重矛盾的根本原因,是资本主义从经济的维度对劳动力、城市的基础设施和空间,以及外部自然界或环境的自我摧残性

---

① André Gorz. Ecology as Politics[M]. Boston: South End Press, 1980: 113.
② 詹姆斯·奥康纳. 自然的理由[M]. 唐正东,臧佩洪,译. 南京:南京大学出版社, 2003: 264 – 265.

的利用和使用"①。也就是说,资本主义是一种经济发展的自我扩张系统,而自然界却是无法进行自我扩张的,自然资源的有限性无法满足资本无限扩张的要求,生态危机就是这两者之间矛盾的必然结果。

基于生态危机展开对现代性的"生态学诊断",是生态学马克思主义现代性批判理论的独特之处。如果说马克思的经济危机理论从人与人、人与社会的视角深刻揭示了现代性问题的资本主义制度根源,那么,生态学马克思主义的生态危机理论则从人与自然关系的层面展开了对现代性的病理学分析。从这个意义上说,生态学马克思主义通过对马克思经济危机理论的重新阐释而展开对现代性的生态学诊断,并不意味着对马克思的资本现代性批判立场的根本背弃。这一点我们完全可以在生态学马克思主义关于资本的反生态本性这一重要命题的批判性分析中得到确证。

## 二、资本的反生态本性:生态学马克思主义对现代性的"生态学批判"

生态学马克思主义基于对现代性的"生态学诊断",明确将生态危机指认为现代性危机的当代形态,在此基础上,生态学马克思主义进一步从不同的理论视角深刻揭示了资本主义制度及其生产方式具有反生态本性,从而展开对现代性的"生态学批判"。在这个意义上,作为"反对资本主义的生态学",生态学马克思主义秉持了马克思资本现代性批判的理论特质,深刻洞穿了资本主义制度及其现代性意识形态对人与自然统治权力的共谋性质。

高兹基于对经济理性与生态理性之间本质区别的分析,揭示了资本主义制度及其生产方式具有反生态性质。在他看来,资本主义制度生产方式是建立在遵循"计算和核算"原则的经济理性基础之

---

① 詹姆斯·奥康纳.自然的理由[M].唐正东,臧佩洪,译.南京:南京大学出版社,2003:284.

上,而这种"经济理性通过最大的生产力以及最大量的消费和需求以实现最丰厚的利润。因为只有通过这种最大量的消费和需求才能实现资本增值的目的",与经济理性根本不同的是,"生态理性以最好的方式和最低的限度,即花费最低限度的劳动、资本和自然资源生产出具有最大使用价值和最具有耐用性的产品来满足人们的物质需要"①。高兹据此得出结论,认为基于经济理性之增值原则的资本主义生产方式必然导致生态危机,质言之,生态危机是这种经济理性及其资本逻辑的必然结果,是资本主义制度无法克服的痼疾。阿格尔同样揭示了资本主义制度及其生产方式与生态危机之间的内在关联。在他看来,资本无限制追求利润最大化的利益动机是资本主义生产方式的根本性特点,集中体现为生产强制和消费强制,最终将不可避免地导致资本主义生产方式在根本上具有反生态性质。阿格尔指出,不仅"资本主义商品生产的扩张主义的动力导致资源不断减少和大气受到污染的环境问题",同时资产阶级总是千方百计地抛出消费主义意识形态来维持资本主义生产体系的正常运转,其结果是"人们在这种统治形式中从感情上依附于商品的异化消费,以力图摆脱独裁主义的协调和异化劳动的负担"②。

奥康纳从资本主义积累的理论视角分析了资本主义的反生态本质。在他看来,资本积累的内在逻辑决定了资本主义的生态危机。在资本主义社会下,资本追求利润最大化,资本家通过各种方式提高生产率,加强对工人的剥削,从而榨取更多的剩余价值。资本积累建立在不断增长的生产率和对工人不断剥削的基础之上,导致生产过剩和相对需求不足,即相对生产过剩问题。资本无限扩张的本性决定了资本积累必然加速资源的消耗和衰竭,资本主义生产带来的工业垃圾和生活垃圾还会加速生态环境的污染,这些必然导致生态危

---

① André Gorz. Capitalism, Socialism, Ecology[M]. London: Verso, 1994: 32.
② 本·阿格尔. 西方马克思主义概论[M]. 慎之,等译. 北京:中国人民大学出版社,1991: 420.

机。资本主义生产过程是一个充满危机的过程,资本本身是资本主义最大的障碍,不仅资本会导致经济危机,而且经济危机也会诱发生态危机。但是,经济危机和生态危机又不完全相同。奥康纳指出:"从总体上说,经济危机是与过度竞争、效率迷恋以及成本削减(剥削率的增强)联系在一起的,由此,也是与对工人的经济上和生理上的压榨的增强、成本外化力度的加大以及由此而来的环境恶化程度的加剧联系在一起的。"①

美国著名生态学马克思主义理论家约翰·贝拉米·福斯特深刻揭示了资本逻辑是导致生态危机的根源。福斯特在《脆弱的星球》中深入分析了资本主义经济生产的"四条反生态法则",认为"资本主义的生产资料私有制与生态是根本对立的,它不仅导致了人的异化和劳动的异化,还导致了自然的异化,它是一切异化的根源"②。在《生态危机与资本主义》中,福斯特系统阐述了资本主义生产方式及其运行的基本逻辑:第一,由金字塔顶部的极少数人通过不断增加的财富积累融入这种全球体制,并构成其核心理论的基础。第二,随着生产规模的不断扩大,越来越多的劳动者由个体经营转变为工薪阶层。第三,企业间的激烈竞争必然导致将所积累的财富分配到服务于扩大生产的新型革新技术上来。第四,短缺物质的生产伴随着更多难以满足的贪欲的产生。第五,政府在确保至少一部分市民的"社会保障"时,对促进国民经济发展的责任也日益加大。第六,传播和教育作为决定性的手段成为该生产方式的一部分,用以巩固其优先的权利和价值取向。③ 这就是说,建立在生产资料私有制基础上的资本主义生产方式由于激烈的市场竞争,必然导致资本家把追求最大化

---

① 詹姆斯·奥康纳.自然的理由[M].唐正东,臧佩洪,译.南京:南京大学出版社,2003:293.
② 郭剑仁.生态地批判——福斯特的生态学马克思主义思想研究[M].北京:人民出版社,2008:265.
③ 约翰·贝拉米·福斯特.生态危机与资本主义[M].耿建新,宋兴无,译.上海译文出版社,2006:36-37.

的利润当作自己的首要目标,而利润的最大化动机又迫使资本主义经济发展采用到处扩张的方式,资本的这种双重逻辑意味着能源和原材料的迅速消耗,必然导致环境的急剧恶化和生态危机,"在有限的环境中实现无限扩张本身就是一个矛盾,因而在全球环境之间形成了潜在的灾难性的冲突"①。

威廉·莱斯通过对"控制自然"概念的"考古学"研究,指出作为人类进步观念的"控制自然",虽然在人类历史进程中发挥过积极的作用,但它更是作为资本主义社会最基本的现代性意识形态,"曾经是创造性的和进步的意识形态的自然权力和控制自然,已经转变为贫乏的、神秘的教条"②。质言之,"控制自然"的观念在资产阶级那里总是作为人类进步的最一般意义遮蔽了对自然的控制和对人的控制。莱斯进一步将工具理性的统治理解为理性对"外部自然"和"内部自然"的双重控制,认为这是导致资本主义社会内部矛盾和冲突的根源。"理性在启蒙过程中的主要作用,是作为一种为控制而斗争的工具。理性首先变成一种工具,人为了自我-保存用它来在自然中发现合适的资源。它把自己同在感觉中给予的自然分离开来,并在思维本身(我思)中找到了安全的基点,在此基础上它试图发现使自然服从它的要求的手段。"③莱斯通过对"控制自然"这一概念的历史考察,将对生态危机根源的追问与对资本主义的制度批判有机地结合起来了,"控制自然同资本主义或资产阶级社会有着逻辑的和历史的联系"。④ 不难发现,莱斯秉持了法兰克福学派启蒙现代性批判的学术传统,深刻地揭示了"控制自然"这一人类进步的观念蜕变为对人与自然双重控制的现代性意识形态。

---

① 约翰·贝拉米·福斯特.生态危机与资本主义[M].耿建新,宋兴无,译.上海译文出版社,2006:2.
② 威廉·莱斯.自然的控制[M].岳长龄,译.重庆出版社,1993:156.
③ 威廉·莱斯.自然的控制[M].岳长龄,译.重庆出版社,1993:134.
④ 威廉·莱斯.自然的控制[M].岳长龄,译.重庆出版社,1993:158.

生态学马克思主义进一步指出,同"控制自然"观念一样消费主义也完全蜕变为资本统治的现代性意识形态,消费活动不再表征着人的本质力量的感性活动,人的消费活动走向了全面异化。在阿格尔看来,资本逻辑必然产生消费异化,"人们为补偿自己那种单调乏味的、非创造性的且常常是报酬不足的劳动而致力于获得商品的一种现象"①。消费异化一方面来自资本扩张逻辑的需要,另一方面来自消费主义的现代性意识形态,它同样服务于资本的增值逻辑和扩张逻辑。消费异化实际上是资产阶级人为制造出来的消费活动,按照马尔库塞的话来说就是"虚假需求",是资本逻辑的衍生物,与人的吃、喝、住、穿等感性的生命活动具有根本的异质性。消费异化一方面使得工人阶级沉溺于商品消费而丧失对现存社会的批判意识(即卢卡奇意义上的物化意识),另一方面也造成了有限的能源资源的无节制地消耗而产生了日益严重的环境问题和生态危机。阿格尔的主要理由是:"(1) 生态系统无力支撑无限增长,从而将需要缩减为旨在为人的消费提供源源不断商品的工业生产;(2) 这种情况需要人们首先缩减自己的需求,最终重新思考自己的需求方式,从而改变那种把幸福完全等同于受广告操纵的消费的观念。"②在他看来,这种消费主义的意识形态必然造成对自然资源的过度掠夺和对商品无止境的追求,最终使人们蜕变为一种纯粹的商品消费动物,因为这种消费主义意识形态使人们在生产生活"缺乏自我表达的自由和意图,就会使人们逐渐变得越来越柔弱并依附于消费行为"③。阿格尔深刻揭示了资本逻辑及其消费主义现代性意识形态对人们的生产和生活方式的全面统治,强烈要求对资本主义社会中这种异化消费的存在

---

① 本·阿格尔.西方马克思主义概论[M].慎之,等译.北京:中国人民大学出版社,1991:494.
② 本·阿格尔.西方马克思主义概论[M].慎之,等译.北京:中国人民大学出版社,1991:497.
③ 本·阿格尔.西方马克思主义概论[M].慎之,等译.北京:中国人民大学出版社,1991:493.

方式进行深刻反思和检省,使消费重新回归人的感性的生命活动,"对需求方式的这种重新思考可以使异化消费变成为'生产性闲暇'和'创造性劳动'的现象",因为"人的满足最终在于生产活动而不在于消费活动"。① 阿格尔关于消费异化的批判理论对于追求生产发展、生活富裕、生态良好的中国特色社会主义现代化发展道路,树立积极健康的消费观念和生活方式极具启示意义。

如果说马克思以资本来命名现代性,并由此展开对现代性的资本及其现代形而上学双重维度的批判,那么,生态学马克思主义也正是沿着马克思这一独特的理论路径展开对现代性的生态学批判,不仅深刻揭露了资本的反生态本性,而且洞穿了"控制自然""消费主义"——作为现代性意识形态——与资本逻辑之内在的共谋性质。就此而论,生态学马克思主义始终遵循着马克思开启的对现代性这一独特的双重维度的批判路径,从而彰显了马克思现代性批判话语的当代价值。

## 三、生态社会主义:生态学马克思主义对现代性的"生态学重建"

生态学马克思主义在对现代性的"生态学批判"基础上,基于一种激进的生态政治战略的立场对未来社会主义的发展模式和生活方式提出了自己的设想,这集中体现在生态学马克思主义理论家致力于通过重建历史唯物主义理论,通过将生态理性、生态伦理或生态道德与社会主义制度的民主、正义等价值观念结合起来,在生态现代性理念基础上建构生态社会主义。

生态学马克思主义认为,生态危机的真正解决并不意味着彻底摒弃现代性,而是通过对现代性的"生态学治疗"——以生态理性重

---

① 本·阿格尔. 西方马克思主义概论[M]. 慎之,等译. 北京:中国人民大学出版社,1991:475.

建现代性，构建一种生态的现代性理念。高兹对此作过较为集中的论述："我们当今所经历的并不是现代性的危机。我们所面临的问题是需要对现代化的前提加以现代化。当今的危机并不是理性的危机而是合理化的（日益明显的）不合理动机的危机，就像被变本加厉地所追逐的那样"①。在他看来，生态危机并不意味着要彻底摒弃现代性，换言之，现代性本身并没有所谓的"原罪"，问题在于需要对现代性的前提加以批判和澄清。高兹通过分析经济理性和生态理性之间的本质区别，揭示了资本主义生产方式与经济理性、社会主义生产方式与生态理性之间的内在关联，强调只有建立在生态理性基础上的生态社会主义才能真正消除生态危机。"生态理性满足人们物质需求的最好的方式是：尽可能提供最低限度的、具有最大使用价值和最经久耐用的东西，而花费少量的劳动、资本和能源。与此相反，对经济效益和利润的最大追求，是为了能够卖出用最好的效率生产出最多的东西，获得最丰厚的利润，而所有这些都将建立在最大的消费和需求的基础上。"②高兹进一步指出，在现存的资本主义生产方式下无法实现生态保护，只有改变资本主义生产方式为社会主义的生产方式，才能真正解决生态危机，但与此同时，高兹也特别强调了他所说的社会主义根本不同于传统的苏联社会主义模式。因为在他看来，苏联模式的社会主义遵循的也是经济理性，即追求积累和经济增长是其主要目的，它只不过是"向人们提供了一副资本主义基础特征的滑稽的放大画"，因为"'科学社会主义'的概念已经失去了所有的意义。在所谓的'现存的社会主义'的范围之内，它的信条的所谓的科学性，只具有这样一种实践功能：以'非科学'和'主观'为借口无视人的需求、欲望和异议，强制人服从于业已形成的工业机构的制度命令。'现存的社会主义'的计划把社会当作是一架集中化的工业机

---

① André Gorz. Critique of Economic Reason[M]. London: Verso, 1989: 1.
② André Gorz. Capitalism, Socialism, Ecology[M]. London: Verso, 1994: 32.

器,并要求人们面对这架机器的命令。人们的生活被完全合理化了,就是说,被官僚—工业的强大机器完全有组织地功能化了"。高兹认为,只有通过对传统社会主义进行"生态学重建",即通过"对我们的经济从产品设计到消费和物质的再循环进行生态学的重建"、"对涉及能源的生产和运输的所有环节进行生态学的重建"以及"对化学工业、运输业和农业进行生态学的重建",才能实现追求"更少地生产,更好地生活"的生态社会主义理想。[1]

生态学马克思主义主张通过生态学与社会主义制度之间的"联姻",以生态正义变革资本主义生产方式。戴维·佩珀一方面对资本主义的生态危机及其根源进行了批判性分析,"资本主义的生态矛盾使可持续的或'绿色'的资本主义成为一个不可能实现的梦想,那些宣扬所谓的'绿色资本主义'其实就是一个骗局"[2],这是因为"在自由市场中,资源保护、再循环和污染控制受阻于提高生产效率、追求利润最大化这样的动力机制"[3]。另一方面,佩珀也强烈表达了对苏联社会主义及其极权主义性质导致生态危机的不满。在他看来,由于苏联模式的社会主义采取了极权主义的统治,"国家变成了资本主义的企业家,国家拥有本来属于人民的实际权力,统治国家的人形成了一个统治阶级即统治精英",这种模式的社会主义只是名义上的社会主义,实际上具有与资本主义相同的极权主义性质,其社会生产的组织方式也同样受制于资本逻辑的支配,因而无法真正实现马克思所说的那样,"联合起来的生产者理性地调节他们和自然的物质交换"[4]。在佩珀看来,"社会主义不是一个导致污染的社会",因为真

---

[1] André Gorz. Capitalism, Socialism, Ecology[M]. London: Verso, 1994: 38.
[2] David Pepper. Eco-Socialism: From Deep Ecology to Social Justice[M]. London: Routledge, 1993: 95.
[3] David Pepper. Eco-Socialism: From Deep Ecology to Social Justice[M]. London: Routledge, 1993: 91-92.
[4] David Pepper. Eco-Socialism: From Deep Ecology to Social Justice[M]. London: Routledge, 1993: 118-119.

正的社会主义是建立在环境道德基础上并始终充满着生态正义,而"新环境道德要求新的人类关系,而这必须建立在新的生产模式之上"。佩珀认为,建立在这种新的生产模式之上的社会主义就是生态社会主义:一方面,生态社会主义的"共同所有制将会有计划地使用资源,从而会使资源的枯竭最小化……虽然这不利于高效地组织生产,但它将带来充分就业,公正地分配财富,放慢经济的增长,减轻消费主义所导致的压力";另一方面,生态社会主义追求的是"没有过度生产、没有过度需求循环的、非消费主义的稳态社会","现金交易既不再成为自然和经济活动的目的,也不再统治自然与经济活动之间的关系","人们在进行生产时将充分考虑对环境的影响"。① 奥康纳与佩珀的立场基本相近。在他看来,社会主义和生态学根本不是相互矛盾的,相反,两者恰恰是互补的。"社会主义需要生态学,因为后者强调地方特色和交互性,并且还赋予了自然内部以及社会与自然之间的物质交换以特别重要的地位。生态学需要社会主义,因为后者强调民主计划以及人类相互间的社会交换的关键作用。"② 在奥康纳看来,只有生态学和社会主义结合的生态社会主义才能解决生态危机问题。"我们需要'社会主义'至少是因为应该使生产的社会关系变得清晰起来,终结市场的统治和商品拜物教,并结束一些人对另一些人的剥削;我们需要'生态学'至少是因为应该使社会生产力变得清晰起来,并终止对地球的毁灭和解构。"③

生态社会主义作为一种激进的生态政治,一方面体现了生态学马克思主义诉诸生态正义重建生态理性的资本主义替代性方案,在一定程度上确实具有绿色乌托邦色彩,但另一方面,生态学马克思主

---

① David Pepper. Eco-Socialism: From Deep Ecology to Social Justice[M]. London: Routledge, 1993: 118 – 119.
② 詹姆斯·奥康纳. 自然的理由[M]. 唐正东,臧佩洪,译. 南京:南京大学出版社, 2003: 434 – 435.
③ 詹姆斯·奥康纳. 自然的理由[M]. 唐正东,臧佩洪,译. 南京:南京大学出版社, 2003: 439.

义基于社会主义与生态学"联姻"可行性的学理分析,本质地提示了生态文明的社会主义制度基础这一重大的时代性课题,阐明了只有社会主义才能引领人类真正实现生活富裕和生态良好有机兼容的可持续发展道路。

## 结语

在当今流行的诸多"现代性话语"中,当数生态学马克思主义的现代性批判理论特色显著且意义重大。生态学马克思主义无论是基于生态危机理论展开对现代性的"生态学诊断",基于资本逻辑反生态性的批判性分析展开对现代性的"生态学批判",还是基于生态理性展开对现代性的"生态学重建",都是对马克思开启的资本现代性批判这一重大课题的推进和深化,充分彰显了经济全球化背景下马克思现代性批判的时代价值。不仅如此,生态学马克思主义的现代性批判理论对于坚持中国特色社会主义的绿色发展道路,构建中国特色社会主义的生态文明,探索人类可持续发展路径和治理模式贡献"中国方案"等方面,都具有十分重要的借鉴和启示意义。

专题五 生态文明的中国话语

# 中国生态文明学术话语体系建构的"3D模型"

黄 铭[1] 吕夏颖[2]

1. 浙江大学马克思主义学院教授
2. 浙江大学马克思主义学院博士研究生

**内容提要**：本文借鉴英国学者费尔克拉夫(Fairclough)的"话语分析3D模型"，基于中国文本、话语和社会问题而将之本土化和现实化重构，以用于中国生态文明学术话语体系的建构。并且，将其3D模型中的"话语实践"(discursive practices)落实于学者对文本的消费和生产，强调无论是"文本消费"(text consumption)还是"文本生产"(text production)都须立足于中国社会的现实问题。学术话语体系的建构正是学者在这种消费与生产、话语与理论的交互作用中得以实现和发展的。

## 一、学界有关生态文明话语研究的现状

根据话语分析的"3D模型"，学界有关生态文明话语的研究可分为"文本""话语实践""社会实践"三个维度。检索中国知网数据库的CSSCI期刊论文，大致情况如下：

1. 关于"文本"维度的研究论文

中国学者关于生态文明研究的"文本"可归纳为"马克思、恩格斯经典"[①]

---

① 在知网以"生态文明"和"马克思"为篇名并列关键词检索CSSCI期刊，并除去国外马克思主义等文本，共131篇文章；以"生态文明"和"恩格斯"为篇名并列关键词检索CSSCI期刊，并除去马克思的相关文本，共2篇文章。共计"马克思、恩格斯经典"类研究论文133篇，占生态文明"文本"研究论文总数的58%。

文本、"习总讲话"①文本、"中国传统"②文本和"西学理论"③文本四个类别,这四类文本的研究论文共计229篇,其每类文本在整体中的占比情况见图1。据图1可知,学界对"习总讲话"和"中国传统"这两类文本的研究还有待加强。

2. 关于"社会实践"维度的研究论文

国内学者关于生态文明研究的"社会实践"维度可归纳为"观念"④"制度"⑤"政策"⑥和"实践"⑦四大方面,这四方面的研究论文共计219篇,其每一方面在整体中的占比情况见图2。据图2可见,关于"观念"和"政策"这两方面的研究仍具较大的空间。

3. 关于"话语实践"维度的研究论文

检索中国知网有关生态文明"话语实践"研究的主要论文(以"生态文明"和"话语"为篇名并列关键词检索 CSSCI 期刊),仅有4篇文

---

① 在知网以"生态文明"和"习近平"为篇名并列关键词检索 CSSCI 期刊,共28篇文章。共计"习总讲话"类研究论文28篇,占生态文明"文本"研究论文总数的12%。

② 在知网以"生态文明"和"中国传统"为篇名并列关键词检索 CSSCI 期刊,共8篇文章;以"生态文明"和"儒家"为篇名并列关键词检索 CSSCI 期刊,共3篇文章;以"生态文明"和"道家"为篇名并列关键词检索 CSSCI 期刊,共7篇文章;以"生态文明"和"佛教"为篇名并列关键词检索 CSSCI 期刊,共10篇文章。共计"中国传统"类研究论文28篇,占生态文明"文本"研究论文总数的12%。

③ 在知网以"生态文明"和"西方"为篇名并列关键词检索 CSSCI 期刊,共9篇文章;以"生态文明"和"国外马克思主义"为篇名并列关键词检索 CSSCI 期刊,共2篇文章;以"生态文明"和"生态马克思主义"为篇名并列关键词检索 CSSCI 期刊,共11篇文章;以"生态文明"和"生态学马克思主义"为篇名并列关键词检索 CSSCI 期刊,共14篇文章;以"生态文明"和"有机马克思主义"为篇名并列关键词检索 CSSCI 期刊,共4篇文章。共计"西学理论"类研究论文40篇,占生态文明"文本"研究论文总数的18%。

④ 在知网以"生态文明"和"观念"为篇名并列关键词检索 CSSCI 期刊,共12篇文章,占生态文明的"社会实践"方面论文总数的5%。

⑤ 在知网以"生态文明"和"制度"为篇名并列关键词检索 CSSCI 期刊,剔除与"观念"中相重复的一篇,共100篇文章,占生态文明的"社会实践"方面论文总数的46%。

⑥ 在知网以"生态文明"和"政策"为篇名并列关键词检索 CSSCI 期刊,共24篇文章,占生态文明的"社会实践"方面论文总数的11%。

⑦ 在知网以"生态文明"和"实践"为篇名并列关键词检索 CSSCI 期刊,共83篇文章,占生态文明的"社会实践"方面论文总数的38%。

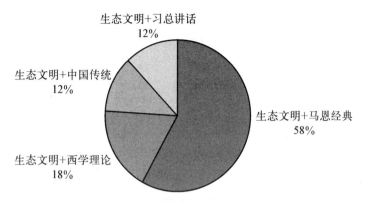

图1 生态文明的"文本"类别研究论文分布图

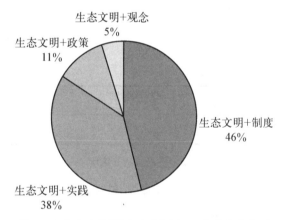

图2 生态文明的"社会实践"方面研究论文分布图

章,分别是:《辩证法视域下中国生态文明的国际话语建构》(2016)、《地方政府官员生态文明话语分析》(2015)、《中国生态文明建设的话语形态及动力基础》(2014)、《当下官场话语与生态文明建设》(2013)。由此可见,学者们关于中国生态文明话语体系建设的研究才刚刚起步。

## 二、费尔克拉夫(Fairclough)的"话语分析3D模型(the three-dimensional model for discourse analysis)①"

1. 话语分析3D模型

英国学者费尔克拉夫提出,如果语言的每一实例都是一个交流事件(communicative event),那么在每个具体的话语分析中都会覆盖三个维度(见图3):

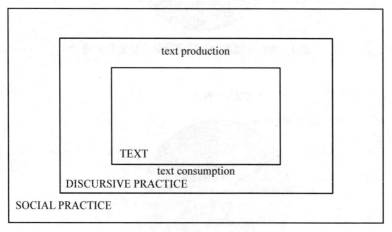

图3 话语分析三维度

(1)"文本"(TEXT)维度,即文本的语言特征(the linguistic features of the text)等;

(2)"话语实践"(DISCURSIVE PRACTICE)维度,即与文本的生产和消费有关的过程(processes related to the production and consumption of the text);

(3)"社会实践"(SOCIAL PRACTICE)维度,即这一交流事件所属的更为广泛的社会实践(the wider social practices to which the

---

① Fairclough N. Discourse and Social Change[M]. Cambridge: Polity Press, 1992: 73.

communicative event belongs)。

这一"3D模型"为我们建构话语体系提供了一般的理论框架,其启示性在于:学者在做文本处理或话语分析时始终要有主体意识(消费文本和生产文本)和社会意识(时代处境和现实问题),自觉将话语实践融入社会实践,使理论结合实践而转化成各具效用的话语体系。

2. 从文本分析(textual analysis)到话语分析(discourse analysis)

(1) 文本分析是对"文本"(text)作一般的解释,以理解某一时代某一文化中人们赋予其周围世界意义的各种方式[①]。话语分析要做的则是对人们在社会互动中的语言使用进行具体的文本分析,因为人们的语言使用往往需要在社会语境(social context)中确定其意义[②]。

(2) 话语既是建构的也是被建构的(both constitutive and constituted),也就是说,话语是一种社会实践(social practice)形式,它既建构社会现实又被其他的社会实践所建构[③]。

(3) 我们可以假定,社会和文化现象的变化缘起于话语实践(discursive practices),那么我们就需阐明社会与文化变化的语言-话语维度(the linguistic-discursive dimension of the process of social and cultural change)[④]。

由此可知,话语分析乃是学者基于文本并嵌入社会的一种特有的实践方式。

---

[①] McKee A. Textual Analysis: A Beginner's Guide[M]. New York: Sage, 2003: 1.

[②] Jørgensen M W, Phillips L J. Discourse Analysis as Theory and Method[M]. London: Sage, 2002: 62.

[③] Jørgensen M W, Phillips L J. Discourse Analysis as Theory and Method[M]. London: Sage, 2002: 61.

[④] Jørgensen M W, Phillips L J. Discourse Analysis as Theory and Method[M]. London: Sage, 2002: 61.

## 三、"3D模型"用于中国生态文明学术话语体系建构

1. 中国话语分析(文本←学者→社会)的"3D模型"
(1) "3D模型"的中国应用及其方法论：

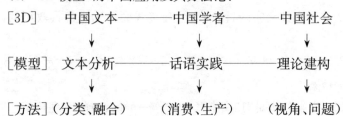

[方法]（分类、融合）　　（消费、生产）　　（视角、问题）

(2) 中国学者建构学术话语的"一体两面"：

中国文本←中国学者→中国社会
　　　　　　↓
文本分析←话语实践→理论建构

A←文本消费·文本生产→B

(A：文本分类后的创造性融合；B：中国视角下以问题为导向)

2. 中国生态文明的话语体系与理论建构
(1) "生态文明"话语体系及表达形式：
习近平讲话：具体话语→主要观点→话语体系
哲学-政治、理论-实践、官方-平民的表达形式
(2) "生态文明"理论建构的问题导向：
"生态文明"的理论建构需要采取社会和历史的两大视角
社会结构的"生态红线"与历史发展的"压缩性现代化"
(3) 话语体系与理论建构之间互动转化：
话语表达理论、理论提升话语；基于中国现实的话语体系转化

# 在通过劳动"控制人与自然物质交换"中坚持人类中心

陈新汉

上海大学哲学系教授

---

**内容提要**：人类改变自然界自在的存在方式，使之发生合乎人类目的的变化，这就是主体性效应。人的本质力量对象化的过程往往会发生异化，从而对人类自身的存在和发展带来危害，这就是反主体性效应。进入20世纪，反主体性效应逐渐显露为全球性问题。劳动首先是人和自然之间的过程，是人以自身的活动来中介、调整和控制人和自然之间的物质变换的过程。人类中心，而不是人类中心主义，这不是从存在论的意义上来理解的。我们保护生态，要走可持续发展的道路，本身并不是以生态为中心，恰恰是以人类为中心，由此才能实现生态文明。

---

生态问题已经成为全球性问题，很多"天灾"实际上是以"天灾"形式表现出来的人祸。自20世纪70年代末进行社会主义的改革开放以来，中国的经济已经取得了举世瞩目的成就，然而中国的环境污染和生态破坏也成为举世瞩目的问题。自党的十八大后，我们在环境治理方面增加了力度，虽然环境污染和生态破坏的速度得到了一定程度的遏制，但就总体而言，毋庸讳言，仍在继续恶化。马克思把劳动理解为是"人和自然之间的物质变换即人类生活得以实现的永恒的自然必然性"，是人以自身的活动来中介、调整和控制人和自然

之间的物质变换的过程。这一论断对于我们治理环境污染和生态破坏问题具有很大的方法论意义。

## 一、生态危机的实质是反主体性效应

人类以主体的方式存在于自然界。人类改变自然界自在的存在方式，使之发生合乎人类目的的变化，这就是主体性效应。正是在人属世界向属人世界的转化中，人类聚集和施展着自己的主体能力。人的主体地位实现和确立的过程就是人的本质力量对象化的过程。人的本质力量对象化的过程往往会发生异化，从而对人类自身的存在和发展带来危害，这就是反主体性效应。在农业社会，人类的主体能力还不强，主体性效应也不大，人们主要是利用和适应自然界，开发利用可再生资源；与之相应的是反主体性效应也不显著，并且是局部发生的，主体性效应和反主体性效应之间的冲突并不激烈。可以说，人类的农业活动往往具有田园诗和牧歌般的美好形象。进入工业社会，人类的主体能力空前提高。蒸汽机的发明、电能的利用、大城市的建立、人口的密集、大规模地开发地表不可再生资源，加剧了反主体性效应。同时，工业的高速发展在短期内拉开了不同社会地域和社会阶层的差别，落后地区和劳动阶级成为反主体性效应的广大承受者，从而淡化了反主体性效应对于全球的影响。只是进入20世纪，特别是二次大战以后，反主体性效应才逐渐显露为全球性问题。生态恶化是其中的一个重要表现。有很多灾害，表面上看是"天灾"，实际上却是人祸，是以"天灾"形式表现出来的人祸。而主体能力发展所带来的社会节奏的加速倍增，一方面使弥补反主体性效应的时间和机遇减少，另一方面强化了反主体性效应的程度，致使全球问题日益严重。

随着我国进入市场经济体制后经济的高速增长，经济运行中的一些深层次的问题逐步暴露出来；我国的环境污染和生态破坏的速度虽然得到一定程度的遏制，但就总体而言，仍在继续恶化。我国的环境和发展正面临着巨大的挑战。我国在1994年制定的《中国21

世纪议程》指出了造成上述状态的根本原因,这就是生态与发展的分离:没有将生态问题作为经济活动的很重要部分,谋求在经济活动的过程中解决生态问题,而是将生态与发展割裂开来。将生态与发展割裂的问题从根本上讲是与资本的逻辑相适应的生产体制。这里所说的资本的逻辑是指追求利润、让自身增殖的资本本性。这是市场经济体系双刃剑的另一面。这就使得中国的生态保护在很多方面实际上走的还是发达国家已经走过的"先污染、后治理"的老路,从而使中国的生态问题已经达到了相当严重的程度。

## 二、马克思劳动观中的生态保护思想

马克思在《1844年经济学哲学手稿》中认为"人直接地是自然存在物",而且直接地是作为生命的自然存在物①。这句话的意思是,人是拥有身体、拥有自然的各种力的人的自然,同时又受到独立于人之存在的外部自然的限制,是在与自然的联系中生存的"受苦的存在"。马克思还认为,把人与外部自然连接、结合起来的是活动即生产劳动。人类通过生产劳动有意识地改造自然,变革自然,把自然变成人化自然。由于自然是"人的生命活动的材料、对象和工具",因此自然被理解为"人的无机的身体"。

值得提出的是,马克思把以劳动为中介的人的自然与外部自然的联系、人的身体与"人的无机的身体"的联系理解为"自然界同自身的联系"。以劳动为中介的人和自然的联系之所以成了自然与自然的联系,是因为"所谓人的肉体生活和精神生活同自然界相联系,不外是说自然界同自身相联系,因为人是自然界的一部分"②。这一观点之所以值得提出,是因为它实际上蕴含着把人看成是生态系统中

---

① 马克思,恩格斯.马克思恩格斯文集:第1卷[M].中共中央编译局,译.北京:人民出版社,2009:211.
② 马克思,恩格斯.马克思恩格斯文集:第1卷[M].中共中央编译局,译.北京:人民出版社,2009:161.

一员的生态保护思想。

马克思进一步把人和自然之间的过程看作是通过生产劳动实现的物质变换过程。马克思在《资本论》中说:"劳动作为使用价值的创造者,作为有用劳动,是不以一切社会形式为转移的人类生存条件,是人和自然之间的物质变换即人类生活得以实现的永恒的自然必然性。"[1]人与自然的物质交换不是单纯的作为生物个体所进行的生物学的物质新陈代谢,而是人类或人类社会通过劳动和消费与整个自然所进行的物质交换,也可以说是由人类劳动为中介的人类社会与自然的循环。在这个循环中,既包含人以劳动为中介"获得自然"的环节,也包含把消费生活中的废弃物排给自然和把生产过程中产生的废弃物排给自然的环节。要使循环得以正常地运行,这两个环节之间的运行必须畅通。但是,按照资本追求最大利润的逻辑,"一方面聚集着社会的历史动力,另一方面又破坏着人和土地之间的物质变换"[2]。从环境保护的观点来看,重要的是,马克思指出了以下问题:按照资本逻辑的生产由于把人口聚集到城市,由于消费的废弃物的大量产生,"扰乱"了"人和自然之间的物质变换",这种"扰乱"就是对自然的"扰乱"和"破坏",同时也是对人自身的"扰乱"和"破坏"。

马克思在《资本论》中还说:"劳动首先是人和自然之间的过程,是人以自身的活动来中介、调整和控制人和自然之间的物质变换的过程。"[3]马克思强调的是,通过劳动的中介把人和自然之间的物质变换过程置于"合理地调节"之中。也许有人认为,对自然的控制和对人类与自然界之间关系的控制,在意思上差不多。其实不一样。如果立足于把劳动作为对自然的控制去理解的话,那么,如何制造出

---

[1] 马克思,恩格斯.马克思恩格斯全集:第44卷[M].中共中央编译局,译.北京:人民出版社,2001:56.
[2] 马克思,恩格斯.马克思恩格斯全集:第44卷[M].中共中央编译局,译.北京:人民出版社,2001:579.
[3] 马克思,恩格斯.马克思恩格斯选集:第2卷[M].中共中央编译局,译.北京:人民出版社,2012:169.

满足人们需求的生产物就成了重点。如果立足于把劳动作为对人类与自然之间的关系的控制来理解的话,那么就会在考虑作为变革自然的劳动和由这种劳动创造出的生产物到底会对人类与自然之间关系产生何等影响之后再进行生产。为此,马克思说,要"在最无愧于和最适合于他们的人类本性的条件下来进行这种物质变换"[①]。

应该承认,以马克思主义为指导思想的社会主义国家在进入市场经济以后,往往会按照市场所存在的资本的逻辑来进行生产活动,而没有足够地重视蕴含于马克思劳动观中的生态保护思想。社会主义国家的环境恶化,从思想渊源上来说,是与这有关的。自觉地研究马克思劳动观中的环境思想,尤其是把劳动理解为对人类与自然之间关系的"合理地调节"的思想,这在当前尤其具有现实意义。

### 三、"人类中心"与生态文明

人类中心主义以科学技术的发展为依托,把自然只是作为服务于人类的手段来利用,因而带有以人类为中心与自然发生关系的含义。不能否定人作为生物物种为了生存,和其他生物一样,有把其他生物及自然作为手段利用的一面。人类的生活作为需求——生产——消费——废弃的过程来进行,在生产中自然被作为资源来利用。如果否定这一点,人类将无法生存。需要批判的是,在人类对自然的多方面关系中,只把自然作为手段利用,并使其手段化的态度。

然而,不能由此赞成非人类中心的观点。非人类中心的观点是当今西方生态伦理学的一个颇有影响的流派。它认为,正是人类中心主义引起了生态危机,为了抑制人的强暴,有必要承认人以外的存在物本身也具有"权利"和"固有的价值"。承认"自然的权利",并在人权的延长线上给其位置,这意味着对人以外的存在物进行"权利"概念的扩展。这是一个"令人吃惊的主张","认为虐待动物是错误的

---

① 马克思,恩格斯.马克思恩格斯文集:第 7 卷[M].中共中央编译局,译.北京:人民出版社,2009:928-929.

与认为动物也有权利,完全是两回事"。权利是通过由作为人、并像人那样地生存的人们的运动提出,并被逐渐获得、扩大而形成的。

　　权利不是被给予的东西,没有要求权利的主体的存在,权利是不可能成立的。可见,人以外的存在物是不可能充当权利主体的。人之外的自然具有"固有的价值"的观点,也是不能成立的。所谓价值就是对人有用。劳动或实践是创造价值的活动,通过这一活动而创造的对象世界是价值世界。当然,人并不是只创造价值,还制造了被片面、邪恶的欲望所异化了的价值,即反价值。无论是价值还是反价值,都明显地具有人的特征。与人的存在无关,属于自然本身的"固有的价值",是不存在的。如果承认自然有其"固有的价值",就会使在人类生活中历史地形成的价值概念的属人性变得暧昧。人如果承认其他生物有"固有的价值"的话,就不能再食用动植物,那么人的生存本身也就没有任何可能了。

　　人类中心,而不是人类中心主义,这不是从存在论的意义上来理解的。从存在论的意义看,世界是没有或无所谓中心的。相对于浩瀚的宇宙而言,地球上人类的存在,无论从空间、时间还是从绝对力量上看,都可以说是非常渺小的,更何况人本身是宇宙在其运动过程中合乎规律的产物,同时又必然在宇宙的运动中合乎规律地灭亡。人类中心作为一种价值论观点,它是人的行为的出发点和对待世界的态度。恩格斯对此说过一段很有意味的话:"我们的整个的公认的物理学、化学、生物学都是绝对地以地球为中心的,只是针对地球的。"[①]以地球为中心,也就是以人类为中心,人总是以人为出发点,从人的角度来观察世界、对待世界的。因此,"人类中心"的观念主要不是一个关于世界存在的和事实描述的观念,而是一种价值观念。我们保护生态,要走可持续发展的道路,本身并不是以生态为中心,恰恰是以人类为中心,由此才能实现生态文明。

---

　　① 马克思,恩格斯.马克思恩格斯文:第9卷[M].中共中央编译局,译.北京:人民出版社,2009:495.

# 绿色发展理念:对马克思生态文明观的丰富和发展

贺善侃

东华大学马克思主义学院教授

**内容提要:** 作为中国特色社会主义理论体系的重要组成部分的绿色发展理念,是中国共产党领导中国人民在几十年的社会主义建设实践中通过总结经济建设和生态文明建设的经验与教训而逐渐形成及发展起来的,体现了鲜明的时代特色和民族特色。它更深入地回答了在当今时代如何辩证处理人与自然的关系,在理论上,继承和发展了马克思关于人与自然和谐发展学说的内涵;在实践上,遵循当代中国经济社会发展规律,提出了从理念到实践的全方位的绿色发展道路实施战略和策略。

党的十八大和十八届五中全会确立的绿色发展理念是中国共产党人对自然界发展规律、人类社会发展规律、中国特色社会主义建设规律和中国共产党执政规律认识上的深化与理论上的飞跃;坚持绿色发展是在统筹协调人与自然、人与社会以及人与人的关系中促进经济社会持续健康发展的根本举措。作为中国特色社会主义理论体系的重要组成部分的绿色发展理念是对马克思主义人与自然和谐发展思想的继承和发展。

## 一、中国共产党绿色发展理念的形成和发展

作为中国特色社会主义理论体系的重要组成部分的绿色发展理

念,是中国共产党领导中国人民在几十年的社会主义建设实践中通过总结经济建设和生态文明建设的经验与教训而逐渐形成及发展起来的,体现了鲜明的时代特色和民族特色。

一部绿色发展理念的形成和发展史,就是一部中国共产党人对人与自然之间生态关系的探索史。作为中国特色社会主义理论体系的绿色发展理念是随着马克思主义中国化的历史进程而不断进步、日益成型的。

20世纪70年代以来,我们党和政府逐步确立了顺应时代潮流的环境保护政策,并不断推进环境保护工作的法制化。1983年,第二次全国环境保护会议正式把环境保护确立为"我国的一项基本国策"[①]。这是我们党绿色发展理念形成史中的一次重大飞跃。

自1983年以后,我国以环境保护为基本国策,探索人与自然之间的生态关系。1992年,我国政府在参加联合国环境与发展大会时,初步系统阐述了我国关于可持续发展理论的根本立场和基本观点。1994年,我国政府通过的《中国二十一世纪议程》"构筑了一个综合性的、长期的、渐进的可持续发展战略框架和相应的对策",并成为各级政府制定国民经济和社会发展计划的指导性文件。随后,作为国家发展战略层面的可持续发展战略在我国的社会主义理论与实践中逐渐得到重视和强化。1997年,党的十五大再次强调:"实施科教兴国战略和可持续发展战略"。2002年,党的十六大报告确立了全面建设小康社会的奋斗目标之一就是:"可持续发展能力不断增强,生态环境得到改善,资源利用效率显著提高,促进人与自然的和谐,推动整个社会走上生产发展、生活富裕、生态良好的文明发展道路。"[②]这一战略目标指引着全面建设小康社会的绿色发展道路,具有重大的理论价值和实践意义,是我们党绿色发展理念形成史中的

---

[①] 国家环境保护总局,中共中央文献研究室.新时期环境保护重要文献选编[M].北京:中央文献出版社、中国环境科学出版社,2001:40.

[②] 江泽民.江泽民文选:第3卷[M].北京:人民出版社,2006:544.

又一次重大飞跃。

党的十六大以后,我们党继续创新可持续发展战略,探索人与自然之间的生态关系问题。2003年,党的十六届三中全会完整地提出了科学发展观,即"坚持以人为本,树立全面、协调、可持续的发展观,促进经济社会和人的全面发展",强调"统筹人与自然和谐发展"。2005年2月,胡锦涛指出:"我们所要建设的社会主义和谐社会,应该是民主法治、公平正义、诚信友爱、充满活力、安定有序、人与自然和谐相处的社会","人与自然和谐相处,就是生产发展,生活富裕,生态良好"。同年3月,胡锦涛又明确提出:"要大力推进循环经济,建立资源节约型、环境友好型社会"。2007年,党的十七大首次提出"生态文明"概念,提出:"建设生态文明,基本形成节约能源资源和保护生态环境的产业结构、增长方式、消费模式。循环经济形成较大规模,可再生能源比重显著上升。主要污染物排放得到有效控制,生态环境质量明显改善。生态文明观念在全社会牢固树立。"[①]

至此,生态文明建设正式上升为我们党环保事业的行动纲领。2009年,党的十七届四中全会提出:"我国经济建设、政治建设、文化建设、社会建设以及生态文明建设全面推进",首次把"生态文明建设"纳入了中国特色社会主义事业的总体布局。2010年,党的十七届五中全会明确提出了"加快建设资源节约型、环境友好型社会,提高生态文明水平"的战略举措,特别是首次提出了"树立绿色、低碳发展理念",为绿色发展理念奠定了坚实基础。

2012年,党的十八大的召开,为我们党绿色发展理念的形成揭开关键一页。继十七大之后,十八大报告再次论及"生态文明",并将其提升到更高的战略层面。由此,中国特色社会主义事业总体布局由经济建设、政治建设、文化建设、社会建设"四位一体"拓展为包括

---

[①] 胡锦涛.高举中国特色社会主义伟大旗帜 为夺取全面建设小康社会新胜利而奋斗[M].北京:人民出版社,2007:20.

生态文明建设的"五位一体"。党的十八大报告明确指出:"必须树立尊重自然、顺应自然、保护自然的生态文明理念,把生态文明建设放在突出地位,融入经济建设、政治建设、文化建设、社会建设各方面和全过程,努力建设美丽中国,实现中华民族永续发展。"[①]2013年7月,习近平指出:"走向生态文明新时代,建设美丽中国,是实现中华民族伟大复兴的中国梦的重要内容。"[②]将"建设美丽中国"纳入中国梦的战略布局。同年11月,党的十八届三中全会进一步指出:"紧紧围绕建设美丽中国深化生态文明体制改革,加快建立生态文明制度"开创了"用制度保护生态环境"的新局面。2015年4月,《中共中央国务院关于加快推进生态文明建设的意见》中提出:"协同推进新型工业化、信息化、城镇化、农业现代化和绿色化"。这是中央首次提出"绿色化"的历史任务,并使其成为"新五化"的重要内容和生态文明建设的具体道路。同年11月,党的十八届五中全会明确提出"必须牢固树立创新、协调、绿色、开放、共享的发展理念"。作为五大发展理念之一的绿色发展正式成为国家"十三五规划"的指导理念。

综上所述,从环境保护基本国策的确立,到可持续发展战略的提出,从生态文明被纳入中国特色社会主义事业的总体布局,到作为五大发展理念之一的绿色发展理念的最终形成,作为中国特色社会主义理论体系的绿色发展理念日益成熟,逐步被全党全国人民所接受、认同,并成为中国共产党的执政理念、国家经济建设的指导理念。

绿色发展理念是当代中国的时代选择和理论创新。它不仅深刻反映了生态文明建设的本质要求,以及党对人民热切期盼的积极回应,而且充分体现了对中华民族永续发展的历史责任,对全球生态安全的中国担当。在理论与实践上,它针对当今全球及我国面临的生态危机,直面我国及世界生态文明建设的时代课题,继承和创新了马

---

① 胡锦涛.坚定不移沿着中国特色社会主义道路前进 为全面建成小康社会而奋斗[M].北京:人民出版社,2012:39.
② 习近平.习近平谈治国理政[M].北京:外文出版社,2014:211.

克思主义关于人与自然和谐发展的学说,丰富和发展了马克思主义,把中国化的马克思主义提升到一个全新的境界。

## 二、中国共产党绿色发展理念继承和发展了马克思关于人与自然和谐发展学说的内涵

作为中国特色社会主义理论体系的重要组成部分的绿色发展理念更深入地回答了在当今时代如何辩证处理人与自然的关系,在理论上,继承和发展了马克思关于人与自然和谐发展学说的内涵;在实践上,遵循当代中国经济社会发展规律,提出了从理念到实践的全方位的绿色发展道路实施战略和策略。

首先,习近平将马克思人与自然关系理论同我国实际情况相结合,形象深刻地通过深入阐发"绿水青山"与"金山银山"的辩证统一来说明社会、经济发展与生态文明之间的内在关系,强调"保护生态环境就是保护生产力,改善生态环境就是发展生产力"①的绿色生产力理念,按照"尊重自然、顺应自然、保护自然的理念,贯彻节约资源和保护环境的基本国策,更加自觉地推动绿色发展、循环发展、低碳发展"②。

2013年9月7日,习近平在哈萨克斯坦纳扎尔巴耶夫大学的演讲中,在谈到经济发展与环境保护的关系问题时指出:"我们既要绿水青山,也要金山银山。宁要绿水青山,不要金山银山,而且绿水青山就是金山银山"③。在参加河北省委常委班子专题民主生活会时,习近平指出,要给你们去掉紧箍咒,生产总值即便滑到第七、第八位了,但在绿色发展方面搞上去了,在治理大气污染、解决雾霾方面作

---

① 中共中央宣传部.习近平总书记系列讲话读本[M].北京:学习出版社、人民出版社,2016:234.
② 习近平.习近平谈治国理政[M].北京:外文出版社,2014:211.
③ 中共中央宣传部.习近平总书记系列讲话读本[M].北京:学习出版社、人民出版社,2016:230.

出贡献了,那就可以挂红花、当英雄。反过来,如果就是简单为了生产总值,但生态环境问题越演越烈,或者说面貌依旧,即便搞上去了,那也是另一种评价了。发展绝不等同于单纯的经济增长,不能单纯追求 GDP 的增长。①

绿水青山意味着优美的人居环境、干净的水源和清洁的空气。"宁要绿水青山,不要金山银山","绿水青山就是金山银山"的环境价值理念,反映了习近平对加强环境保护,走绿色发展道路的高度重视。从理论内涵上看,习近平的"两山"思想体现了保护自然生产力是发展绿色生产力的前提的思想。

保护生态环境就是保护自然生产力。大自然在长期演化过程中,形成了一个具有完整的生产者、消费者和分解者的结构的自然生态系统,这个自然生态系统是一个能够实现物质循环、能量转化和信息传递的自组织系统,能够对其自身的状态进行有效的自调控,形成地球的生物圈,为人类和其他生物的生存提供了巨大的资源财富。自然生态系统所蕴藏的巨大生产能力,就是自然生产力。但自然生态系统的自调控能力是有限的,一旦人类不合理开发自然,就会使自然生态系统失去恢复和调节能力,导致生态平衡破坏从而损害了自然生产力。正是在这个意义上,习近平提出保护生态环境就是保护自然生产力,并由此提出了绿色发展的生态生产力理念。这是对马克思人与自然关系理论的一个重要发展。

其次,继承和发展了马克思关于"原生形态文明"包含着未来文明的基因等重要思想,阐明了绿色发展与文明发展的辩证关系,提出生态兴则文明兴,生态衰则文明衰的思想。

2013 年 5 月 24 日,习近平在中央政治局第六次集体学习时指

---

① 习近平谈"十三五"五大发展理念之三:绿色发展篇[N/OL].(2015-11-12). http://cpc.people.com.cn.xuexi/n/2015/1112/c385474-27806216.html.

出:"生态兴则文明兴,生态衰则文明衰。"①他引用恩格斯《自然辩证法》中的一段话:"美索不达米亚、希腊、小亚细亚以及其他各地的居民,为了得到耕地,毁灭了森林,但是他们做梦也想不到,这些地方今天竟因此而成为不毛之地",科学回答了生态与人类文明之间的关系,丰富和发展了马克思主义生态观,揭示了生态决定文明兴衰的客观规律。古埃及、古巴比伦、中美洲玛雅文明等古文明都发源于生态平衡、物阜民丰的地区,之所以失去昔日的光辉或者消失在历史的遗迹中,其根本原因是破坏了生态环境。这样的悲剧在我国历史上同样存在,比如昔日"丝绸之路"上有"塞上江南"之称的楼兰古国,如今也已淹没在大漠黄沙之中。这些沉痛的教训告诉我们,如马克思所说,现代文明的发展必须以"原生形态文明"的基因为前提和基础,亦即:现代文明的发展不能以破坏自然环境为代价。习近平以此原理为基础,深刻地阐发了绿色发展与文明发展的关系,表达了这样的思想:谁破坏了绿色,谁也就破坏了文明;谁保护了绿色,谁也就保护了文明,即:"生态兴则文明兴,生态衰则文明衰。"

最后,继承和发展了马克思关于人在利用、改造自然时要遵循自然规律的思想,遵循当今和今后一个时期我国经济发展的大逻辑,深刻揭示了中国经济发展"中高速增长、重质量效益、重生态文明、重可持续性和包容性"等新特征、新趋势,提出了绿色发展道路实施战略和策略。这些战略和策略充分体现了作为新发展理念的绿色发展是遵循经济规律的科学发展、遵循自然规律的可持续发展、遵循社会规律的包容性发展。

其一,遵循经济规律的科学发展,是"实实在在、没有水分"的发展,是注重"系统性、整体性和协同性"的发展,是"质量更高、效益更好、结构更优、优势充分释放"的发展。其二,遵循自然规律的可持续

---

① 中共中央宣传部.习近平总书记系列讲话读本[M].北京:学习出版社、人民出版社,2016:231.

发展,是"绿水青山就是金山银山"的发展,是"经济要上台阶,生态文明也要上台阶"的发展,是"生产发展、生活富裕、生态良好"的发展。这意味着,发展不仅要讲速度讲效益,更需要在增长与保护、局部与整体、当前和长远之间,找到最佳平衡点。不能陶醉于人类对自然界的征服,不能简单地以 GDP 论英雄。其三,遵循社会规律的包容性发展,就是促进公平正义,"坚定不移走共同富裕的道路"的发展,是以"人民对美好生活的向往"为奋斗目标的发展,是"让人民群众有更多获得感"的发展。这意味着,不仅把发展视为经济问题,更将之视为政治问题、社会问题,让更多人共享发展的成果。要让每个人拥有平等参与、平等发展的机会,使不同社会群体、市场主体各得其所、各展其能。

## 三、中国共产党绿色发展理念提出了从理念到实践的全方位的绿色发展道路实施战略和策略

鉴于对以上客观规律的充分认识,新发展理念提出了绿色发展道路实施战略和策略,主要包括:

(一)转变经济发展方式是实现绿色发展的重要前提

习近平指出:"建立在过度资源消耗和环境污染基础上的增长得不偿失。我们既要创新发展思路,也要创新发展手段。要打破旧的思维定式和条条框框,坚持绿色发展、循环发展、低碳发展"。"加快经济发展方式转变和经济结构调整,是积极应对气候变化,实现绿色发展和人口、资源、环境可持续发展的重要前提。"

转变经济发展方式,不仅要在资源配置方式即资源利用方式上有所转变,更强调要在经济结构发展模式上有所调整。在资源利用方式上,转变传统粗放型资源利用方式,从根本上摒除传统发展中一味地追求经济的增长、自我需求的满足,弃生态、社会和子孙后代的利益于不顾的资源利用模式,走人与自然、资源和社会协调发展之路。转变经济发展方式重点是以调整资源利用方式为核心,以转变

经济发展结构为推手,其目的是加快形成支撑我国生态文明建设的新型经济发展方式。

(二)发展循环经济是推进绿色发展的重要手段

习近平反复强调发展循环经济,节约资源、保护环境的重要性、紧迫性和重大意义。他指出:"要把节约资源作为基本国策,发展循环经济,保护生态环境;要呵护人类赖以生存的地球家园,建设生态文明,形成节约能源资源和保护生态环境的产业结构、增长方式、消费模式"。习近平2013年7月22日在湖北武汉考察时指出,节约资源、保护环境是我国发展的必然要求,全社会都要提高认识,坚持走可持续发展道路。他还指出,变废为宝、循环利用是朝阳产业,希望企业再接再厉。习近平在中央政治局第六次集体学习时强调要大力发展循环经济,促进生产、流通、消费过程的减量化、再利用、资源化。中共中央国务院发布的《关于加快推进生态文明建设的意见》也明确提出:"发展循环经济。按照减量化、再利用、资源化的原则,加快建立循环型工业、农业、服务业体系,提高全社会资源产出率"。

(三)大力发展绿色技术是绿色发展的重要技术支撑

绿色技术是构筑绿色经济的物质基础,是绿色发展的技术依托。习近平对发展绿色技术极为重视。他指出:"要加快开发低碳技术,推广高效节能技术,提高新能源和可再生能源比重,为亚洲各国绿色发展和可持续发展提供坚强的科技支撑"。

习近平强调,改革开放以来,我国经济规模很大、但依然大而不强,我国经济增速很快、但依然快而不优。主要依靠资源等要素投入推动经济增长和规模扩张的粗放型发展方式是不可持续的。老路走不通,新路在哪里?就在科技创新上,就在加快从要素驱动、投资规模驱动发展为主向以创新驱动发展为主的转变上。

习近平所说的科技创新实质就是绿色技术创新。绿色技术创新是符合绿色发展需要的一种技术创新。通过推进绿色技术创新,大力发展绿色技术,提高资源利用率,减少废弃物排放,才能实现绿色发展。绿色技术创新"引领整个产业体系走向健康、环保、安全和低碳",引领人类走向生态文明新时代。

(四)发展绿色消费是推进绿色发展的重要途径

绿色消费是一种生态化消费方式,体现了尊重自然、保护生态,实现了消费的可持续性,体现了绿色发展观。习近平对推行绿色消费极为重视,他指出,"要大力弘扬生态文明理念和环保意识,坚持绿色发展、绿色消费和绿色生活方式,呵护人类共有的地球家园,成为每个社会成员的自觉行动"。2013年4月25日,习近平主持中共中央政治局常务委员会会议,研究当前经济形势和经济工作。会议明确提出要大力发展绿色消费。习近平在中共中央政治局第六次集体学习时强调,要增强生态产品生产能力。生态产品本身具有节约资源能源、低污染、低毒、可再生、可回收、不威胁人类健康的特点。有了足够的生态产品,才能促进绿色消费。

(五)改善人民群众的生存环境是我国走绿色发展道路的根本目标

随着社会发展和人民生活水平不断提高,人民群众对干净的水、清新的空气、安全的食品、优美的环境等的要求越来越高,生态环境在群众生活幸福指数中的地位不断凸显,环境问题日益成为重要的民生问题。

习近平指出:"环境就是民生,青山就是美丽,蓝天也是幸福。要像保护眼睛一样保护生态环境,像对待生命一样对待生态环境,把不损害生态环境作为发展的底线。"[①]"绿色发展和可持续发展的根本目的是改善人民生存环境和生活水平,推动人的全面发展"。我们"要以极其认真负责的历史责任感对待环境与发展问题,坚持走可持续发展道路"。保护生态环境,就是要还大地以绿水青山,还老百姓

---

① 中共中央宣传部.习近平总书记系列讲话读本[M].北京:学习出版社、人民出版社,2016:233.

以绿色家园。这关系最广大人民的根本利益,是关乎民族未来的长远大计,是功在当代、利在千秋的事业。在这个问题上,我们没有别的选择。坚持绿色发展道路,全面推进生态文明建设,还大地以绿水青山,是改善人民生存环境和生活水平,实现中华民族永续发展的根本大计。

# 人的生态创构与话语体系

邱仁富

上海大学马克思主义学院副教授

**内容提要**：人的生态的形成是从人与自然的相互关系到人与人的相互关系中创构的,人的生态从根本上说受社会生产力所制约,也受社会生态所制约。在信息文明时代,特别是人工智能时代,要看到传统的人的生态被解构,这种事实已深层次地改变了人群结构,特别是人的交往结构和消费结构,人的空间距离被拉近、人们交往的扁平化等,促进了人类交往的新变革,在这种趋势下,可以从建构以信息为中心的相互性生态、创构高层次相互转化的人的生态和在共同体中创构人的生态等方面入手。

社会生态最终在于人类的实践活动,在于人的自我实现过程中的自我创构活动。在信息文明时代,特别是人工智能时代,如何认识人本身、认识人的社会活动等就成为建构人的生态的不可回避的话题。

## 一、人的本质关系及其相互性

相互性依赖于主体,核心是主体在凸显本质活动过程中的一种相互关系。主体的相互性是主体与主体之间相互作用、相互影响、相互促进过程中形成的一种互动机制,是人类在社会实践活动过程中,通过相互性实现人自身的进化和发展,主要表现以下几个方面:

（一）人的本质及其相互性

关于人的本质问题，马克思在《关于费尔巴哈的提纲》一文中指出："人的本质并不是单个人所固有的抽象物。在其现实性上，他是一切社会关系的总和。"①人具有自然属性和社会属性，人之所以为人，根本在于其社会属性，马克思强调人"是一切社会关系的总和"是从社会属性的角度来阐释的。由此可以推出，人的本质在于人的社会关系，是社会关系的总和，而人的社会关系在于人的社会实践活动，这种实践活动性依赖于人的相互性，这就是说，马克思人的本质论从根本上说呈现了相互性的重要地位，体现了相互性的内在机理。一定意义上说，从马克思人的本质论角度看，相互性建构了人的社会属性和人的本质。

（二）人的实践及其相互性

人和动物都在生产，但是人与动物是不同的。"动物和它的生命活动是直接同一的。动物不把自己同自己的生命活动区别开来。它就是这种生命活动。"②动物的生产只是满足自身生命活动延续的需要，因而动物的生产是相对线性的、片面的，即动物的生产主要是为了维系自身生命活动和种类繁衍。而人的生产的内涵却比动物生产丰富得多，人的主体性、思想的丰富性决定了人的生产更加具有丰富内涵。人的生产是有意识的生命活动，是全面的生产、体现类的存在物。马克思在《1844年经济学哲学手稿》中指出："人则使自己的生命活动本身变成自己的意志和意识的对象。他的生命活动是有意识的。这不是人与之直接融为一体的那种规定性。有意识的生命活动把人同动物的生命活动直接区别开来。正是由于这一点，人才是类存在物。或者说，正因为人是类存在物，他才是有意识的存在物，也

---

① 马克思,恩格斯. 马克思恩格斯选集：第 1 卷[M]. 中共中央编译局,译. 北京：人民出版社,2012：135.

② 马克思,恩格斯. 马克思恩格斯选集：第 1 卷[M]. 中共中央编译局,译. 北京：人民出版社,2012：56.

就是说,他自己的生活对他是对象。仅仅由于这一点,他的活动才是自由的活动。异化劳动把这种关系颠倒过来,以至人正因为是有意识的存在物,才把自己的生命活动,自己的本质变成仅仅维持自己生存的手段。"[1]马克思在这里讨论人的实践,与其说是把人的劳动和动物的劳动区分开来,倒不如说马克思更进一步阐释了人的劳动的相互性问题。作为类的存在物,最大的特性之一在于主体有意识的活动,人通过自己的有意识活动与自然的相互作用,进而实现自己的目的,实现"自由的活动"。极端地说,即使是异化劳动,说到底也是作为主体的人在相互性活动过程中产生的不正常结果,即不是形成人的"自由的活动",而是"自己的本质变成仅仅维持自己生存的手段"。

(三)人类进化及其相互性

揭示人的本质,一方面表明人不同于动物,人是在社会(实践)关系中成长的,这跟以往对人的认识不一样(从唯心主义走向唯物主义的认识论),体现了人的实践活动及其相互性特性;另一方面体现了人的社会性活动的走向,即实现人的自由全面发展。人的自由全面发展唯有在社会性活动中才能实现。一定程度上说,马克思揭示人的本质关系,包含着未来社会人的全面发展的价值诉求和愿景。人的本质活动最终目的是要促使人的自由解放,这是人类进化、社会生态走向更高层次的重要根据。

事实上,人类历史进化表明,人类的进化和人类文明的发展离不开实践活动,离不开相互性的机制。人在社会净化,特别是在自我净化中展现了人的相互性机制。人类文明的进程恰恰是多元文明形态下相互交流和相互推动下形成的相互性活动。据有关材料显示:"早在欧洲人地理大发现之前的漫长数千年中,人类各部分实际上已在

---

[1] 马克思,恩格斯. 马克思恩格斯选集:第1卷[M]. 中共中央编译局,译. 北京:人民出版社,2012:56.

相互影响,只是相互影响的程度随历史时期和地理位置的不同而存在巨大差异。"①尽管不同的区域人们的相互影响程度不同,但是,相互性在多元文明交流中发挥重要作用。"人类取得进步的关键就在于各民族之间的可接近性。最有机会与其他民族相互影响的那些民族,最有可能得到突飞猛进的发展。实际上,环境也迫使它们非迅速发展不可,因为它们面临的不仅是发展的机会,还有被淘汰的压力。如果不能很好地利用相互影响的机会求得发展,这种可接近性就常会带来被同化或被消灭的危险。"②从这里可以看出,人类发展进步的元素(含多元文化、多元民族)是多元的,而且彼此之间不是隔绝的,多元素之间相互作用、相互借鉴、相互促进,则是推动人类文明进步的重要机制。

总之,理解人的本质关系及其蕴含的相互性机理,对理解人本身、建构人的生态、推动人的发展都具有基础性作用,唯有在把握人的本质关系基础上才能建构人的生态。

## 二、人的生态的内在性反思

目前学术界关于人的生态研究主要有两个倾向:一是将人的生态与自然生态相结合,认为人的生态建设的好坏与自然生态运行密切相关。自然生态恶化必将影响人的生态恶化,它们之间是相反相成的,不管是自然生态还是人的生态关键在于人本身。二是人的生态化研究,认为要从生态的角度来理解人的发展,实现人的全面发展。人的全面发展要把生态的因素考虑进去,作为一个重要指标。人的生态化与生态的人化是辩证统一的,要实现人的全面发展必须要对人的生态进行优化。学术界对人的生态阐释对进一步拓展人的生态研究具有重要意义。

---

① 斯塔夫里阿诺斯.全球通史[M].吴象婴,等译.北京大学出版社,2006:6.
② 斯塔夫里阿诺斯.全球通史[M].吴象婴,等译.北京大学出版社,2006:10.

人从其属性而言，是群体动物，人从害怕自然、依附自然过程中就形成了一个特定的群体，从这个意义上说，不管是何种生态，人类的存在自然而然地形成某种特定的生态。甚或说，只要有人的存在，就存在人的生态，这种生态建构取决于两个方面：一是人对自然的关系中形成人的生态。"全部人类历史的第一个前提无疑是有生命的个人的存在。因此，第一个需要确认的事实就是这些个人的肉体组织以及由此产生的个人对其他自然的关系。"[1]人与自然的关系是形成人的生态的最重要的关系，人为了生存必须要向自然界索取，形成个人与其他自然的相互关系，在此基础上形成人的生态。二是人在社会实践活动过程中形成人的生态。人的生产跟动物的生产不同在于人的主体性，动物的生产是片面的，而人的生产具有全面性，"人以一种全面的方式，也就是说，作为一个完整的人，占有自己的全面本质"[2]，人在生产实践中逐渐形成了人与人的交互生态，进而创构了人的生态。

从以上两个方面可以看出，人的生态的形成是从人与自然的相互关系到人与人的相互关系中创构的，人的生态从根本上说受社会生产力所制约，也受社会生态所制约。从这个意义上说，人的生态大致经历了以下几个阶段：

（一）立足于农耕文明的人的生态

"整个所谓世界历史不外是人通过人的劳动而诞生的过程，是自然界对人来说的生成过程。"[3]人首先要获得生存资料，进行物质生产，必然要从自然界中获取生存资料和生产资料，在这个过程中形成了人的生态。在生产力比较低的农耕文明时代，"个人，从而也是进

---

[1] 马克思,恩格斯.马克思恩格斯选集：第1卷[M].中共中央编译局,译.北京：人民出版社,1995：67.
[2] 马克思,恩格斯.马克思恩格斯全集：第42卷[M].中共中央编译局,译.北京：人民出版社,1979：96.
[3] 马克思,恩格斯.马克思恩格斯文集：第1卷[M].中共中央编译局,译.北京：人民出版社,2009：196.

行生产的个人,就越表现为不独立,从属于一个较大的整体"①。人从属于一个较大的整体,正是人的生态构建的基石。在农业社会,即以自给自足为主体的自然经济社会,其最大特点在于以满足自身需求为生产目的,这种生产导向一方面受到生产技术落后制约,另一方面这种自给自足的生产理念本身制约着生产技术的创新。因此,人的生态形成主要立足于满足自身生存需要,形成了以血缘为主要单位的生态。这种生态观念,使人直接地依附于自然、依附于家族,即突出地体现了人的依赖关系。这种生态严重制约了人的发展,制约了人的创造力。随着生产力的发展,这种生态不断受到挑战和冲击。

（二）立足于工业文明的人的生态

随着生产力的发展,生产关系和生产力的关系发生根本改变,这种改变直接改变人的生态。"社会关系和生产力密切相联。随着新生产力的获得,人们改变自己的生产方式。随着生产方式即谋生的方式的改变,人们也就会改变自己的一切社会关系。"②人的生产方式的改变、谋生方式的改变,也就改变了人的生态。工业化时代最大的变化是生产力变化,随着技术的进步和变革,人类征服自然的能力和雄心显著增强,从原来的对自然界的依附关系逐渐转向人的主体性彰显,"人不仅是自然存在物,而且是人的自然存在物,也就是说,是为自身存在着的存在物,因而是类存在物。他必须既在自己的存在中也在自己的知识中确证并表现自身"③。人类不仅游离于自然界的控制,更为重要的野心在于,人类在运用现代技术征服自然,创造人化自然物,进而改变了原来的人与自然的相互关系,体现了人的自主意识和自主精神,人对自身的理解发生了很大的变化,技术革命

---

① 马克思,恩格斯. 马克思恩格斯文集：第8卷[M]. 中共中央编译局,译. 北京：人民出版社,2009：6.
② 马克思,恩格斯. 马克思恩格斯文集：第1卷[M]. 中共中央编译局,译. 北京：人民出版社,2009：602.
③ 马克思,恩格斯. 马克思恩格斯全集：第42卷[M]. 中共中央编译局,译. 北京：人民出版社,1979：169.

促使了人的生态的改变。

毫无疑问,技术革命为人向自然界进军创造了良好条件,人类在探索自然规律、运用自然、征服自然等方面取得重大进步,人为创造的自然物的成就也是巨大的。但是,人类对自然的破坏也是前所未有的,随着人类对自然的破坏,以及自然界对人类的"报复"等,逐渐形成了人与自然的紧张关系。这种紧张关系使人的创造物和人对自然的征服力逐渐转向对人自身的伤害。因而,人与自然的紧张关系,形成了一种"相互为害"的恶性循环,也就是说,从另外一个层面来改变人的生态,最终导致人与自然、人与社会失去共生的空间。

简言之,工业文明时代人类技术进步一方面提升了人的自主性,包括从积极层面上改变人的生态,从而推动人的生态向更高层次发展,推动人类文明的进程。另一方面,由于人对自然界的破坏和自然界的反作用,使得人的外力最终作用于人自身,导致人类面临各种灾难、疾病以及生化武器等大规模杀伤性武器的危险,这种生态的改变(恶化)最终也容易使人走向自我灭亡。正如伽达默尔所言,人类很难避免不被自己所生产的东西所伤害。为此,要改变这种生态,就必须重新建构人与自然、人与社会的紧张关系,最终改变人的生态。

而且,随着技术进步,人的创造力得到解放,人的生态发生根本改变。人类逐渐摆脱了自然经济的束缚,由于生产的交往不断扩大,人们生产的产品从以满足自身需要为主向以满足他者需要为主转变,这种转变急需拓展市场,推动人与人的交往等,"以物的依赖性为基础的人的独立性"的人的生态逐渐形成。

(三)立足于信息文明的人的生态

信息文明跟过去农耕文明、工业文明最大的不同在于信息文明释放了人的能量,真正使人的解放迈出了重要的步伐,这是质的飞跃。信息文明的到来有两个重要信号即大数据、人工智能,它们在一定意义上说重构了人的生态。

其一,大数据重构了人的生态。大数据时代人的生态最根本的改变在于由相关关系所创构的人的生态。维克托·迈尔-舍恩伯格在《大数据时代》中认为,大数据改变了人们的思维方式、开启了重大的时代转型。"大数据时代开启了一场寻宝游戏,而人们对于数据的看法以及对于由因果关系向相关关系转化时释放出的潜在价值的态度,正是主宰这场游戏的关键。"[①]"数据就像一个神奇的石矿,当它的首要价值被发掘后仍然不断给予。它的真实价值就像漂浮在海洋中的冰山,第一眼只能看到冰山的一角,而绝大部分都隐藏在表面之下。"[②]大数据把原来的数据进行概念化、抽象化、组织化,从而使一次性使用的、偶然的等数据进行有价值目的的组合和重构,把人的生活、消费、工作等各种信息以数据化、组织化、扁平的形式呈现出来,这样使原来没有意义,或者没有那么有意义的数据变得意想不到的有价值,再次激活了人们对数据意义、对生活意义的理解。因此,由传统时代因果关系所建构的生态逐渐被相关关系所取代。这是人的生态转变的重大趋向。

由相关关系所建构的人的生态,意味着拓展人的交往功能,大数据使人与人的生态发生扁平化,这种扁平化不受社会结构、地位、职业等方面的影响,在扁平化的世界里,人们可以根据掌握的信息进行随机联系,根据区域性的相关信息进行概率性、随机性的寻找联系对象,从而使原来没有任何因果关联的人通过相关关系打开了一条无限量的通道,开拓了人与人之间交往的新境界。而且,通过相关关系,人们可以通过数据采集来建立相关关系的分析思维和框架,"大数据的相关关系分析更准确、更快,而且不容易受偏见的影响"[③]。这样,通过相关关系分析,使人的交往、交流以及各种社会活动都有

---

① 维克托·迈尔-舍恩伯格,肯尼思·库克耶. 大数据时代[M]. 盛杨燕,周涛,译. 杭州:浙江人民出版社,2013:20.
② 维克托·迈尔-舍恩伯格,肯尼思·库克耶. 大数据时代[M]. 盛杨燕,周涛,译. 杭州:浙江人民出版社,2013:127.
③ 维克托·迈尔-舍恩伯格,肯尼思·库克耶. 大数据时代[M]. 盛杨燕,周涛,译. 杭州:浙江人民出版社,2013:75.

新的解释范式、准确的把脉等,直接改变了人的生态。

然而,任何一种技术的进步都是一把双刃剑,大数据也是如此。由相关关系所建构的生态缺乏稳定性,其动态性、碎片化、概率性、一切皆可量化的因素明显增加,给人的自身的存在和发展附带极大的人身安全和社会风险。大数据改变了人的存在方式,既有积极的意义,又有消极的风险隐患。"一旦世界被数据化,就只有你想不到,而没有信息做不到的事情了"[①],人们对数据的控制、窃取、篡改等在个人隐私安全、信息安全等许多安全领域以及在社会治理中都将带来极大的安全风险。在一定意义上说,数据的风险就是人的风险,数据的安全就是人的安全。因此,大数据时代,人的生态所面临的风险也是前所未有的。

其二,人工智能重构了人的生态。在人工智能出现之前的一切时代,人的生态的主体是人,其出发点和立足点都是为了人。从这个意义上说,人的生态,就是了研究人的生存、发展、价值理念、理想追求等方面的生态。这些因素都是围绕人来思考。然而,智能时代的到来,人的生态增加了新的变量,这个变量就是智能机器人,这个变量既解构了人的生态,又创构了一种新的人的生态。人工智能重建了人的生态主要体现在三个方面:

一是智能机器人成为人的劳动"替代者",因而延伸和拓展了人的功能。人工智能的出现,使大量的人类劳动可以不再需要人,通过智能机器人就可以完成,在智慧城市建设、医疗卫生、科学计算、语言传播、自然勘探等各种领域,智能机器人表现出了非凡能力,在一些领域具备了人的功能,承担着一定的社会责任。这样,智能机器人在很大程度上拓展了人的功能和分担了人的社会责任,使人们原来无法操作的事情可以通过智能机器人来完成,延伸了人的工具视野和

---

① 维克托·迈尔-舍恩伯格,肯尼思·库克耶.大数据时代[M].盛杨燕,周涛,译.杭州:浙江人民出版社,2013:125.

工具力量。这对人的存在和发展是很大的进步,人在运用智能机器人的过程中改变了人的思想观念、思维方式和价值观念,改变了人的存在状态。诚然,智能机器人既承担社会劳动,又承担一定的社会责任,但是,问题在于:智能机器人是否能承担伦理道德责任?有学者声称"人工智能现在是否可以拥有与自然人同等的伦理权利和地位?就现在看,答案是否定的,因为,人工智能的机器人,由于波兰尼悖论的限制,它们还无法真正达到实践伦理学的完备层次,尽管从规范伦理学上来说,可以将伦理规范和道德律令植入到人工智能之中,但是这种植入会遭遇到例外状态下的波兰尼悖论,这势必意味着,至少在伦理学上,我们将人工智能和机器人视为与人类对等的道德主体仍然存在巨大问题。赋予人工智能和机器人独立的人格主体,这是伦理学在今天必须长期讨论的问题"①。

这一改变引发一个很大的争议:人的失业还是人的解放?正是机器人"代替"了人的功能,造成人的大量失业,大量的人由于失去了工作,将成为影响社会稳定发展的不确定因素。这是目前学术界许多学者关注的问题。持消极态度的人认为,机器人代替了人的劳动,工人失业,失去工作是不可避免的。大量的工人失业必将导致社会保障的压力增大,甚至会影响失业工人的身心平衡等,最终会产生社会问题,因而要遏制或制止智能机器人的开发。确实,毕竟在岗和不在岗与其说是两种不同的心态,不如说是两种不同的生活状态。然而,持积极态度的人认为,人类已经发展到一定阶段之后,很多劳动应该让渡给智能机器人,这样使人真正解放出来。人类从繁重的各种谋生劳动中解放出来,可以腾出更多的时间与精力去思考人类的存在方式和生活方式,倒逼人类去研究什么东西才是智能机器人不能替代的东西,从而激活人们的创造力,这是人类孕育新型文明类型的重要路径,也是推动人的生态升级的重要路径。

---

① 蓝江.人工智能与伦理挑战[J].社会科学战线,2018(1).

二是人机一体化,改变了人的存在状态。人工智能在各个领域得到广泛使用,它不仅可以替代人去完成一定的工作,还可以与人一起去完成某些工作,从而刻画了人与智能机器人的一种特殊的相互性,形成人机一体化生态。人机一体化促使人重新审视人本身和人存在的意义。"人工智能技术发展浪潮高潮迭起、汹涌澎湃,各种新媒体直播神器如 VR、AV、H5、4D 等技术日新月异,人工智能机器人搭乘大数据+云计算的智能报道快车正向我们呼啸而来,深刻改变着融媒体以人为主体的编辑记者采访报道方式,开启人机(编辑记者与人工智能机器人)一体化数字新闻报道新模式,促进传统媒体与新媒体的深度融合、跨界融合。"[1]同样,在汽车行业"人机一体化智能驾驶具有很大的可行性和优越性"[2],越来越多的领域开启人机一体化的实践模式,从根本上改变了人的存在状态,特别是人的工作状态。这就必然会引发人们对自身的重新理解、对智能机器人的重新理解。因而,人的伦理问题或许不再是单纯地以人为主体的研究对象,人机一体化之后的人的伦理问题,是否要拓展到智能机器人的问题,这是学界比较关注的。"伦理问题不再是纯粹的人与人之间的问题,在新时代的背景下,伦理问题也必然会涉及人与机器人、与人工智能的关系问题。这些问题包括机器人、人工智能是否拥有与人平等的政治权利?它们又是否具备充足的责任能力?"[3]人工智能之所以产生新的变量在于智能机器人具有"人"的作用和功能,能够替代人的部分活动和劳动,因而其是否享受人的身份和权利的问题备受关注。

三是智能机器人对人类产生威胁。在智能化时代,人类的未来将走向何方,是更加安全,还是更加危险?人类生产出来的智能机器

---

[1] 魏岳江.人机一体化编辑部哥德巴赫猜想[J].新闻采编,2018(1).
[2] 杨灿军,陈鹰,路甬祥.人机一体化智能系统理论及应用研究探索[J].机械工程学报,2000(6).
[3] 蓝江.人工智能与伦理挑战[J].社会科学战线,2018(1).

人是否将来有一天会成为人类的反对派、对立面,甚至掘墓人?这就是说,随着机器人的智能化程度越来越高,人类不得不去思考人类自身的前途和命运。"人工智能正在改变世界,关键是我们如何塑造和引领人工智能。我们迫切需要前瞻性地探讨智能化社会可能带来的严峻挑战。从哲学视域来看,这些挑战至少包括十个方面:对传统概念框架的挑战;对传统思维方式的挑战;对传统隐私观的挑战;对传统生命观的挑战;对传统身体观的挑战;对自我概念的挑战;对传统就业观的挑战;对技术观的挑战;对认识论的挑战以及对认识的责任观的挑战。"①人工智能对传统概念框架、传统思维方式以及传统隐私观等方面的挑战,促使人类一方面要在更高层次上去思考人类的未来发展,另一方面不得不为人类的命运忧心忡忡。在一定意义上说,当一切都变得可以解构、可以替代的情况下,人类是否失去未来的猜疑也就难以消除。

而且,随着国家与国家竞争较量日趋激烈,国家安全问题尤为突出。人工智能在未来的战争中将毫无疑问发挥极端重要性,其作为一种武器去威胁、消灭对手的风险明显增加,人工智能对人类的毁灭性风险也就不得不引发人们的重视。生于忧患,或许在智能化时代人们能够得到更加深刻的领悟。不过,也有学者认为,人类不必那么焦虑,人类最终还是能够驾驭人工智能,降低其对人类的社会风险,使其难以威胁人类安全。"人力不如牛,奔不若马,而牛马为用,何也?曰:人能群,彼不能群也。"(《荀子·王制篇》)不管如何,人工智能发展到足可以对人类产生重大威胁的地步,不得不引起世人警惕。

## 三、人的生态的现代性重构

在信息文明时代,特别是人工智能时代,要看到传统的人的生态被解构,这种事实已深层次地改变了人群结构,特别是人的交往结构

---

① 成素梅.智能化社会的十大哲学挑战[J].探索与争鸣,2017(10).

和消费结构,人的空间距离被拉近、人们交往的扁平化等,促进了人类交往的新变革,在这种趋势下,人类如何重构人的生态就成为一件刻不容缓的事情。重构人的生态,要建立在相互性的机制之上,主要把握以下几个维度:

(一)建构以信息为中心的相互性生态

在信息化无孔不入的时代,人的信息化与信息的人化在更高层次上实现统一,形成了一种新的生态。人的信息化表征着现代社会的人可以通过信息符号来呈现,包括人的基因、身体年轮、健康状况、兴趣爱好、工作状态、消费状态、人际交往等都可以通过信息的方式表现出来,信息化使人的实在在场与虚拟在场有机融合在一起。虚拟现实在某种意义上拓展了人的存在境域,延伸了人体器官的作用和功能,丰富了人的思想境界。而人一旦信息化,经过大数据的重组和编码,使得人既存在于信息之中,但信息又游离于人之外,从而使人本身和人的信息之间形成了一种相互性关系,这种关系一方面有利于人的发展和功能的延伸,另一方面也给人本身带来前所未有的风险,因为信息安全在一定程度上威胁到人的安全,甚至对人进行伤害。

而信息的人化,则表现为信息的形成和传播体现了人类学特性。一般而言,信息归根到底还是人的信息,是由人生产出来,并根据人的需要进行传播。这就是说,信息的生产和再生产的过程本身就是体现信息主体的意志、意图和愿望等,体现信息主体的思想观念、价值判断等,不管是基于满足自身需要,还是满足社会需要,信息在生产和传播的过程中总是黏附人的观念。因而,信息不只是一个纯粹的自然存在物,信息还体现了主体的人类学特性。从这个意义上说,信息的人化,恰恰体现了信息承载着人的思想观念,具有人的类特性。

通过人的信息化和信息的人化之间的相互性,不难发现,在信息文明时代,人与人之间的交往、人类的生产和生活的信息化进程,使社会上逐渐形成了以信息为中心的人的生态。这种生态超越了过去人的任何一种存在状态,从物的依赖性、人的依赖性逐渐上升到对信息的依赖性。这既是社会生产力发展的结果,也是人走向全面自由发展的基础,在一定意义上说,这是人的自由个性展现的一种重要表征。

以信息为中心所创构的人的生态,犹如磁场一样,形成"中心-边缘"的生态,从中心向外波浪式拓展,从而构成"强相互性"生态和"弱相互性"生态。主体之间越靠近磁体原点这个中心,它们的相互关系就越强烈(含相互吸收或相互排斥),构成"强相互关系"。反之,如果主体之间离磁体这个中心越远,它们之间的相互关系就越弱,构成"弱相互关系"。相互性的强、弱关系的关键在于磁场的强弱,在于主体离这个中心的远、近。而这个中心,则是相互主体之间的信息连接点,主体之间越是靠近信息原点,表明它们之间的信息关系就越强,反之则越弱。这样,人的生态的创构使得人的利益关系、社会关系等逐渐以信息的共享、联通、交换等方式表现出来,从而越是能够共享信息,人的发展就越能够得到促进,人的全面发展就越能够得到彰显。当然,也要看到其风险,即谁掌握了或者垄断了信息,控制了信息点,那么就有可能会给社会带来不可估量的风险,对人的生命财产安全构成威胁。如何在创构以信息为中心的人的生态过程中,使之更加有利于人的发展,则是要引起重视的问题。

(二)创构高层次相互转化的人的生态

人类相互依存具有层次性,人的发展是一个从低层次相互依存向高层次相互依存逐渐转化的过程。这种转化是由社会生产力的发展水平所决定的,生产力发展推动人的发展进程,改变了人的存在状态,建构了与不同阶段生产力发展程度相适应的人的生态。因而,随着生产力的发展和人的现代化进程,人与人的相互依存从传统的生产力低下的状态逐渐转向生产力发达的状态。更高层次的相互依存生态则是未来的人的生态创构的重要表现。

人与人的相互依存,涉及二元思维。信息化时代,信息共享促进了人与人之间的频繁交往,增进了人们的利益交汇点,人们更有条件形成共同利益,促使人与人之间的相互依存度不断提高。这种相互关系超越了二元对立思维,形成二元相互转化、相互成就的思维。

　　中国古代的二元论包含丰富的相互转化思想,至今仍然需要去挖掘其丰富内涵和价值。以阴阳相互转化为例,在中国传统文化中蕴含丰富的阴阳观念,阴阳五行,在很大程度上创构了中国传统独具慧眼的、用来解释世界的宇宙观,形成中国哲学观。万物分阴阳,中国古人把阴阳作为认识外部世界、解释外部世界的重要观念。此所谓"万物负阴而抱阳"(《老子》)、"一阴一阳之谓道"(《易传》)、"是故阴阳者,天地之大理也;四时者,阴阳之大经也"①等等都透出中国古人的思维方式和辩证智慧。冯友兰先生曾经给予这样评价:"就中国古代科学发展的历史看,阴阳五行的思想对古代的天文学、医学、化学的发展都起了一定的影响。古代的科学家们或者把阴阳和五行看成具有不同性质的物质原素,用以说明物质的构成;或者用阴阳五行的相互作用,说明物质现象间的相互联系。"②中国古人通过阴阳五行的相互作用来说明物质现象之间的相互联系,则显示出其相互性的重要机理,对深化理解相互依存、相互促进、相互转化、相互成就的人的生态创构具有重要启迪。

　　(三) 在共同体中创构人的生态

　　当今世界,人类共生进入了前所未有的复杂态,人类共同体的走向也引发世人担忧。随着时代的发展,人们越来越关注的不仅仅是一个国家的前途和命运,更多关注的是人类的前途和命运,即人类共同体命运。关注人类共同体的命运,从根本上说,在于如何把握相互性机制基础上的人类共生,形成有利于人类文明发展的现代性共同

---

① 冯友兰.中国哲学史新编:上卷[M].北京:人民出版社,2001:624.
② 冯友兰.中国哲学史新编:上卷[M].北京:人民出版社,2001:631.

体。毫无疑问,面对当今世界的地区冲突、大国纷争、领土纷争等,人类的现代性焦虑不仅没消除,反而有增添疑虑之嫌。从相互性的角度,重新审视人类共生,力图寻找到解决人与人、人与自然、人与社会、国家与国家的紧张关系和解的相互机制,实现"人和自然之间、人和人之间的矛盾的真正解决,是存在和本质、对象化和自我确证、自由和必然、个体和类之间的斗争的真正解决"①,在共同体中更好地创构人的生态。

在全球化进程中,可以进一步挖掘相互性的内在机制,从而为进一步揭开人类命运共同体的迷雾提供可能性空间。在人类共生中唯有不断洞察相互性的机制,才能展现人类共同的价值,在未来的人类文明进程中不断相互成就,推动人类走向更高的文明形态,进而孕育更高层次的人的生态。

---

① 马克思.1844年经济学哲学手稿[M].中共中央编译局,译.北京:人民出版社,2000:81.

# 习近平的绿色发展观探析

赖婵丹

中国人民大学马克思主义学院博士研究生

---

**内容提要**：习近平的绿色发展观是可持续发展观的时代升级版,是与科学发展观一脉相承而又与时俱进的最新理论成果。绿色发展观是一个系统的理论体系,包括了绿色环境发展观、绿色经济发展观、绿色政治发展观、绿色社会发展观、绿色文化发展观。绿色环境是绿色发展的自然前提,规定了绿色发展的空间布局;绿色经济是绿色发展的物质前提,为绿色发展提供技术支撑、人才基础和制度保证;绿色政治是绿色发展的制度保证,为绿色发展提供廉洁的政治生态;绿色社会是绿色发展的重要标志,为绿色发展准备良好的社会环境;绿色文化是绿色发展的精神资源,为绿色发展提供科学支持、方法论指导与审美尺度。

---

党的十八大把生态文明建设纳入中国特色社会主义事业的总布局当中,以习近平为核心的党中央,坚持以人民为本的发展理念,主动迎接和参与新一轮的国际绿色竞争,创新发展理念,大力推进绿色发展。习近平的绿色发展观是可持续发展观的时代升级版,是与科学发展观一脉相承而又与时俱进的最新理论成果。绿色发展观是一个系统的理论体系,包括了绿色环境发展观、绿色经济发展观、绿色政治发展观、绿色社会发展观、绿色文化发展观。绿色环境是绿色发展的自然前提,规定了绿色发展的空间布局;绿色经济是绿色发展的

物质前提,为绿色发展提供技术支撑、人才基础和制度保证;绿色政治是绿色发展的制度保证,为绿色发展提供廉洁的政治生态;绿色社会是绿色发展的重要标志,为绿色发展准备良好的社会环境;绿色文化是绿色发展的精神资源,为绿色发展提供科学支持、方法论指导与审美尺度。只有明确绿色环境、绿色经济、绿色政治、绿色社会和绿色文化的内核与要求,才能树立正确的绿色发展观,推动中国特色社会主义生态文明建设进程。

## 一、绿色环境发展观

"我们要认识到,山水林田湖是一个生命共同体,人的命脉在田,田的命脉在水,水的命脉在山,山的命脉在土,土的命脉在树。"[①]

自然环境是人类生存和发展的基石,它没有替代品,用之不觉,失之难存。绿色发展的前提是环境自身的可持续发展。绿色环境发展观主张对自然生态系统的保护,强调对自然资源的节约与合理利用,突出社会和自然共同永续发展的双重维度,重视人与自然之间的巨大张力,推动"社会-自然"系统的平衡有序发展。

绿色环境有广义和狭义之分,广义的绿色环境是指包括了以干净清洁的大气、水、土壤、植物、动物、微生物等为内容的物质因素和以环保观念、环保制度、环保行为准则为内容的非物质因素的环境要素的总和。狭义的绿色环境则是指符合主体生存要求,契合生态和谐主题的洁净土地、清洁大气、干净水源等要素的总和。

绿色环境是绿色发展的自然前提,规定了绿色发展的空间布局。当前,我国绿色发展的空间存在着一系列急需攻克的问题:空间结构不合理,生态环境、休养生息的空间过于狭小,无视生态安全红线的重要性,空间利用率低,生态空间脆弱,生态系统功能退化,生态产

---

① 关于《中共中央关于全面深化改革若干重大问题的决定》的说明[EB/OL].(2013-01-9)[2015-07-20]. http. cpc. people. com. cn/xuexi/2015/0720/c397563-27331312-3. html.

品供给不足,等等。为此,在空间上优化布局,划定开发重点区域、禁止开发区域、限制开发区域,在国土开发中形成明晰的生态功能区是尤为必要的。习近平在华东七省市党委主要负责同志座谈会上强调:"要科学布局生产空间、生活空间、生态空间,扎实推进生态环境保护,让良好生态环境成为人民生活质量的增长点,成为展现我国良好形象的发力点。"①优化空间布局,需要严守六条生态底线:生态保护红线、流域布局红线、城市扩展边界红线、城市空间布局红线、城市基础设施红线、行业准入红线。构建合理的城乡布局、产业格局,优化新型的农业生态布局和城镇化格局,转变农业发展方式,推动农业与生态协调发展。

绿色国土是绿色发展的空间载体。土地是最早的劳动资料,是农业之根本,是地球上最重要的自然资源。土地是财富之母,人类的衣、食、住等基本生活需求都离不开土地。有了土壤,尤其是健康的土壤,才能保障粮食安全、食品安全和居住环境的安全。美丽中国,要记得住乡愁,要有立得住的土地。土壤环境是自然环境的重要组成部分,我国近年来出现了大量土地滥用和土地污染问题,铅、汞、镉等重金属的污染严重,西部地区的水土流失情况也显而易见,各种化工厂和矿山开采区的污染情况不容乐观,耕地面积和质量连年下降,土壤修复治理成本高。为此,绿色国土的建设必须提上日程,必须实施严格的耕地保护制度,有计划地进行城乡土壤环境的整治,消除潜在的土地风险,实施有效的土地净化工程,加强河湖水域的保护,加强地质灾害防治,建立土壤信息共享平台,增强土地修复技术。总之时刻把地力长新、人地和谐的土壤保护理念贯彻到净土工程当中。

蓝天白云是绿色发展的重要映像。恶劣的空气质量直接影响着人们的生产和生活,使得发展成果无法惠及群众,绿色发展成为空

---

① 抓住机遇立足优势积极作为系统谋划十三五经济社会发展[M].人民日报,2015-05-29.

谈。当前,我国的空气质量形势严峻,PM2.5、PM10、二氧化硫、氮氧化合物等污染物产生的复合型大气污染逐步代替传统的烟煤型大气污染。空气污染呈现出时间长、浓度高、范围广的特点。空气改善工作刻不容缓,必须摆脱"先污染,后治理"的经济发展模式,制定严格的大气污染防治的法律法规,推进产业结构的优化升级,加强大气的实时监测,大力实施技术减排,建立以市场为导向的产学研一体化的大气防治体系。

绿水青山是绿色发展的生命源泉。在联合国第一次环境与发展大会中,水资源问题就得到了异乎寻常的重视。水危机将成为继石油危机之后的下一个严重的资源危机。水是生命之泉,但是,水资源的利用和保护现状却不容乐观。我国水资源存在着严峻问题:空间分布不平衡,南方多、北方少、东部足、西部缺;时间上分布不均匀,夏秋多、冬春少,季节性缺水严重;水污染严重;水生态失衡,河流断流、干枯,湖泊萎缩;湖泊富营养化等。这些水危机严重地制约着绿色发展的步伐。为此,水资源的保护整治工程必须进入"快车道",严格控制化学物品排污量;提升水资源的资本价值;科学划定饮用水源保护区域;强化水土结构;加强重点水域的防污工作;提高水资源的利用效率,推广节水技术;修复水生态,建立水资源生态补偿机制。

总之,绿水、青山、蓝天、净土是绿色发展的环境基础。失去了环境基础的支撑,就意味着绿色发展缺乏空间载体。因此,正如习近平所指出的,我们必须"着力扩大环境容量生态空间,加强生态环境保护合作,在启动大气污染防治协作机制的基础上,完善防护林建设、水资源保护、水环境治理、清洁能源使用等领域合作机制"[1]。树立整体观、大局观、未来观、长远观,为绿色发展强基固本,为子孙后代留一片碧水蓝天。

---

[1] 优势互补互利共赢扎实推进 努力实现京津冀一体化发展[N].人民日报,2014-02-28.

## 二、绿色经济发展观

"要正确处理好经济发展同生态环境保护的关系,牢固树立保护生态环境就是保护生产力、改善生态环境就是发展生产力的理念,更加自觉地推动绿色发展、循环发展、低碳发展,绝不以牺牲环境为代价去换取一时的经济增长。"①

传统的经济发展模式已经难以为继,单纯依靠生产要素的增加、自然资源的投入来推动经济的发展的时代已经过去。粗放型的经济增长模式时时刻刻挑战着环境的承载能力,激发人与自然的矛盾、社会发展与资源环境的矛盾。中国若想实现社会经济的可持续发展,应对全球金融危机,创造经济"新常态"下的新经济增长点,就必须推进绿色经济革命的进程,结合新一轮的国际经济转型,打造可持续发展方式的升级版,完成经济发展方式的绿色化转型。

"绿色经济"来源于经济学家皮尔斯在1989年出版的《绿色经济白皮书》,但是在习近平绿色发展观中的"绿色经济"有其特定的内涵。狭义的绿色经济特指环保型产业的发展;广义的绿色经济则涵盖了人与自然的和谐共生发展。具体而言,绿色经济囊括了两大基本内核:其一,经济的绿色化。经济的发展不能够以牺牲环境为代价,节约资源、保护环境应当成为经济发展的首要前提。通过绿色技术的发展、绿色人才的培养,提高资源利用率、实现能源使用的绿色化和低碳化,优化污染控制、废物处理、节能减排的方式,构建绿色产业、金融、制度、科技、人才体系,启动传统产业绿色化改造的新引擎,占领环保性经济的制高点。其二,"从绿掘金"。单纯要求经济的环保性是远远不够的。绿水青山就是金山银山。生态资源本身蕴含着巨大的经济价值,能够源源不断地带来经济效益。经济与生态之间不是相互替代或者相互兼顾的关系,而是和谐统一的有机整体。只

---

① 习近平.习近平谈治国理政[M].北京:外文出版社,2014.

有认识到并且主动挖掘生态的经济价值,才能进一步提升尊重自然、顺应自然、保护自然的能力。可见,绿色经济是以生态和经济的辩证关系为认识前提,灵活处理生态和经济的关系,实现经济的生态化和生态的经济化的新型经济模式。

"绿色经济"是"绿色发展"的物质前提。首先,绿色经济为绿色发展提供了技术支撑。绿色技术是指由绿色知识、能力和物质手段这三个要素融为一体、相互作用的前提条件下,减少污染、节约资源能源、生态负效应最小和改善生态的技术、工艺和产品的总称。德内拉·梅多斯在《增长的极限》中就曾提出,技术进步在经济与资源环境协调发展中扮演着重要角色。马克思在讨论"生产排泄物的利用"问题的时候指出:"机器的改良,使那些在原有形式上本来不能利用的物质,获得一种在新的生产中可以利用的形式;科学的进步,特别是化学的进步,发现了那些废物的有用性质。"[1]可见,绿色技术的革新对于绿色发展而言是至关重要的。绿色发展要求绿色经济的全面推进,绿色经济的全面推进要求绿色技术的革新应用。无论是传统行业的改造,还是新行业的探索,都必须以绿色科技的创新与绿色工艺的应用为抓手。绿色技术不同于把经济利益作为单一诉求的现代技术。作为一种新型的技术形态,绿色技术在以经济效益为发展导向的前提下,把生态成本和产出纳入自身的评价体系当中。新一代循环系统工艺的研发,节能减排、废物处理、污染控制、低碳和无公害处理技术的发展,使得全面推进农业、工业等领域的绿色化改造得以实现,同时,增加了与发达国家在绿色新领域的合作的资本。但是,我国现阶段的绿色技术创新面临着一系列的问题:绿色技术的风险高回报率低导致的资金筹集困难;开发周期长带来的创新势头疲软;绿色技术创新资源分散;绿色技术验证单位缺乏权威性;绿色技术创

---

[1] 马克思.资本论:第 3 卷[M].中共中央编译局,译.北京:人民出版社,1975:117.

新产权不明晰等。为此,必须深化科技体制改革、坚定实施创新驱动发展战略。正如习近平在两院院士大会上指出的:"实施创新驱动发展战略,最根本的是要增强自主创新能力,最紧迫的是要破除体制机制障碍,最大限度解放和激发科技作为第一生产力所蕴藏的巨大潜能。面向未来,增强自主创新能力,最重要的就是要坚定不移走中国特色自主创新道路,坚持自主创新、重点跨越、支撑发展、引领未来的方针,加快创新型国家建设步伐。"①

其次,绿色经济为绿色发展提供了人才储备。绿色经济的发展离不开绿色人才培养。绿色新能源、环境保护型行业成为全球经济新一轮复苏的关键领域。全世界的目光都投向高新节能产业。与此同时,环保创新型人才变得炙手可热。为了迎合绿色现代化的国际浪潮,大力发展绿色经济,我国打破传统人才培养的局限性,更新人才培养观念,大力实施绿色创新人才的培养计划,着重提高绿色人才的专业性、技术性、国际性、综合性,重视生态意识的教育,开展产学研协同创新合作。可见,绿色创新人才的培养为我国经济发展奠定了绿色人才基础。

再次,绿色经济为绿色发展提供了金融工具。绿色金融是政府规制资源环境的有效工具,是绿色经济的重要组成部分,包括对绿色产业的金融扶持、对资源价值的金融核算等。绿色金融活动是现代市场中联结经济、资源、环境的重要纽带。金融业面对着绿色经济转型的世界性浪潮,必须自觉满足公共利益的环保需求,实现自身的可持续发展。为此,金融业要自觉为企业的绿色发展提供资金保证,时刻保持与国家的绿色发展战略的步伐一致,对企业进行有效的监督和监管,矫正市场在绿色行业的失灵情况,大力开发绿色金融产品。

最后,绿色法制为经济发展提供了有效的制度保证。经济的有

---

① 习近平出席中国科学院第十七次院士大会、中国工程院第十二次院士大会开幕会并发表重要讲话[N/OL]. (2014-06-09)[2017-03-06]. http://news.xinhuanet.com/politics/2014-06/09/c_126597413_2.htm.g.

序发展必须依靠完善的绿色法律法规和监管体系。绿色经济包括绿色经济法律法规和制度建设。一套完善的绿色制度,能够以其有效性、规范性与强制性对国民经济的发展进行有效的引导和约束。为此,必须加快推进绿色法制进程,制定相关的环保法律法规,建立和完善绿色监督体系,构建绿色政绩考核系统,制定绿色指标,追究破坏生态环境的法律责任,提高绿色违法成本。

总之,实现经济方式的绿色化转型,必须贯彻和落实绿色经济发展观。绿色经济发展观是绿色发展观的基本内核,其核心内容在于资源节约和循环利用、经济的低碳环保可持续,最终的目的是提高全人类的福祉和实现社会与自然的和谐共生发展。

## 三、绿色政治发展观

"自然生态要山清水秀,政治生态也要山清水秀。严惩腐败分子是保持政治生态山清水秀的必然要求。党内如果有腐败分子藏身之地,政治生态必然会受到污染。"[1]

20世纪70年代,人类面临着工业化过程中产生的全球环境破坏和生态危机,发达国家的环保人士开展了一系列的环保活动,建立绿色和平组织,反对传统的政治、经济模式对人与自然关系的破坏,呼吁国际社会建立新型的、绿色的政治、经济模式。这一次绿色新思潮开启了政治领域的生态大转型,使得生态思维方式和生态理念进入政治领域,将公平、正义、民主、生态多样性、非暴力、全球责任等作为绿色政治组织的基本追求。但是,西方的绿色政治往往只局限在绿色政治的号召中,缺乏对历史条件的分析和对社会现实的批判。习近平的绿色政治发展观与西方绿党政治视域中的绿色政治截然不同。

---

[1] 习近平:政治生态也要山清水秀[N/OL].(2015-03-06). http://politics.people.com.cn/n/2015/0306/C1024-26651686.html.

广义的绿色政治发展观是一种完全不同于传统政治发展观的新思维,它通过推动社会与自然的和谐关系的构建,将生态环保理念引入政治领域的政治发展理念。2008年12月,潘基文在联合国气候变化大会上正式提出了"绿色新政"的理念。"绿色政治"作为一种崭新的政治理念进入人们的视线。狭义的绿色政治发展观是指与绿色环境、绿色经济、绿色文化、绿色社会相对的政治领域的生态化理念,主要强调的是政治的绿色性、生态性,是以反腐倡廉的绿色党建和绿色政府的构建为核心的政治发展观。

绿色政治是绿色发展的制度保证。绿色政治内置两大机能。其一,绿色党建。政治的绿色化与政党的腐败化是互不相容的。一方面,绿色党建需要打造不敢腐、不能腐、不想腐的体制机制作为"笼子",并且需要"好笼子","笼子太松了,或者笼子很好但门没关住,进出自由,那是起不了什么作用的"①。必须强化法律意识,引导党员干部树立法律和制度意识,坚持法律法规面前无特权、无例外,坚持从严治党、依规治党,深入推进党风廉政建设,健全改进作风的长效机制。另一方面,绿色党建的核心不应该是约束性规范,而应该是勇于担当、风清气正的精神状态。党员干部应该主动审视自身,加强党性修养和端正廉洁态度。领导干部带头讲原则、守纪律、拒腐败、养正气,积极主动改进工作作风,时刻把人民群众的根本利益放在首位。

其二,绿色服务型政府的构建。绿色政治要求政府、社会组织和公民摆正自身的位置,建立以人民群众的福祉为依归的政绩考核体系,整合政府服务资源,提高服务效率。过去对地方政府的政绩考核局限在GDP的增速和总量上面,导致了地方政府片面、过度地追求政绩工程。结果忽视了资源的有限性和环境的承载能力,最终深陷

---

① 习近平在十八届中央纪委六次全会上发表重要讲话强调 坚持全面从严治党依规治党 创新体制机制强化党内监督[N].人民日报,2016-01-13.

资源难以为继、环境难以容纳、生态难以恢复的可悲境地。绿色服务型政府的建设如箭在弦。为此,政府工作应当以生态文明理念为指导,高效整合政府职能部门。必须去掉"GDP 就是一切"的紧箍咒,避免单以 GDP 的增长论英雄,树立绿色政绩观。单靠大量资源的投入的资源集约型经济增长是难以持久的,经济的核心竞争力也将持续下降。为此,2013 年中共中央组织部印发了《关于改进地方党政领导班子和领导干部政绩考核工作的通知》,着重强调了"四个不能",不能仅仅把地区生产总值及增长率作为考核评价政绩的主要指标,不能搞地区生产总值及增长率排名。中央有关部门不能单纯以地区生产总值及增长率来衡量各省(自治区、直辖市)发展成效。地方各级党委、政府不能简单以地区生产总值及增长率排名评定下一级领导班子和领导干部的政绩和考核等次。

总之,政治生态和自然生态一样,只要稍微不注意,就容易滋生腐败,受到污染,并且代价极为昂贵。必须抓住主要矛盾,突出领导干部的示范性作用,引导领导干部讲原则、立正身、守纪律、抗腐败,拒绝政治生态的污浊,营造良好的从政环境,实现绿色政治的生态效能,为绿色发展提供有效的制度保证。

## 四、绿色社会发展观

"走生态优先、绿色发展之路,使绿水青山产生巨大的生态效益、经济效益、社会效益"[①]。工业化、城市化带来空前的现代化图景的同时,也产生了一系列的资源环境和社会问题——资源枯竭、环境破坏、人口爆炸、疾病肆虐。我国身处第三次国际浪潮之中,在现代化建设的过程当中,面临着严峻的生态环境问题,必须即刻反思传统社会发展观、资源环境观的局限性,破除环境危机的困境、消除社会与

---

① 习近平:在深入推动长江经济带发展座谈会上的讲话[N/OL]. (2018/06/13). http://news.china.com.cn/2018-06-13/content_52149167.htm.

自然的紧张关系。明确绿色发展的民生取向、提升人口质量、优化社会环境、合理利用资源,构建资源节约型、环境友好型社会,打造绿色城市是生态文明建设的本质要求和绿色发展的内在诉求。

绿色社会发展观要求掌握社会与自然的辩证关系。社会和自然是一个有机系统,两者相互影响、相互制约、相互作用、共同发展。一方面社会具有自然性,自然是社会发展的基础,社会是自然运动变化发展的产物,必须依托自然提供的物质条件和环境才能向前发展。另一方面,自然具有社会性,人在对象化的过程当中,不断地把自然纳入自己的实践活动中,既实现人的生存需要,又把人的道德判断和审美旨趣投射到自然当中进行创价性对象化活动,使自然成为人的作品,打上人的烙印,成为人化自然。所以,人类社会的状况会投射到自然当中,左右自然生态的优化。可见,绿色发展需要具备良好的社会环境。

绿色社会是绿色发展的标志,体现在"两型社会"的构建和绿色城市的建设当中。第一,"两型社会"建设是透视绿色发展程度的 X 光。"两型社会"是指资源节约型社会和环境友好型社会,其核心内涵在于合理利用资源、减少甚至消除环境破坏来发展社会经济,实现社会与资源、环境、人口协调发展的社会体系。资源节约型社会,顾名思义,其内核是节约资源,是针对现存的资源消耗型社会而言的,是通过尽可能地减少资源消耗以获得最大的社会效益为目的的系统。资源节约型社会不是一个空泛的概念,而是包含着资源节约主体、体系、客体、制度、观念、技术等一系列内容的复杂系统。环境友好型社会侧重于社会生产和生活活动对自然环境的影响,是指社会与自然良性互动、协调发展的形态。"两型社会"强调人与自然的和谐性;政府、企业、个人等利益主体的协调性;经济、社会、文化、生态领域相互影响、相互作用、相互交叉的复杂性;体制机制、技术、模式的创新性;世界各国相互促进、互通合作的国际性;适应时代形式发展的时代性。可见,"两型社会"的构建对于中国特色社会主义现代化建设、2020年全面建成小康社会的目标、全面推进绿色发展的最新发展要求而言是至关重要的。

绿色发展和资源节约型、环境友好型社会的构建是相得益彰的。绿色发展方式的提出,从经济基础、制度建设、文化意识等方面进一步加深了人们对保护环境和节约资源的认识,加快了资源节约型和环境友好型社会的步伐。"两型社会"的建设进展与成效直接决定了绿色发展的成效。绿色发展所要求的均衡发展、循环发展、节能发展、低碳发展、安全发展和清洁发展,所坚持的以人为本的可持续发展理念,所践行的降低能耗、保护和修复环境职能与资源节约型及环境友好型社会的内核高度契合。因此,绿色发展离不开"两型社会"的构建,必须完善"两型社会"建设的机制体制,对于关键领域要敢于大胆进行绿色创新;推动产业结构的优化升级,加快发展绿色新兴产业;构建"两型社会"的绿色评价指标体系。

第二,绿色城市建设,《国家新型城镇化规划(2014—2020年)》提出,要加快绿色城市建设,将生态文明理念融入城市发展当中。绿色城市是城市发展的最新形态,是在田园城市、紧凑城市、生态城市、低碳城市等城市发展理念的基础上,结合社会发展的最新要求提出的城市建设模式。由霍华德提出的田园城市主张城乡一体化的城市模式,也就是以乡村绿带为界限组成城市群,限制城市的过度发展。紧凑城市则力图促进中心城区的复兴,限制农田开发,发展公共交通。生态城市从保护生态的角度,构建城市经济社会和生态发展的良性互动。低碳城市从控制碳的排放量和实现低碳转型出发,提高城市居民的生活标准和质量。这四种城市形式主要从静态的角度强调城市与生态的关系。绿色城市既涵盖了这四种城市形态的要求,又从动态的视角回应了城市发展与自然环境之间的辩证关系,要求建设绿色城市的经济系统、绿色建筑系统、绿色能源系统、绿色公共空间、城市生态服务系统等,转变传统的粗放低效的城市发展模式,改善城市环境质量,寻求高效环保的城市发展道路,打造宜居的优美城市。

绿色城市的发展迎合了绿色发展中的城乡发展协调要求。绿色发展是协调式的发展,因而,缩小城乡差异、推进城乡一体化是其应有之义。绿色城市的发展契合了绿色发展中的绿色经济发展要求。绿色城市中必然包含着城市中的绿色产业、绿色能源、绿色消费、绿色交通等内容。这些内容也是绿色经济发展的题中之义。绿色城市的构建满足了绿色发展的城市空间要求。绿色发展的空间维度包含了城市空间和乡村空间两大生产与生活空间。城市空间的布局以及城乡空间的整体布局直接影响到绿色发展的深度。

总之,只有全面建成资源节约型与环境友好型社会,推进绿色城市改造和建设,才能为绿色发展提供良好的社会环境,才能顺应时代的发展,打赢社会主义现代化的攻坚战。

## 五、绿色文化发展观

推进生态文明建设,必须全面贯彻落实党的十八大精神,以邓小平理论、"三个代表"重要思想、科学发展观为指导,树立尊重自然、顺应自然、保护自然的生态文明理念,坚持节约资源和保护环境的基本国策,坚持节约优先、保护优先、自然恢复为主的方针,着力树立生态观念、完善生态制度、维护生态安全、优化生态环境,形成节约资源和保护环境的空间格局、产业结构、生产方式、生活方式[①]。

绿色文化的内涵有广义和狭义之分。广义的绿色文化应该包含着物质形态、制度形态、实践形态和观念形态的文化形式,包含了人类所有认识和实践活动中所取得的绿色化或者生态化的精神文化成果。狭义的绿色文化是指与绿色经济、绿色社会、绿色政治等相对的观念形态的文化。观念形态的绿色文化涵盖了绿色世界观、绿色价

---

① 习近平在中共中央政治局第六次集体学习时的讲话学习要点[G/OL].(2018-09-10). https://wenku.baidu.com/view/06e87b680622192e453610661ed9ad52f11d541f.html.

值观、绿色伦理观、绿色宗教观、绿色艺术观等。狭义的绿色文化是绿色发展的精神灵魂，指既独立于绿色环境、绿色经济、绿色社会、绿色政治，又渗透和贯穿在其中的理论成果。

绿色文化是绿色发展的精神资源。首先，绿色文化为绿色发展提供科学理论依据。绿色文化作为一种科学文化具备了科学理性，是运用科学知识和辩证思维方法研究社会与自然之间的和谐共生、协同发展关系的科学文化。生态学作为一门科学是绿色文化的理论基石之一。生态学是研究生物体与其周围环境相互关系的科学，强调自然界生命运动的整体性和统一性，突出了生命体与其环境的有机联系，为人类放弃原有的以孤立的、片面的和静止的方式看待世界的机械自然观，树立辩证自然观奠定了科学基础。机械论自然观习惯于把自然界视为人类社会的附庸，用简单的主客二分法割裂社会与自然的有机联系，直接把社会与自然对立起来。这种自然观为人类不加节制地开发、榨取自然资源提供了借口。绿色文化要求系统掌握生态科学知识，认识自然和社会的运动变化发展规律，正确把握人与自然的关系，构建科学的绿色发展观，实现生产和生活方式的绿色转型。可见，绿色文化为绿色发展定下了科学的基调。

其次，绿色文化为绿色发展提供科学的方法论指导。绿色哲学是绿色文化的核心组成部分之一。绿色哲学反对自然中心主义与人类中心主义的立场和观点；马克思主义绿色哲学植根于辩证唯物主义的基本立场，用系统的理论分析解释人与自然的共生关系，立足于生态整体性，借助于辩证思维方法，具体使用实践的、过程的、结构的、阶级的历史辩证方法解释社会与自然发展的本质。绿色发展的有效推进需要一套科学的世界观和方法论体系。这套体系必须正确反映社会与自然之间的系统性关系，必须能够指导人们科学认识自然-社会系统的整体性、平衡性、组织性和复杂性。当然，马克思主义绿色文化中的绿色哲学并不抹杀人的主体性，相反，其核心价值观是以人为本的绿色价值观。强调人与自然的共生性的最终归宿是实现人的自由而全面的发展。竭泽而渔的生产和生活方式带来的只有毁灭性的后果。人类赖以生存的自然环境不复存在了，人的发展也就无从谈起了。因而，人类只有走出人类中心主义的困境，摆脱利己主义的局限性，确立绿色发展的新理念，形成科学的绿色世界观，坚持运用绿色哲学方法论，才能实现绿色、低碳、环保的生产和生活方式。

再次，绿色文化为绿色发展提供审美尺度。绿色美学是绿色文化的情感表达方式。绿色美学以语言、文字、绘画、工艺等形式勾勒了人与自然的美学情趣，表达着人类对自然生态美的情感体验和向往，激发了人类对大自然的人文关怀。人类对真善美的追求是一种螺旋式向前发展的单向逻辑。传统的审美标准已经无法满足人类审美活动的要求，必须经过深刻的变革。绿色美学迎合了新的时代要求，把生态伦理的审美主体纳入其核心内容体系当中，把诠释着美的客观性的自然生态美视为重要的审美对象，把生态道德和人文艺术关怀内化于绿色文化的实践活动当中，在潜移默化中唤醒人们的生态忧患意识、陶冶人们的绿色情操、培养人们的绿色责任感。毋庸置疑，若没有绿色美学的情感支撑和态度支持，绿色发展就会错失重要的情感阵地，变得了无生趣。

最后，绿色文化表达了绿色发展的伦理诉求。人与自然的实践交往当中必然会产生人对自然的伦理态度。仅仅把自然视为人类生产和生活的对象和附属品的自然伦理观是一种蔑视自然、自私自利的人类中心伦理观。在这种伦理道德的规范之下，人类往往会为了一己私利不惜以牺牲自然环境为代价，从而导致生态环境的破坏和人与自然的失衡状态。欲壑难填是人类最大的灾祸，贪得无厌是最大的罪过，取之有度，用之有节，则常足；取之无度，用之无节，则常不足。马克思主义绿色伦理观是以劳动和自然之间的关系作为内在逻辑核心，以人的本质作为人性论基础，以解放无产阶级和全人类为目标的阶级性原则的伦理观。绿色发展的兴起要求突破传统伦理学的局限，呼唤新的环境伦理学。环境伦理学是关于社会与自然的关系的道德学说。这种伦理道德把伦理关系扩展到自然界当中,把自然当成伦理关怀的对象,树立尊重自然、敬畏自然、关怀自然、善待自然的新态度,强调人与自然的互益性,将关爱自然的道德意识内化为人类自身的道德良知和伦理自觉。绿色发展需要良好的公序良俗作为规范性支撑,绿色的环境伦理学恰恰完成了这一使命。

总而言之,绿色发展是时代的主旋律、主音符。中国的绿色发展是决定中国社会主义现代化成败的关键所在,是一项复杂的系统工程。只有做好绿色发展的前瞻性规划,制定环境、经济、社会、政治、文化等方面的整体性计划,坚持绿色发展的人本化、生态化、合理化、国际化、减量化、低碳化、节约化、高效化、清洁化、合理化、安全化、技术化取向,才能全面地实现绿色化转型,赢得绿色发展的时代先机,建设美丽中国,实现中华民族的伟大复兴。

# 理论·实践·价值:马克思总体性思想视域下的绿色发展

郑海友

华东师范大学马克思主义学院博士研究生

**内容提要**:马克思的总体性思想强调将人和世界作为一个总体性的存在看待,要求运用总体性的方法来把握事物,主要包括人与自然的总体性、社会结构的总体性和历史过程的总体性三重维度。马克思总体性思想对实践绿色发展有重要的作用:人与自然的总体性奠定了绿色发展的理论基础;社会结构的总体性开辟了绿色发展的实践路径;历史过程的总体性凸显绿色发展的价值旨归。

党的十八届五中全会提出绿色发展的理念,明确要求在"十三五"期间贯彻落实好绿色发展理念。绿色发展是一种实现生态系统平衡、经济社会可持续发展的新型发展方式,这种发展方式要求人与自然、人与社会以及人与人之间的关系和谐一致,这就需要运用马克思总体性思想。马克思总体性思想主要体现在世界观和方法论两个方面,即把人和世界看成一个总体性的存在,要求运用总体性的方法来把握事物,具体表现为人与自然的总体性、社会结构的总体性和历史过程的总体性三重维度,这三重维度对我们实践绿色发展具有重要的作用。

## 一、人与自然的总体性奠定绿色发展的理论基础

人与自然的关系历来是哲学家们关注的一个焦点问题,不同的

哲学流派形成了不同的理论观点。在主观唯心主义看来,世界上一切事物产生与存在的根源和基础是个人的主观精神,所谓"物是观念的集合""吾心便是宇宙",自然不过是个人主观精神的派生物,人可以根据自己的欲求任意主宰自然。以黑格尔为代表的客观唯心主义虽然将人与自然看成一个辩证的整体,却将人与自然统一于绝对精神之下,认为人与自然的整体发展变化实质是精神理念的发展变化。旧唯物主义用物质概念将人与自然统一了起来,但它仅仅只是从发生学维度把人与自然的关系简单化为"自然关系"。这三种观点对人与自然关系的理解是不同的思想理路,却有着同样的理论局限,即对人与自然关系的把握是外在和割裂的,忽视了人与自然有机的、辩证统一的总体性关系。只有在马克思那里,人与自然才真正实现了统一。

马克思站在辩证唯物主义的立场上通过实践思维方式的引入,实现了对人与自然关系的总体性理解,超越了以往哲学对人与自然关系的把握。首先,从存在论意义上说,自然先于人存在,人是自然演化的产物,人的生存离不开自然,人是自然界的一部分。同时,人不同于动物,人的本质在于有意识的自由自觉的活动,人是类的存在物。其次,从实践论意义上说,人类通过能动的实践活动改造自然,使自然朝着有利于人类发展的方向发展。同时,自然作为人的活动对象,并非完全受制于人,它的发展变化也制约着人的实践活动。最后,从目的论意义上说,人的解放与自然的解放是同一个历史过程,马克思直言:"自然科学往后将包括关于人的科学,正像关于人的科学包括自然科学一样:这将是同一门科学"[1],这门科学就是人寻求自我解放的历史科学。正如马克思、恩格斯所强调的"人创造环境,环境也创造人",人的主体性和自然的客体性是"二而一、一而二"的

---

[1] 马克思,恩格斯.马克思恩格斯文集:第1卷[M].中共中央编译局,译.北京:人民出版社,2009:194.

关系。我们倡导的绿色发展强调人的主观能动性与自然客观规律性的辩证统一，要求人们在认识自然与改造自然的过程中，寻求人与自然的平衡发展，实现人与自然的和谐共生。显然，马克思关于人与自然的总体性思想奠定了绿色发展的理论基础。

（一）绿色发展是人的自然受动性和主观能动性的统一

人与自然的总体性规定人既是"自然存在物"又是"类存在物"。马克思直言人的属性有两种："人不仅仅是自然存在物，而且是人的自然存在物，就是说，是自为地存在着的存在物，因而是类存在物。"①绿色发展是基于作为"自然存在物"和"类的存在物"统一的人与自然发生物质关系的活动，它既明确了自然之于作为"自然存在物"的人的存在意义，又明确了作为"类存在物"的人之于自然的主体责任性。

从"自然存在物"这个方面理解，人与其他物种一样是有生命的自然存在物，作为肉体的存在，人与动物一样是一个"有机的身体"，为了满足自身需求，让自身生存下去，人离不开自身之外的自然界，即人需要依赖外部自然来获得维持自身生存的各种环境物质资料。一旦脱离自然界，人就无法参加自然界的活动，也就无法生存。因此，人必须将自然界作为自己的活动对象，而这些对象是不依赖于人的欲望而存在的，这就规定了人是受自然界制约和限制的"自然存在物"。绿色发展的一个实践前提就是人作为"自然存在物"，必须将自己视为自然界中的一员，破坏自然就是伤害人自身。

从"类的存在物"这个方面来说，人不同于动物，人可以有意识地开展实践活动，并通过能动的实践活动与自然发生关系，从而赋予了自然的社会历史性。现实的自然既是人实践活动改造的对象，也是人实践活动的结果。因此，人作为自然界迄今为止唯一可以按照美的规律创造的存在物，在对待自然界的生态平衡和发展上具有当仁

---

① 马克思,恩格斯.马克思恩格斯文集：第 1 卷[M].中共中央编译局，译.北京：人民出版社,2009：211.

不让的责任与义务。况且，正是人类的不合理活动造成了自然内部平衡的严重失调，土地沙化、气候恶化、大气污染、资源枯竭、物种灭绝等状况的产生都严重威胁到了自然的良性循环，造成自然良性循环的断裂，这当然也毫无疑问地威胁到作为大自然一员的人类自身的生存与发展。正因如此，人类必须发挥主观能动性，通过绿色发展这一科学合理的实践方式协调好人与自然的关系以达到人与自然的和谐共生。

（二）绿色发展是人的发展需要与自然良性循环的统一

人与自然的总体性规定人与自然的关系是对立统一的，这种对立统一是建立在人们实践的基础上的。绿色发展作为人们的一种实践方式，既要求人们通过认识自然、改造自然以满足人们的现实发展需要，又要求人们顺应自然、保护自然，在自然可承受的范围内开展实践活动，促进自然良性循环。

其一，认识自然和改造自然是人类基本的实践活动。迄今为止，人类衣、食、住、行所需的全部物质资料均来自自然，自然是人的无机的身体。人类通过能动的实践活动，不断认识自然、改造自然，从自然中获得人类自身生存和发展所需的物质资料。人与自然的关系也正是在这种实践活动中形成的，并始终处于一定的社会关系之中，从根本上说是纳入了社会过程的物质和能量的交换关系。这种物质能量变换实质上是自然循环的一个部分，也就是说人的实践活动只是使一种自然物转换为另一种自然物，实践并不能产生超自然的东西。由此可以认为，绿色发展作为人们的一种实践方式，也是人们不断地从自然中获取材料创造物质财富的过程，这其中就需要不断地认识自然、改造自然。"没有自然界，没有感性的外部世界，工人什么也不能创造。"①人的任何实践都是以自然界作为物质前提，绿色发展本

---

① 马克思，恩格斯.马克思恩格斯文集：第 1 卷[M].中共中央编译局，译.北京：人民出版社，2009：158.

质上就是一种以科学合理的方式认识自然、改造自然的过程。

其二,人类在实践活动中还要顺应自然和保护自然。自然作为人的实践对象,为人的物质生产提供了原料和基础条件,但这种原料和基础条件是有限度的,自然有着自身发展循环的客观规律。人类的实践活动一旦超越自然的承受边界,就违背了自然客观规律,就会使自然的良性循环断裂,甚至造成自然的恶性循环,其具体表现就是资源枯竭和生态危机。因此,实践作为维系人与自然关系的中介和纽带,对能否维护好人与自然关系、促进自然良性循环起着关键作用。为了人类的可持续发展,就必须采取科学的实践方式。绿色发展作为一种科学的实践方式就在于它在认识自然、改造自然的同时顺应自然、保护自然。其中,顺应自然就是要遵循自然发展规律,使自然获得足够的修复时间和空间;保护自然就是要在生态环境容量和资源承载力范围内开展实践活动,防止自然良性循环断裂。只有这样,自然才能持续为绿色发展提供客观条件和基础。

(三)绿色发展是调和自然、社会、人之间矛盾对立的统一

人与自然的总体性揭示了人的生存发展是与自然共生共处共融的一体化过程,而这关键是处理好自然、社会与人之间的关系。绿色发展旨在寻求人与自然共同持续发展,科学合理地处理自然、社会与人之间错综复杂的关系。

马克思在发现唯物史观的过程中,早已洞悉在人与自然的关系中,问题的实质是人。他认为,有生命的个人存在无疑是一切人类历史的前提,维持个人的生命肉体组织并由此产生的人与自然的关系是我们需要确认的一个重要的历史事实。在形式上,马克思似乎更加侧重于谈论人类社会,也有人因此质疑马克思是人类中心主义者,是反生态主义者。实质上,马克思深刻地认识到自然问题要得到解决,必须抓住人类社会问题的根源。在《1844年经济学哲学手稿》《资本论》等著作中,马克思严厉地批判了资本主义社会的生产方式造成城乡对立、环境恶化、资源枯竭等问题,揭示了造成人与自然关

系紧张的肇源,他明确指出,人对自然界的关系取决于人与人之间的关系,人类的实践不能给自然界造成严重的负面影响以至于威胁到人类自己的生存。

恩格斯告诫人类不要过度沉醉于对自然过度索取所带来的暂时的物的欢愉,人对自然的"征服""胜利"必然会遭到自然界严酷的报复。人类社会的不合理发展,会造成生态环境的破坏,使得人类生存受到威胁。历史上,资本主义大工业的发展破坏了自然环境,也使劳动工人的生活环境不断恶化,身体受到了严重的伤害。所以,马克思认为,只有给资本拜物教祛魅,使人摆脱资本逻辑的统治,才能解决好被物与物关系所遮蔽和取代了的人与人之间的关系,使人扬弃异化状态,从而使自然界成为人的自然界,人也得以回归到自然的本真状态。由此,人与人、人与社会、人与自然界之间的矛盾才得以真正解决,人与自然才能真正和谐共生。绿色发展不同于传统掠夺式的、以获取物质财富为单一目的资本主义发展方式,而是要求兼顾自然生态效益和人类社会发展效益,不断调和自然、社会与人之间的矛盾对立。

## 二、社会结构的总体性开辟绿色发展的实践路径

社会是人们在物质生产实践基础上相互交往形成的一个能够变化并且经常处于变化过程中的有机体。正如马克思在《〈政治经济学批判〉序言》中所言:"人们在自己生活的社会生产中发生一定的、必然的、不以他们的意志为转移的关系,即同他们的物质生产力的一定发展阶段相适合的生产关系。这些生产关系的总和构成社会的经济结构,即有法律的和政治的上层建筑竖立其上并有一定的社会意识形式与之相适应的现实基础。"[1]在这一论述中,马克思将社会理解为由组成社会的各个结构和要素相互作用、相互联系的统一整体,是

---

[1] 马克思,恩格斯. 马克思恩格斯文集:第 2 卷[M]. 北京:人民出版社,2009:591.

人的社会关系和社会生活不断变化发展的整体。科尔施直言马克思的理论就是"一种把社会发展作为活动的整体来理解和把握的理论"①。马克思的历史唯物主义澄明了现实社会真实的总体性,生产力、生产关系、经济基础和上层建筑并不是松散组合而成,生产力与生产关系、经济基础与上层建筑之间矛盾运动反映了整个社会基本结构的样态和属性,关涉到了社会的各个基本领域,涵盖了社会结构的主要方面,从而真实地阐述了社会总体性中的结构关系。社会基本结构在本质上是人与人之间交往的各种社会关系的制度化形式,它主要包括了经济关系、政治关系和文化关系。经济关系、政治关系和文化关系既通过相互影响、相互渗透、相互作用构成了社会结构的总体性,同时它们又分别构成了相对独立的社会总体结构体系的子系统。

社会结构的总体包括它的各个子系统都根源于人们的物质生产实践。同时,它们也是构成人们物质生产实践的社会基础,在很大程度上影响着人们选择何种发展方式。绿色发展作为一种合理的发展方式,它的实现需要社会结构的总体性作用。

(一) 社会结构的总体性在文化关系维度上引领绿色发展

文化产生于人们的社会实践,反过来又以观念形式对人们的物质生产生活方式产生持久的、稳定的、深远的影响。文化与政治、经济等构成了相互联系、相互影响、相互作用的运动整体。文化发展决定于一定的经济基础,受一定的政治影响,同时,文化也对政治和经济等产生巨大的反作用。毛泽东认为,"一定的文化(当作观念形态的文化)是一定社会的政治和经济的反映,又给予伟大影响和作用于一定社会的政治和经济"②。不同的文化对于政治、经济社会发展会产生不同的影响作用,绿色文化是一种注重人与自然和谐共生的文

---

① 卡尔·科尔施.马克思主义和哲学[M].王南湜,荣新海,译.重庆:重庆出版社,1989:22-23.
② 毛泽东.毛泽东选集:第2卷[M].北京:人民出版社,1991:663.

化,它引导人们形成绿色的生产观和生活观,是绿色发展得以实现的思想基础和行动先导。

首先,绿色文化引领社会形成绿色价值观。价值观的作用在于它具有稳定性,能够凝聚社会共识,引导社会成员朝着一定目标共同努力与长期坚持。绿色发展并非少数人的事业,也并非一时一地之事。由此,实践绿色发展离不开绿色价值观的作用。绿色文化引导人们开展绿色生产和绿色消费,促使人们形成"天人合一"的生态情感和生态信仰,是社会形成绿色价值观的前提条件和基础。

其次,绿色文化引领经济绿色转型。随着信息化时代的到来,文化以一种前所未有的速度和广度进行传播,对经济社会发展产生了巨大的影响。绿色文化作为一种先进的文化对经济发展的影响更是与日俱增。一方面,绿色文化促使人们摒弃非绿色经济发展,对高消耗、高污染的产业进行生态化改造;另一方面,绿色文化引导人们大力发展生态产业和提供绿色环保产品,促使经济绿色转型。

再次,绿色文化引领绿色科技创新和使用。科技本身是自在之物,无所谓好坏之分,发挥科技对绿色发展的积极作用离不开绿色文化作为思想引领。一方面,绿色文化指明科技创新的方向,引导科技朝着绿色化方向发展;另一方面,绿色文化引领科技的绿色化使用,避免科技滥用造成生态危机。

最后,绿色文化引领绿色制度建立。制度是文化理念的一种外在化体现,是制度形态的文化,它的形成离不开一定文化理念的作用。在现实社会中,制度起着规范人们生产和生活行为的作用。绿色文化作为一种文化理念起着引导人们建立绿色制度的积极作用。

(二)社会结构的总体性在经济关系维度上推动绿色发展

经济结构本质上是生产关系的总和,这种生产关系并非抽象的存在,而是与一定的生产力相联系的具体存在。马克思认为,生产力决定生产关系,生产关系也反作用于生产力的发展,生产力的发展是保证人们基本需求得到满足的前提。当人们连自己吃、住、穿等基本的生存需要都无法在一定程度上得到满足的时候，人们就根本无法获得解放。可见，人的自身发展需要依托一定的经济条件，经济发展与人及社会的发展有密切的关联。经济发展和生态保护是绿色发展的双重要求，经济发展是生态保护的基础，生态保护是经济发展的前提。绿色发展是协调经济发展和生态保护以达到两者共赢的发展。

绿色发展的主旨是绿色生产和绿色生活，绿色生产提供绿色生活所需的客观物质基础，绿色生活为绿色生产提供强有力的现实向导。无论是绿色生产还是绿色生活，都必须以一定的绿色生产力作为基础。一方面，发展绿色生产力可以提高劳动生产率和自然资源利用率，为人生产绿色环保的耐用生活品，以满足人们对物质生活水平不断提高的要求；另一方面，发展绿色生产力可以有效减少自然资源损耗和污染物排放，使生态环境得到最大限度的修养和保护，这有助于推动生态文明建设。可见，绿色发展并非像自然中心主义者所主张的停止发展生产力，而是要求大力发展绿色生产力。

绿色发展能否顺利推进的关键就在于生产力的绿色化程度，生产力绿色化是对生产力性质、模式、功能进行生态化改造的一个动态过程，其出发点和落脚点就在于发展绿色生产力。实现绿色生产力的发展，关键在于科技和资本绿色化发展与利用。一是要发展和善用科技，利用科技推动循环经济发展，为劳动者提供绿色的劳动工具、生产资料与生产技术，促进人们形成绿色生产和生活理念；二是要引导并超越资本，利用资本发展绿色科技、优化资源配置、激发劳动者生产热情、激活绿色生态产业、修复生态环境，化资本力量为绿色生产力发展动力。可见，绿色生产力的发展既是绿色发展的立足点，也是推动绿色发展的最根本动力。

（三）社会结构的总体性在政治关系维度上保障绿色发展

政治作为一种普遍存在的现实力量对人类社会的发展起着越来越重要的影响和作用，它主要由政治组织和政治制度组成。政治组织和政治制度是一个辩证统一的整体，一方面政治组织是政治制度的物质载体,政治制度由政治组织建立和实施;另一方面政治制度体现占统治地位政治组织的政治属性,规范着政治组织实现其政治统治和发展的原则与方式。绿色发展作为一种发展方式贯穿了生产、分配、交换、消费的全过程,是一项极其复杂的系统性工程,它的实践既面临传统观念、资本、科技等多重因素的挑战,也会引发诸如当前与长远、局部和整体、个人和社会等多重利益纠葛和冲突。由此,推进绿色发展就必需强有力的政治组织保障和政治制度保障。

第一,政治组织是推进绿色发展的中坚力量。政治组织代表着一定集团的利益,它们通过整合政治、经济、法律、文化等公共权力,使它们之间形成一个系统性的整体,以达到一定的活动目的。绿色发展作为一项关乎国计民生的大事,决定着人们当前与未来的生态安全和生活幸福。实践绿色发展,一是需要政治组织通过行使公共权力引导社会生产单位形成绿色生产理念以使生产活动符合生态文明建设要求,同时引导社会民众形成绿色生活理念并促使他们养成绿色生活习惯;二是需要政治组织利用公共权力制定符合绿色发展理念的政策制度,政治组织既是政策制度的制定者也是保障政策制度贯彻落实的中坚力量。由此,要想推进绿色发展就离不开一定的政治组织作为坚强保障。

第二,政治制度是实践绿色发展的前提和基础。政治组织开展的政治活动实质上是通过制度约定、规范、协调社会总体利益关系的公共管理活动,制度在很大程度上直接反映了政治组织的活动意图和行为准则。任何政治组织的价值理念、执政目标实现都需要一定的制度作为行动指南、行动规范、行动保障。推进绿色发展必须将绿色发展理念融入组织制度、法律制度、经济制度、文化制度、社会管理制度中,不断地建立和完善系统的绿色制度体系。只有通过绿色制度体系约束非绿色发展、激励绿色发展和调和多重利益冲突与发展矛盾,才能从行动上保障绿色发展的顺利推进。

## 三、历史过程的总体性凸显绿色发展的价值旨归

历史是人的实践活动在时间中的展开,人的全部现实生活都是历史的,人及属人的世界本质上是一个运动的历史过程性存在。恩格斯认为:"世界不是既成事物的集合体,而是过程的集合体。"① 就历史过程的总体而言,它是人类以一定的物质生产力为基础的认识与实践活动及其产物的演进过程。马克思历史辩证法的主旨要求是把整个历史过程作为一个总体进行分析。卢卡奇说:"辩证方法不管讨论什么主题,始终围绕同一个问题转,即认识历史过程的总体。"② 历史过程的总体性本质上是一个历史观的问题,即把握任何历史事实在历史中的真正作用,都应将其置于总体的历史过程中考察。如果片面地、孤立地、静止地考察历史事实,就难以把握历史事实的现实和价值。诚如卢卡奇所言:"只有在这种把社会生活中的孤立事实作为历史发展的环节并把它们归结为一个总体的情况下,对事实的认识才能成为对现实的认识。"③

历史过程的总体不是一个已经实现的总体,也不是一个在社会运动中日渐趋近的目标,而是一个不断的历史的生成着的历史化过程。历史不会僵化地固定在某一个社会形态上,在每一个历史阶段上都会生成新的事物。新的事物是总体历史过程的过去与未来的联结点,是历史发展的产物,同时也是整个历史过程的承载物。历史的发展过程是一个合规律性合目的性的统一,绿色发展既符合经济社会发展规律又合乎人们实现生态文明的目标,是我国立足于当前特殊的历史发展阶段面对人与自然发展矛盾提出的一种新发展模式,

---

① 马克思,恩格斯.马克思恩格斯文集:第4卷[M].中共中央编译局,译.北京:人民出版社,2009:298.
② 卢卡奇.历史与阶级意识[M].杜章志,任立,燕宏远,译.北京:商务印书馆,1999:86.
③ 卢卡奇.历史与阶级意识[M].杜章志,任立,燕宏远,译.北京:商务印书馆,1999:56.

只有以历史过程的总体性对它进行考察,才能清晰地直观它的历史现实性,才能凸显出它的价值旨归。

(一)历史过程的总体性在中国特色社会主义发展活力上凸显绿色发展的时代意义

人类历史发展的每一个阶段都有其特殊的时代背景和历史使命,只有站在历史过程的总体中才能领略其中的风采。我国改革开放初期,为人民亟待解决的温饱问题,受制于落后的生产力,我们采取了粗放式的发展模式,这的确在一定程度上造成了生态环境问题,但并不能因此而完全否定改革开放初期的发展。诚如赫尔德所认识的,历史发展的每一个阶段,都独具风貌,不可或缺,都有自己的内在价值和存在的合理性。随着生产力的提高,我国国民经济得到较大发展,人民的基本生活得到了保障,在这个历史阶段,再以粗放式的以牺牲生态环境为代价的发展显然不合时宜也不利于中国特色社会主义的健康发展。

从历史过程的总体性上看,绿色发展既是对过去发展经验的承续又是对未来发展的创新性引导,它的实践激发了中国特色社会主义可持续发展的活力。从理论上看,绿色发展理念的提出,是对"我们既要青山绿水,也要金山银山""生态文明就是生产力"①等思想的发展和升华,是对中国特色社会主义发展理论的丰富和发展;从实践上看,绿色发展突破了把生态文明建设仅仅放在自然维度思考的局限,把目光扩散到自然、社会与人的共同发展,聚焦于实现人与自然的和谐共生,是对马克思主义唯物史观的生动践行;从意义上看,绿色发展适应我国当前所处历史阶段的发展新要求,为我国破解生态制约发展和发展不可持续的难题、寻找新的经济增长点和发展领域提供了正确的前进路向。正是在绿色发展理念的引导下,中国不断鼓励创新驱动发展、加快产业转型升级、推进供给侧改革,不断推出

---

① 习近平.习近平谈治国理政[M].北京:外文出版社,2014:209.

生态责任考核制度、完善资源环境管理制度、建立国土空间开发保护制度,不断发展绿色文化、提高国民绿色意识、推进美丽中国建设等,这些都展现了中国特色社会主义发展的蓬勃生机。

(二)历史过程的总体性在人们追求美好生活的现实上凸显绿色发展的人本旨向

人们通过能动的实践活动创造历史的过程,也是人们为满足自身生存需要、不断改善自身生存环境、追求美好生活的过程。"人们总是通过每一个人追求他自己的、自觉预期的目的来创造他们的历史。"①人作为历史的创造者,并不是一个抽象的存在,而是在特定的历史阶段、历史情境中的现实的人。现实的人总是处于一定的社会关系中,并在一定社会历史条件下为追求自身美好生活而不断从事能动的历史创造活动。

考察人类历史发展的总体进程,在不同历史发展阶段,人们对美好生活的理解不同,追求美好生活的实践方式也迥然相异。当代中国正在经历着由传统工业向现代工业社会转变的过渡时期,人民群众对美好生活的追求既要求丰裕的物质财富也要求良好的生态环境。就当今中国发展现状而言,一方面,经济社会的发展不平衡和发展不足,仍然有数千万人生活在贫困之中,物质匮乏,需要加速发展摆脱贫困。另一方面,改革开放以来唯GDP论英雄式的发展,造成了自然资源的大量使用、生态环境的巨大破坏,发展不当带来的负面效应已昭然若揭,成为民生之痛。为实现人们追求美好生活的愿景,中国就必须解决当前发展不足和发展不当这双重矛盾。绿色发展统筹兼顾生态与经济的发展,无疑是解决这双重矛盾的科学方法,它的主要价值就在于顺应了人们追求美好生活的现实需要。

---

① 马克思,恩格斯.马克思恩格斯文集:第4卷[M].中共中央编译局,译.北京:人民出版社,2009:302.

(三)历史过程的总体性在中国对人类文明发展的贡献上凸显绿色发展的世界价值

人类的发展,并非是断裂式的发展,而是人类世世代代传承、发展、变化的过程。马克思认为人类历史具有传承性和延续性,人类发展的每一个历史阶段,都会遇到上一代传给下一代一定的政治、经济、文化、技术、环境等发展所需的必要条件,这些发展条件在很大程度上预先规定了下一代的发展方向和性质,在经过下一代的发展后,这些条件又会产生新的变化,再传给下一代。历史的进程就是人类不断传承、创新、发展的过程。

纵观人类历史发展,从尼罗河、地中海、长江、黄河等文明的兴盛,到埃及、楼兰等古国文明的湮灭,我们不难发现"生态兴则文明兴,生态衰则文明衰"绝非危言耸听,生态环境对延续人类文明的重要性不言而喻。随着全球工业化时代的到来,科技的迅猛发展使得人类改造、利用自然的能力大大提升,如果人们还片面地注重眼前的、局部的物质利益,采取竭泽而渔式的发展方式,势必会将子孙后代赖以生存的资源环境消耗殆尽,就会造成发展的不可持续,并最终导致整个人类的生存危机。因此,马克思告诫人们要采取对下一代人负责任的可持续的发展方式开展生产实践,他认为"从一个较高的社会形态的角度来看,个别人对土地的私有权……他们只是土地的占有者,土地的受益者,并且他们应当做好家长把经过改良的土地传给后代"[1]。绿色发展正是着眼于历史过程的总体性,要求兼顾人们的当前发展需要和长远发展需要,是当代人为了改善本代人的生存环境与为下一代人留存更好的生存和发展空间的一种发展方式。作为人类文明发展的一部分,中国的绿色发展是基于全人类共同的生态福祉,它不走西方发达资本主义国家先污染后治理的老路,不走将

---

[1] 马克思,恩格斯.马克思恩格斯文集:第7卷[M].中共中央编译局,译.北京:人民出版社,2009:878.

污染转移至其他弱国穷国的邪路,为世界奉献中国智慧、分享中国经验、提供中国道路,为人类文明的可持续发展做出了历史贡献。

绿色发展理念的提出,纠正了以往片面化的发展思路和发展方式,其实质就是对马克思总体性思想理路的一个回应。因此,绿色发展的实践离不开马克思总体性思想的指导和运用。同时,绿色发展理念的提出和实践也是对马克思总体性思想的一次具体展现,实践绿色发展必须牢牢抓住"总体性"这一要义,并在此基础上不断丰富和发展马克思总体性思想。

专题六

中国特色社会主义的
生态文明向度

# 中国特色社会主义理论内涵生态文明的价值意蕴

刘 铮

上海大学马克思主义学院教授

**内容提要**：生态文明是自有人类文明史以来的第四种文明形态，意味着人与生态以及人与人之间的和谐共生。中国特色社会主义理论，内涵着生态文明的价值意蕴：唯物史观是中国特色社会主义的理论基石，强调关注人与自然的关系；"共同富裕"倡导在社会经济生活中人们公平地享有发展的权利，"三个代表"重要思想中体现的生态文明观，以及科学发展观中以人为本、人与自然和谐发展，都体现了深刻的生态文明价值意蕴。

## 一、唯物史观内涵生态文明

马克思主义唯物史观是中国特色社会主义的理论基石。唯物史观表明：自然界是人的无机的身体，其自然资源和生态环境状况，直接影响着作为生产力中最重要因素劳动者的生存方式，影响着"人本身的自然"。"自然界是人为了不致死亡而必须与之不断交往的、人的身体。所谓人的肉体生活和精神生活同自然界相联系，也就等于说自然界同自身相联系，因为人是自然界的一部分。"①恩格斯说：

---

① 马克思，恩格斯.马克思恩格斯全集：第42卷[M].中共中央编译局，译.北京：人民出版社，1979：95.

"我们连同我们的肉、血和头脑都是属于自然界,存在于自然界的。"①人作为整个自然生态系统中的重要组成部分,具有积极的主观能动作用。马克思的唯物史观体现在通过对资本主义生产方式的分析,揭示了资本主义社会必然灭亡的历史发展规律。马克思是在对资本在生产的过程中涉及了关于生产自然条件的问题。"生产的自然条件"是建构劳动者体力和脑力的前提基础。自然条件和生产环境影响着人类的生存与繁衍,劳动力的再生产影响着生产发展。如果生态环境遭到人类的严重破坏,被污染的自然资源也会危害劳动力的健康,甚至危及人类的生存。

社会历史的发展归根结底是人的发展。而人的自由全面发展离不开自然历史的发展进程。这个历史进程,伴随着社会生产力的发展和科学技术进步。而所有这一切,最终都是为了谋求人的全面自由发展。马克思关于人的全面自由发展的理论是马克思主义理论体系中的重要内容。马克思主义把共产主义表述为"以每个人的全面而自由的发展为基本原则的社会形式",揭示了人类社会发展的美好前景,也成为人类的美好理想和为之奋斗的目标。对于什么是"人的全面自由发展",马克思没有长篇完整的理论阐述。通观马克思《德意志意识形态》等一系列涉及人的发展的伟大著作和论述,我们可以看到,马克思是在针对旧式分工条件下人的发展状况的深刻剖析中,对人的全面自由发展作出明确逻辑规定的。马克思认为,人的全面自由发展,就是指每个人都能得到的平等发展、完整发展、和谐发展和自由发展。

人既是生态文明的主体,也是生态文明的最终目的。人作为自然界的一分子,与其他生物(动物、植物)共享自然资源,并依赖自然资源而生存和发展。但是人又区别于其他生物,具有主观能动性。

---

① 马克思,恩格斯.马克思恩格斯全集:第3卷[M].中共中央编译局,译.北京:人民出版社,1995:518.

在适应自然的过程中,依靠主观能动性开始驯服自然和改造自然为己所用。在经济社会发展的过程中,随着社会生产力水平的不断提高以及科技进步的不断发展,人类对发展目的的认识逐渐出现了偏差,工具理性、对物的崇拜、机械发展观等等,一定程度上取代了对人类发展最终目的的认识。特别是近些年出现的 GDP 崇拜,严重地扭曲了人类发展的最终目的。从这个意义上说,实现经济社会发展的理性回归,既是生态文明的迫切要求,更是人的自由发展的基本保证。

人的全面发展是人的物质需求和精神需求的全面满足过程。这个过程,要在人与自然结合互动的过程,以及人与自然物质变换的过程中才能实现。生态文明使人与自然的结合更加和谐,并为人的物质需求满足提供可持续的基础,更进一步为人的精神需求满足提供条件;生态恶化,不仅影响到人与自然结合的进程,更干扰了人与自然的正常物质变换,难以满足人的物质需求,也使人的精神需求大打折扣。经济发展、社会进步的终极目的是为了人的全面自由发展,而不是为了实现劳动异化,更不能以物代替人。马克思当年在《德意志意识形态》中曾经阐述过的"劳动的异化"就是特指人类在创造物质生产力的过程中,由于生产目的的偏差,使人创造出自己的对立面,出现了"商品的异化""劳动的异化"。不仅如此,在生产力发展过程中,由于发展的目的不清楚,人类在促进生产力高速发展的同时,还带来了资源的损失和环境的破坏,导致了不可持续的发展。因此,在生产力水平提高的基础上,人类要不断明确自己的发展目的,迫切需要生态文明目标的确立。只有具有和谐、稳定、可持续的生态环境,才能使人的自由全面发展有的放矢。

## 二、共同富裕思想中的生态文明意蕴

共同富裕思想是邓小平在改革开放初期提出的。1978 年 12 月 13 日邓小平在《解放思想,实事求是,团结一致向前看》的讲话中提道:"在经济政策上,我认为要允许一部分地区、一部分企业、一部分工人农民,由于辛勤努力成绩大而收入先多一些,生活先好起来。一部分人生活先好起来,就必然产生极大的示范力量,影响左邻右舍,带动其他地区、其他单位的人们向他们学习。这样,就会使整个国民经济不断地波浪式地向前发展,使全国各族人民都能比较快地富裕起来"①。

1990—1993年间,邓小平进一步深化了对共同富裕思想的认识,并对市场经济和共同富裕先后发表了一系列重要论述。他的根本主张是在市场经济的基础上逐步实现共同富裕;为此,要首先奠定市场经济基础,然后要在经济发展的适当阶段突出解决共同富裕问题。这就是他的新思路。让一部分人先富起来,建立在中国生产力水平较低并且非均衡发展的基础之上。没有"一部分人先富起来的"打破高度集中的计划经济体制的示范作用作为经济发展的基础,中国难以走出生产力长期低水平运行的传统路径。

在改革开放的初始阶段,中国经济打破僵化的计划经济体制,开始在双轨机制运行状态下发展经济,一方面极大地激发出较高的社会生产效率,实现了经济跨越式增长;另一方面,由于缺少必要的宏观调控,一度出现了"物竞天择""万类霜天竞自由"的市场经济运行状态。与不加任何外力的生态自然状态"弱肉强食"具有异曲同工之效。这种状态是与生态文明目标相悖的。生态文明目标追求的是人与自然之间以及人与人之间的和谐共处,即使是处在不同社会生态位的人们,都应获得自由平等发展的机会。邓小平共同富裕思想的精神实质在于:应当在生产力发展的低水平阶段,首先通过一部分人先富起来的示范作用带动其他人的发展;而在"一部分人先富起来"之后,要不失时机地实现共同富裕。在邓小平理论中,"先富起来"不是指少数人暴富、多数人贫困,而是首先让少数人民先富起来,

---

① 邓小平.邓小平文选:第2卷[M].北京:人民出版社,1994:152.

并且是让那些通过"辛勤努力成绩大"的人先富起来,直至最后的1%的人民也富起来。先富是走向共富的起点与过程,先富与共富不是对立的。生态文明的核心内涵在于生物自然界能够和谐共生,而不是一个物种对其他物种的绝对的统治。在人类社会,不应存在一个种族对另一个种族的统治与支配,而应实现平等和谐地共存共生。要保持中华民族的可持续发展,就要适时地转换经济社会发展战略,实现共同富裕。这是减少不同社会阶层之间收入分配差距的重要措施和基本保证。

改革开放以来,中国经济在高速发展的过程中,伴随着社会基本经济制度从单纯的生产资料公有制,向公有制为主体、多种经济成分共同发展的所有制转化,由所有制决定的社会收入分配制度也从单纯的按劳分配,向按劳分配与按生产要素分配相结合的分配方式转变。由于人们占有要素的不同,按要素分配的结果必然带来人们收入分配差距的迅速扩大。国家统计局公布的近10年来中国居民收入的基尼系数,引起诸多争论。统计数据表明:中国全国居民收入基尼系数2003—2012年的10年间,分别是0.479、0.473、0.485、0.487、0.484、0.491、0.490、0.481、0.477、0.474。这个数据显示,2008年后中国居民收入基尼系数开始逐步回落,表明中国整体收入差距开始缩小。但人们的心理感觉与实际统计数据之间存在较大差异。因为基尼系数无法解释以下几个问题:

一是收入差距和分配不公问题。经济发展过程中的收入差距,是各国市场经济发展中普遍存在的问题。问题在于中国的收入分配差距的成因是什么?有多少因素是市场经济经济增长本身的结果,而有多少因素又是非经济、非市场因素的结果,特别是有多少因素是因为收入分配的机会不公、规则不公和权利不公导致的?收入差距本身不可怕,可怕的是差距背后的分配不公。而这种分配不公究竟有多大的合理性?

二是收入分配和收入流动性问题。对于收入分配差距问题的分析,不仅要观察短期的静态的收入差距大小,而且要考察长期的动态的收入流动性大小。即使在收入差距较大、基尼系数较高的情况下,只要不同的收入阶层之间拥有的收入份额具有较高的流动性,也就是低收入群体和阶层的收入份额能够保持向上的流动,并具有稳定的持续性,就会大大减少收入分配差距带来的社会矛盾。

三是收入分配与财富分配问题。就基尼系数而言,可以是按照收入计算的基尼系数,也可以是消费支出的基尼系数,还可以是财富计算的基尼系数。三者所反映的意义是不一样的。我们目前公布了收入的基尼系数,在一定意义上使得我们可以和国际进行比较,按照相对统一的口径大致了解中国收入分配差距大小和程度,但并不能完整地反映出中国社会当前存在的收入分配差距。因为按照财富分配进行比较,将显示出更加巨大的差距。富裕群体财富逐年剧增,贫困群体无财富积累可言,体现出典型的"马太效应"。

四是收入分配与公共产品问题。在城乡之间、地区之间存在事实上的非均衡发展的背景下,社会公共产品提供所导致的收入差距不公,尤其应当引起关注。从更广的意义上来看,收入分配差距不仅仅包括收入差距,还包括教育、医疗、养老、社会保障以及其他公共产品提供所导致的收入分配差距。公共产品供给上的差距,涉及机会公平与权利公平,与单纯收入分配所带来的结果公平相比,机会公平和权利公平更值得关注,体现了社会制度的优越与否。

过大的收入分配差距影响了社会各地区、各阶层以及不同社会人群的和谐发展。导致这一结果的原因在于,在经济发展的过程中,人们过度地关注一部分人先富起来,而忽视了先富带后富的社会影响,其结果必然带来对社会生态的破坏。因此,以"共同富裕"为目标的中国特色社会主义建设,必然包含生态文明价值意蕴。把社会公正放在首位,将从价值理念上反思中国经济增长和社会发展的最终目标,实现中国特色社会主义的制度规定。

## 三、"三个代表"重要思想与生态文明

"三个代表"重要思想是中国共产党在新的历史条件下提出的党的宗旨,是对党的执政理念的进一步深化。首先,中国共产党始终代表先进生产力的发展要求。在经济全球化背景下,先进生产力要经得起国际标准的检验。考察世界经济发展进程可以看出,世界上经济发达国家的经济发展过程中,普遍存在着发展观从以"物"为中心,向以"人"为中心的转变。从20世纪60年代发端于西方社会的"环保主义",到20世纪80年代的"可持续发展观"的提出,标志着人们对发展的认识发生了根本性的转变。20世纪60年代初期西方工业国家出现的严重污染案例,在我国近年频繁出现甚至原样复制。生态破坏带来的直接后果,是自然环境日益恶化,严重威胁着人类生存。

经济发达地区在经济发展的基础上,实现了文化、社会、法制等诸方面的蓬勃发展。但不能忽视的事实是:经济发达地区的生态文明程度不容乐观。互联网上发布的"中国癌症地图"中的"癌症村",绝大多数位于经济发达地区。从一定意义上讲,环境污染与生产力水平、工业化程度,以及经济发展水平息息相关。反思综合竞争力排名的结果,不能不令人们思考这样一个问题:经济发展的目的、城市发展的目的究竟是什么?如果说,经济发展的终极目的就是各项经济指标的不断提升,并同时伴随着环境污染程度的逐步加重和生态文明程度的不断降低,那么这样的增长是不可持续的。在一个行将就木的地球,还有什么经济、社会发展可言?因此,生态文明目标的实现,是可持续的综合竞争力。

近年来,随着美国金融危机的影响日益扩大,各国经济纷纷陷入衰退境地。为了走出困境,美国、欧盟及其他西方经济发达国家开始考虑启动经济重振雄风的创新路径。例如美国总统奥巴马在2012年国情咨文中就曾提出"五年外贸出口翻番"计划,并相继有多个著

名世界品牌生产企业开始回迁到美国本土,与此同时开始严格限制和约束其他国家的外贸进口。尽管其真实目的是为了最大限度地依靠实体经济振兴本土经济减少外贸逆差,但其限制进口一个最为冠冕堂皇的借口就是"低碳"标准。因为全球正处在反对气候变暖的宏观背景之下,与此相适应,低碳技术、低碳指标纷纷出台。美国以此为借口调整国内收支平衡,是任何国家都无法反驳的理由。在经济全球化背景下,我们不仅要学会用中国的眼光看世界,更要学会用世界的眼光看中国。我们的生产力先进与否,绝不仅仅取决于中国的标准,先进生产力的代表如果不能与国际标准相接轨,就不能得到国际认可,也无从体现先进。因此,生态文明目标的明确指向,就成为新时期先进生产力的价值导航。绿色经济、低碳经济、循环经济所代表的技术与价值,是当前世界所共同奉行的价值准则。在国际标准面前,我们要获得新一轮的竞争力,必须按照国际竞争力的要求规范我们的行为,我们不得不先进,否则,就会被淘汰出国际竞争的行列而成为落后生产力的代表。

中国在世界舞台上的位置,体现出综合竞争力。在当今世界上,具有先进生产力的国家就具有竞争力,而能够代表先进生产力发展方向的竞争力则具有可持续发展的长远意义。我们把生态文明的价值理念与先进生产力相联系,是经济全球化的客观需求,为了走在世界前列,我们不得不先进,否则,就将被历史车轮抛在后头。

中国共产党代表先进文化的根本方向。生态文明作为人类社会发展进程中的第四种文明形态,其目标的实现,与社会生活实践息息相关。不仅要融入社会实践过程,使生产力、生产关系按照生态文明的目标要求进行有机调整组合;同时,按照社会存在决定社会意识的原理,在生产力生产关系变革的过程中,必然伴随着文化的演进。从人类社会发展的基本需要出发,生态文明是代表着人类文明的先进文化。先进文化要求具有可持续性,中国传统文化伦理中蕴含生态文明的思想基础,传承中国传统文化,有助于今天生态文明建设以及中国特色社会主义建设整体目标的实现。

中国传统文化注重人的价值,早在千百年前,中国人就提出"天地之间,莫贵于人""民惟邦本,本固邦宁",我们继承发扬这些优秀的传统文化,就是要坚持以人为本,把人民作为主体,把人民当作发展的目的;中国传统文化注重坚韧刚毅,"天行健,君子以自强不息",中华民族之所以能历经挫折而不屈,靠的就是自强不息的精神,建设中国特色的社会主义,同样离不开自强不息的精神;中国传统文化注重"和而不同",强调社会和谐发展,传承传统文化,对于今天构建社会主义和谐社会,建设一个民主法治、公平正义、诚信友爱、充满活力、安定有序、人与自然和谐相处的社会具有借鉴意义①。在传承传统文化的同时,与时俱进地把握时代文化特征,把生态文明融入当代文化之中,使得生态文明建设具有坚实的文化根基。

中国共产党始终代表最广大人民的根本利益。生态文明是一个国家和民族寻求可持续发展路径的理智选择。它是一种基于既是人与自然的和谐又是人与人的和谐的生态文明观,其实质是将人类社会系统纳入自然生态系统而构成的广义生态系统的和谐。广义生态文明观认为,生态文明的本质要求是实现人与自然和人与人的双重和谐,进而实现社会、经济与自然的可持续发展及人的自由全面发展,生态文明的价值理念与人类社会可持续发展的根本要求具有本质上的一致性。我国在改革开放初期为了加快经济增长速度,曾在一段时间内片面追求经济增长,形成 GDP 崇拜,并一定程度上导致对生命的漠视(如矿难频发),对资源环境的破坏,阻碍了我国社会的可持续发展。过分崇尚市场导向,带来政府对社会公共产品投入不足,导致对人民基本生存权利、劳动权利、医疗卫生权利以及居住权利的侵害;GDP 崇拜,在经济效益日益提高的同时,带来对资源的过

---

① 中共中央宣传部理论局.划清"四个重大界限"学习读本[M].北京:学习出版社,2010.

度浪费和对环境的肆意污染。广义生态文明观要求我们在经济迅速增长的同时,更要关心人民群众的根本利益。保护生态环境,不仅仅是寻求人与自然和谐,实现当代人的利益,更是为了人类的可持续发展。资源损失环境破坏,不但损害当代人的生存发展权利,而且是对人类子孙后代生存发展权利的强制性剥夺。中国共产党强调生态文明观,一方面是要保证资源环境永续利用、可持续发展;另一方面,要以强制性、规范性的制度规定保证人民拥有公平的生存、发展机会,这是中国共产党宗旨的具体体现。

## 四、科学发展观领航生态文明

中国共产党第十六届代表大会工作报告中首次提出"科学发展观"。这是在中国经历了30多年的改革开放,以GDP为标志的经济总量达到世界先进水平的背景下提出的。社会主义的中国,建立在劳动生产率低下、物质产品极端匮乏的薄弱基础之上。为了在较短的时期内赶上并超过西方发达资本主义国家,自新中国成立以来,我国实行了"赶超战略"。特别是改革开放,打开国门、寻求快速发展,成为中国执政党的首要工作目标。经过改革开放后30多年的经济发展,以GDP为标志的中国经济取得迅速的增长,并于2010年经济总量一跃超过日本,成为世界第二。但不可忽视的是,中国在经济建设取得巨大成就的同时,却付出了沉重的代价,出现了资源浩劫、环境污染,以及社会公平的损失等日益严重的经济与社会问题。中国科学院虚拟经济与数据科学研究中心的研究结果表明:2005年中国经济增长的资源环境代价总额为27 511亿元,占GDP的13.9%。[①]这说明我国GDP中有13.9%是以资源消耗、环境污染、生态退化为代价换取的。

---

① 石敏俊,马国霞,等.中国经济增长的资源环境代价[M].北京:科学出版社,2009.

中国的能源消费量由1978年的5.7亿t标准煤增加到2006年的24.6亿t标准煤,增长了3.3倍,占全球能源消费量的比例达到11%;中国消耗的铁矿石从2000年的2亿t急速增长到2006年的6亿t,占全球铁矿石消费量的比例达到45%。环境污染不断加剧,二氧化硫排放量从20世纪90年代初的1 800多万t增加到2005年的2 594万t,增长了40%;废水排放量从1997年的416亿t增加到2006年的536万t,增长了30%。2007年,我国创造的GDP占全球的6%,却消耗了全球15%的能源、30%的铁矿和54%的水泥。世界银行发展报告将中国和印度同列为经济高增长、环境高污染的国家。因此,转变经济增长方式,从高资源消耗、高环境污染的高增长转向低资源消耗、低环境污染的适度增长,已成为科学发展的当务之急。而实现科学发展的基础,是科学认识经济增长的资源环境代价。①

原国家环保总局副局长王玉庆给污染造成的损失贴上了价签:2011年,环境损失占中国国内生产总值(GDP)的比重可能达到5%至6%,大致相当于2.6万亿元人民币(合4 100亿美元),相当于中国庞大外汇储备的1/8。据官方估计,2004年中国环境损失相当于GDP的3%。这一比率在2008年和2009年维持在3.8%左右,但在2011年大致提高了1倍。②"科学发展观"的提出,向人们提出了"为谁发展""为什么发展"以及"如何发展"的现实追问。纵观国际国内的社会发展理论,我们应当承认:科学发展观并非中国共产党的首创。早在20世纪70年代,法国当代著名经济学家,法国数学科学和应用经济研究所所长弗朗索瓦·佩鲁就出版了代表性著作《新发展观》。在这本书中佩鲁提道:"经济增长是否有一定的价值前提?经济增长是否应遵循一定的价值准则?或者说,应依照怎样的价值准则对经济增长的合理性作出评价?"佩鲁认为:"纯粹的经济增长并非

---

① 石敏俊,马国霞,等.中国经济增长的资源环境代价:关于绿色国民储蓄的实证分析[M].北京:科学出版社,2009:5.
② 中国环境损失大幅上升[N].英国金融时报,2012-03-15.

从来都是合理的,唯有有利于人的发展,有利于保有优良文化价值的经济增长才是合理的。也就是说,经济增长要以人的全面发展为前提,以保存优良的民族文化价值为标准"。他的这一理论赋予了他的"新发展观"以深刻的价值内涵,并阐明了经济增长的最终目的,应当是实现人的全面发展,体现了"以人为本"的价值理念。佩鲁提醒人们研究发展问题要注意无发展增长的危害性。他深信不发达国家经过沉思之后,会起来反对经济主义,因为经济主义对人的生存是具有危害性的,而人的生存则是实现其自由最可靠的保证。对不发达国家来说,以人为中心的发展模式,首先关注的是人的生存权,生存权是人的自由以及其他一切人权的基础。① 发展的目的是什么? 佩鲁认为,发展是为了人,为了一切和完整的人,正如《新发展观》一书序言作者 M. A. 西纳索所概括的:为一切人的发展与人的全面发展。②

佩鲁的"新发展观"的问世,对整个国际社会的科学发展产生了不可估量的影响。他让人们在享受到经济社会发展带来的物质利益的同时,开始冷静地反思经济增长带来的资源耗竭和环境损害,让人们反思发展究竟为了什么,应该怎样发展。但不可否认的是,佩鲁的"新发展观"仅仅限于一个学者的理论探索和学术研究,并没有上升为一个国家经济社会发展的价值理念。因此,其作用的发挥具有较大的局限性。中国共产党把"科学发展观"作为中国特色社会主义建设的整体布局中的重要组成部分,足以表明中国共产党对经济社会发展规律的尊重与敬畏。把生态文明作为科学发展的价值取向,把生态文明融入中国特色社会主义建设的总体布局,将使中国经济社会发展在人与自然和谐和人与人和谐的环境下有序进行。

恩格斯曾经说过:"一个民族要想站在科学的最高峰,就一刻也

---

① 弗朗索瓦・佩鲁. 新发展观[M]. 张宁,丰子义,译. 北京:华夏出版社,1987:61.
② 弗朗索瓦・佩鲁. 新发展观[M]. 张宁,丰子义,译. 北京:华夏出版社,1987:11.

不能没有理论思维。"①中国特色社会主义建设中的生态文明价值意蕴,就是赋予中国经济社会发展以科学的价值理念和理论内涵,并把共产党的宗旨和执政理念进一步具体化的实践过程。

---

① 马克思,恩格斯.马克思恩格斯文集:第9卷[M].中共中央编译局,译.北京:人民出版社,2009:437.

# 论中国特色社会主义生态文明的认识维度

刘 勇

扬州大学马克思主义学院副教授

**内容提要**：建设美丽中国，必须把生态文明建设纳入社会主义事业总体布局，为美丽中国梦凝聚价值认同、形塑生态道德、提供行为规范，从而推动人类命运共同体的永续发展。从人类文明史高度看，当代中国提出的生态文明具有丰富蕴含，这集中表现在：生态和谐彰显社会主义制度优势；绿色生态是当代中国的有机构成；生态文明是中华民族的世界历史贡献。从中国特色社会主义的理论自信和实践自觉来认识和理解生态文明建设，对于彰显社会主义制度优势和实现中华民族永续发展具有标识性意义。

众所周知，生态系统是人类文明存续的前提，是社会有机体得以延展的基础。寰宇全球，在经历了数百年工业文明的辉煌成就之后，资源耗竭、环境恶化已成为人类社会跃迁的巨大障碍，生态危机成为21世纪人类命运共同体面临的中心议题。因此，当代中国提出生态文明建设，"是关系人民福祉、关乎民族未来的长远大计"[①]。从人类文明史高度来看，当代中国提出生态文明建设，具有跨时空的丰富蕴含，这集中表现在：生态和谐彰显社会主义制度优势；绿色生态是当

---

① 中共中央文献研究室.十八大以来重要文献选编：上[M].北京：中央文献出版社，2014：30.

代中国的有机构成;生态文明是中华民族的世界历史贡献。从人类文明演化的世界历史性高度来认识和把握生态文明建设,对于进一步深化中国特色社会主义规律认识、彰显社会主义制度优势具有标识性意义。

## 一、生态和谐是社会主义的制度优势

自然界包括自在自然和人化自然两个部分,两种自然对人类存续具有重要意义,人化自然可以提供人类必需的物质生活资料,自在自然可以提供人类必需的自然物质基础和良好生态环境。在马克思之前的全面科学和哲学,都没有正确解决人类与自然的关系,要么只研究自然界,要么只研究人类社会,从而陷入或者自然主义或者人类中心主义的误区。马克思认为,历史"可以把它划分为自然史和人类史"[1]。人类历史和自然界历史是处于辩证的交互作用之中的。因此,人与自然、人与人的关系问题是人类文明演化面临的两大基本问题,"即人类与自然的和解以及人类本身的和解"[2]。

人与自然的关系问题是人类社会发展在过程中始终都要面对和思考并正确处理的重要关系范畴。在这个过程中,由于人认识和对待自然的理念不同,由人与自然不同的交互关系呈现出人类文明各个阶段的不同特性。从人与自然的关系角度来看,人类文明的演化总体依次经历了"崇拜自然"的原始时代、"依赖自然"的农业时代和"征服自然"的工业时代三大发展历程。在不同历史时期中,人与自然之间的关系呈现出不同样态。在漫长的原始文明时期,人类社会生产力水平很低,人在自然面前显得十分弱小,人类的生存依赖于自然环境,这时人与自然的关系基本上是"自然中心主义";在农业文明

---

[1] 马克思,恩格斯.马克思恩格斯全集:第3卷[M].中共中央编译局,译.北京:人民出版社,2002:20.
[2] 马克思,恩格斯.马克思恩格斯选集:第1卷[M].中共中央编译局,译.北京:人民出版社,2012:24.

时期,虽然人类社会生产力有了较大发展,人类对于自然的认识能力和改造能力有所提高,但总体而言,人类生产力水平仍然很低,人与自然的关系仍然是自然主导型,"农业劳动的生产率是和自然条件联系在一起的"①。在长期的劳动实践中,人们逐渐发现了自然规律,并根据自然规律相应地调整自己的行为方式。因此,在原始文明时期和农业文明时期,人与自然的关系表现为自然力超过人的生产力作用,自然界处于主导地位,人的能动性发挥受到极大限制。随着科技进步带来的生产力发展,尤其是人类发明了蒸汽机以后,人类社会进入机器大工业时代,即工业文明时期,这一时期科技进步带来的生产力飞跃为人类认识自然和改造自然提供了强大武器,人类逐渐摆脱自然界的束缚,成为自然的主人。因此,在工业文明时期,人与自然的关系主要表现为"人类中心主义",对自然规律的认识和对自然界的改造成为人类文明发展的重要标志。然而,在工业文明时期,人类社会形态主要是以剩余价值为核心的资本主义社会,利润追逐必然导致市场竞争,市场竞争必然导致为提高劳动生产率和扩大生产规模而进行的资本扩张。这样一来,人的发展程度和自然的承受能力就被遮蔽,盲目扩张导致大量生产,而生产的过度发展又必然导致消费的异化和产品的浪费,这就是工业文明时期的生产和生活方式。然而,这种生产和生活方式的直接后果就是对资源的掠夺与对生态环境的破坏,使人与自然的关系处于异化状态。人与自然关系的异化在本质上根源于资本主义制度,"但是要实行这种调节,单是依靠认识是不够的"②。在资本主义主导的工业文明中,资本主义制度所具有的资本性、私有制和市场性都会导致资本主义生产和生活将其唯一目标定位于对利润的追求,这也形成资本主义制度唯一的动力。

---

① 马克思,恩格斯. 马克思恩格斯文集:第7卷[M]. 中共中央编译局,译. 北京:人民出版社,2009:924.
② 马克思,恩格斯. 马克思恩格斯全集:第20卷[M]. 中共中央编译局,译. 北京:人民出版社,1971:521.

在资本主义社会,剩余价值是唯一驱动,人的发展和自然的发展处于从属地位,这必然导致人与自然的关系紧张,进而导致人与社会、人与人的关系紧张,最终导致资本主义危机。

资本主义制度和生产方式所导致的资本主义生态危机必须要求新的社会制度和生产方式来替代以促进人与自然的关系和谐并维护人类的持续发展,这种替代方案就是选择社会主义及其生态文明建设。在社会主义制度下,人类同自然界的和解对于人类本身的和解具有基础性意义,也是人类文明发展到新的历史时期的重要标志。马克思认为,要解决人与自然的矛盾,根本出路在于对资本主义制度和生产方式实行完全的变革,实现社会主义。这种社会主义,"是人和自然界之间、人和人之间的矛盾的真正解决"①。作为一种全新的生产方式,社会主义理应实现人与自然界的和解,这既是自然界的真正复活,也是人类解放的真正复归。基于资本主义时代的生态系统遭受严重损耗的场景,恩格斯告诫我们,虽然在人类中心主义的主导下,工业革命使人类取得了对自然界的俘获性胜利,然而,"对于每一次这样的胜利,自然界都对我们进行报复"②。马克思和恩格斯例举了资本主义工业化给自然生态系统造成的严重破坏,以及生态系统损毁后带给人类自身的危害,分析了自然生态危机背后的制度根源。他们提醒我们"决不像站在自然界之外的人似的去支配自然界"③。他们认为,社会主义作为一种超越资本主义生态危机的文明形态,以实现和满足人的各方面能力需求为旨归,其前提和基础就是人与自然在统一的生态有机体内实现和谐共生。因为自然界是人类生产生活的机体,也是人类存续的可靠屏障;人类存续的前提条件就是正确

---

① 马克思,恩格斯. 马克思恩格斯文集:第1卷[M]. 中共中央编译局,译. 北京:人民出版社,2009:185.
② 马克思,恩格斯. 马克思恩格斯文集:第9卷[M]. 中共中央编译局,译. 北京:人民出版社,2009:559.
③ 马克思,恩格斯. 马克思恩格斯文集:第9卷[M]. 中共中央编译局,译. 北京:人民出版社,2009:560.

认识和处理生态系统内部的各种关系,只有合理调节人与自然之间的物质变换和能量交换,才能实现人与自然关系的和解并达到两者在生态有机体内的和谐。从这个意义上说,生态文明与社会主义具有内在契合性和价值一致性,社会主义作为人与自然和谐共生的一种文明形态,为真正实现人与自然的和谐嵌入了制度基础。因此,生态文明是社会主义的价值诉求,生态和谐彰显了社会主义的核心价值。生态文明建设标志着社会主义在人与自然关系上的友好共处、和谐共生、良性循环与持续发展,这是在人与自然关系上超越资本主义的制度优势。

## 二、绿色生态是中国特色社会主义的有机构成

新中国成立以来,历届党中央在领导中国人民实现"复兴梦"过程中,一直高度关注人与自然的关系。由于认识水平的思想限制以及社会发展的现实需要,曾出现生产方式、生活方式、消费方式等违背生态有机体和谐的情况。21世纪以来,面对资源约束、环境污染、生态退化的现状,党中央充分认识到生态文明建设"事关中华民族永续发展"①,提出要实现生产方式、生活方式和消费方式的绿色化,弘扬生态文明主流价值观,把绿色发展转化为新的综合国力和国际竞争新优势。因此,把绿色生态作为社会总体布局的有机构成,标志着我们对社会结构和社会有机体演化图景的认识达到了新高度。

社会总体布局是一个不断延展的历史进程,对于总体布局认识的每次延展既标志着我们对于人类文明演进规律理解的逐渐明晰,也体现了对社会建设规律认识的不断深化。新中国成立后,以毛泽东为代表的中国共产党人提出"四个现代化"目标作为社会主义建设的战略思路,这是最早关于社会主义布局的理论思考和实践推进。

---

① 审议《关于加快推进生态文明建设的意见》 研究广东天津福建上海自由贸易试验区有关方案[N].人民日报,2015-03-25(1).

在这一阶段,确立植树造林、兴修水利等一系列制度措施,标志着绿色生态建设进入从无到有的萌芽阶段。改革开放初,以邓小平为代表的中国共产党人明确提出和阐述了社会主义"总体布局"概念,提出经济体制、政治体制和精神文明建设"三位一体"的总体布局,并且努力促"使这几个方面互相配合、互相促进"①。围绕"三位一体"这一总体布局,从中共十二大到中共十五大,先后提出了社会主义物质文明、政治文明和精神文明协调发展的战略思路。在这一阶段,将环境保护确立为基本国策,积极推进国际合作,以制度和法律保障生态环境,明确提出可持续发展战略,高度重视人口规模、资源禀赋、生态环境、法律制度、国际合作等,"使经济建设与资源、环境相协调,实现良性循环"②,标志着绿色生态思想呼之欲出。中共十六大以来,随着对社会结构和社会有机体图景认识的不断深化,在经济、政治、文化"三位一体"总体布局的基础上更加注重"社会建设",从而形成"四位一体"③的战略布局。围绕"四位一体"的总体布局,以胡锦涛为代表的中国共产党人从国家发展战略的高度对生态建设进行了深入探索,首次提出了"生态文明"的概念,强调把推进经济、政治、文化建设与生态文明建设有机统一起来,从国家发展和民族复兴的高度提出构建"资源节约型、环境友好型社会"④,标志着中国特色社会主义绿色生态思想逐步成形。中共十八大进一步延展了对总体布局的认识,在"四位一体"的总体布局基础上提出"生态文明建设",从而形成了"五位一体"总体战略布局,提出社会有机体的各个要素、结构和过

---

① 中共中央文献研究室.十二大以来重要文献选编:下[M].北京:人民出版社,1988:1174.
② 江泽民.江泽民文选:第1卷[M].北京:人民出版社,2006:463.
③ 中共中央文献研究室.十六大以来重要文献选编:中[M].北京:中央文献出版社,2006:696.
④ 中共中央文献研究室.十七大以来重要文献选编:上[M].北京:中央文献出版社,2009:78.

程的协调发展,不断开拓"生产发展、生活富裕、生态良好"①的文明演进路径。围绕"五位一体"的总体布局,以习近平为代表的中国共产党人着眼于国家和民族发展的长远大计,遵循尊重、顺应和保护自然的生态文明理念,落实绿色、循环、低碳发展的生态文明战略,形成了较为系统的绿色生态建设思想。

总体布局问题,在理论上是对社会结构和社会有机体的认识问题,在实践上是对国家战略和未来趋向的部署问题②。将绿色生态建设纳入总体布局之中,这对于中国特色社会主义实现整体性、持续性和协调性的科学发展具有重要意义。第一,将绿色生态建设融入经济建设过程之中,这就要求发展经济不能以生态破坏为代价,经济建设必须以绿色生态为原则。在生产环节以循环经济代替粗放式经济,以生态型经济代替资源消耗型经济,大力发展绿色农业、绿色工业和绿色服务业;在消费环节,努力倡导绿色消费和生态保护,大力提倡资源节约和循环使用。第二,将绿色生态建设融入政治建设之中,这就要求坚持把政治制度的顶层设计和整体谋划与绿色生态理念结合起来,把政治制度建设与绿色生态制度建设对接起来,才能不断实现人民对绿色生态的期盼,才能实现社会主义的政治发展诉求。第三,将绿色生态建设融入文化建设之中,这就需要不断培育公民的生态文明观念,以绿色生态意识丰富文化内容,以绿色文化促进生态建设。以生态哲学、生态经济学、生态法学、生态文艺学、生态伦理学等的发展提高人们的绿色意识、绿色思维、绿色价值观,形成人人崇尚绿色生态的社会新风尚。第四,将绿色生态建设融入社会建设之中,这就要求建设绿色社会,实现人与社会的绿色关系。工业文明时期实行的是资本专制主义战略,这必然导致人与人的社会危机,也会

---

① 中共中央文献研究室.十八大以来重要文献选编:上[M].北京:中央文献出版社,2014:7.

② 参见:李君如.构建社会主义和谐社会的理论根据与理论意义[J].求是,2006(24).

导致人与自然的生态危机。面对人均资源储量占有量少、非再生性资源可用量少、生态系统环境瓶颈压力大的趋势,"对生态环境质量的要求也必然越来越高"①的历史境遇,当代中国必须加快"资源节约型、环境友好型"的绿色生态建设。

  绿色生态建设涉及生产生活方式等诸多方面的根本性变革,在当代中国,绿色生态建设应当注重以下几个方面:第一,坚持人民群众是绿色生态建设的主体力量。绿色生态关乎人民群众的切身利益,人民群众是绿色生态建设主体和最终目的,要在绿色生态建设中不断弘扬生态文明主流价值观,所有社会成员"都要提高环境意识,积极参与环境保护"②。人民群众既是绿色生态的建设者,也是绿色生态成果的享有者,只有实现"现实的人"与绿色生态的交互作用,才能不断达到人与自然在生态有机体内的和谐。第二,坚持法治化是绿色生态建设的保障机制。绿色生态建设是一场涉及思维方式、生产方式、生活方式和价值观念的革命性变革,必须把绿色生态建设纳入法治化、制度化轨道,建立系统完整的绿色制度体系。40年来,我国已经颁布了一系列涉及绿色生态建设的法规,如《大气污染法》《环境保护法》《海洋环境保护法》《可再生能源法》《循环经济促进法》等,同时还加入诸如《京都议定书》等一系列推进世界绿色发展的国际条约,为维护全球生态安全提供了法律保障。习近平指出,生态环境必须采取"最严格的制度、最严密的法治"③,才能为形成绿色生态提供可靠保障机制。第三,以科技驱动和创新驱动深化绿色生态建设。绿色生态建设需要科技支撑,既需要对原有科技进行"绿色化"改造,也需要应用和开发新的"绿色"科技。如依靠科技进步改善生产模式,采用先进技术改造传统产业,发展高新技术产业,在科技含量高

---

  ① 中共中央文献研究室.十六大以来重要文献选编:上[M].北京:中央文献出版社,2005:855.
  ② 江泽民.江泽民文选:第1卷[M].北京:人民出版社,2006:536.
  ③ 习近平.习近平谈治国理政[M].北京:外文出版社,2014:210.

的平台上构建资源能源消耗较低、自然生态污染较少的产业结构和生产方式,大幅提高经济绿色化程度;再如依靠科技进步改变生活方式,通过能源资源技术推广节约技术,改变生活方式和消费观念,逐步形成节约型的消费观念和方式。正如习近平所强调的,"必须加快推进生产方式绿色化……大幅度提高经济绿色化程度,加快发展绿色产业,形成经济社会发展新的增长点"①。

## 三、生态文明是中国特色社会主义的世界历史贡献

人类文明是人类改造自然、改造社会、改造自身的活动及其成果,它表明人类社会的不断开化和进步的结果与状态。文明既是一种活动状态或实践结果,它标志着人类社会生存生产生活方式的发展变化,文明也是一个动态变化的过程,人类社会的发展过程就是人类文明不断进步和文明形态不断跃迁的过程。当代中国的生态文明建设不仅具有彰显社会主义制度优势的重要作用,还具有推动世界绿色发展、维系人类命运共同体永续发展的重要功能,生态文明是当代中国对全球有机体的生态安全和人类文明形态跃迁的世界历史贡献。

生态文明是社会有机体演化的内在要求,也是文明跃迁的高级形态。人类迄今为止已历经了三种主要文明形态,目前正处于传统文明向生态文明跃迁的过渡阶段。生态文明是人类通过对以人类中心主义为特征的工业文明诸多弊端的反思,以生态中心主义为特征,对人与自然、社会与自然的关系有了更深入的理解后提出的一种文明新形态。美国未来学家托夫勒曾经指出:"第二次浪潮本身有两个变化,使工业文明不可能再正常生存下去。第一,征服自然的战役,已经到达到一个转折点。生物圈已不容许工业化再继续侵袭了。第

---

① 审议《关于加快推进生态文明建设的意见》 研究广东天津福建上海自由贸易试验区有关方案[N]. 人民日报,2015-03-25(1).

二,不可能再无限地依赖不可再生的能源。第二次浪潮文明两个非常重要的基本补贴:廉价的能源与廉价的原料均将消失。"①美国生态学家布克金进一步指出:"一切发展必定是自由地寻求其自身平衡。自发性,不但不引起混乱,反而有助于释放发展的内部力量、寻求发展的真正秩序和稳定……应将社会生活中的自发性与自然中的自发性结合,从而为生态社会提供基础。"②由此看来,生态文明不仅是人与自然的文明关系的产物和反映,而且是人与人的关系以及人与社会关系的产物和反映,更是人更自觉地顺应自然、尊重自然,实现自然化人、人化自然的产物和反映。在实践中,生态文明是人的经济行为、政治行为、文化行为和社会生活的生存基础,人的经济行为、政治行为、文化行为和社会生活呼唤绿色生态提供环境安全保障。同时,绿色生态也要求人的经济行为、政治行为、文化行为和社会生活遵循自然规律,将人的经济行为、政治行为、文化行为和社会生活行为限制和规范在不破坏人类生存条件的范围内,促进个人与自然、社会与自然、人类与自然的整体和谐。随着人与自然的关系的逐步和解,即从人与自然的依赖关系、利用关系、掠夺关系等不合理状态逐步行进到人与自然在生态有机体内实现和谐的合理状态。这是因为:"自然界是包括人类在内的一切生物的摇篮,是人类赖以生存和发展的基本条件。"③也就是说,人类在开发利用自然的过程中,必须树立人与自然的平等观和整体观,从人类命运共同体属于生态有机体的整体利益出发,把人类发展与生态系统紧密结合起来,在保护生态系统的前提下推进人类发展,在人类发展的基础上建设生态系统,实现人类与生态的协调发展。正如狩猎文明只能是人依赖于自然的

---

① 阿尔温·托夫勒.第三次浪潮[M].朱志焱,等译.北京:生活·读书·新知三联书店,1983:14.
② Murray Bookchin. Post Scracity Anarchism[M]. Montreal & New York: Black Rose Books, 1986:23.
③ 中共中央文献研究室.十六大以来重要文献选编:上[M].北京:中央文献出版社,2005:853.

原始社会产物,农业文明代表着人利用自然的封建社会产物,工业文明基于人掠夺自然的资本主义产物,生态文明在本质上只能属于人类与自然实现"天人合一"式和谐的社会主义。可以说,生态文明既是人类命运共同体与生态有机体实现和解的必然选择,也是人类命运共同体与生态有机体达到和谐的必由之路。

生态文明既是当代中国对社会演化规律的重要探索,也是对人类文明形态的丰富和完善。社会主义在人与自然的关系上有着和谐的制度基础,在本质上体现出其生态优势。作为人类命运共同体的社会主义形态,应该"合理地调节他们和自然之间的物质变换,把它置于他们的共同控制之下,而不让它作为一种盲目的力量来统治自己"①,遵循人、自然、社会、人类都置于同一个生态有机体的理念,促进人与人、人与社会、人类与生态的和谐。正如美国环境论理学家彼特·S.温茨所说:"尊重自然就增进了对人类的尊重,因而服务于作为群体的人类的最佳途径莫过于关心自然本身。"②当代中国,把生态文明作为社会有机体的内在构成和奋斗目标,提出核心价值、生产方式、生活方式、消费方式的绿色化,努力促进人与自身、人与人、人与自然实现和谐生态,充分彰显中国特色社会主义的价值追求和制度优势。罗马俱乐部2013年报告中指出:"我们无法预测,2052年的中国将采用何种体系。但是,可以确信的是,2052年的中国政府将积极地从中国传统文化中汲取有益的营养……这种思想在解决21世纪重要问题上将非常有效,可以将目前的资源密集型、污染严重的生产方式,转变为对全世界都能产生长期福利的产业。"③当代中国,清醒意识到人类与自然是一个相互依存的生态有机体,把人类命运共同体置于生态有机体之中,把和谐生

---

① 马克思,恩格斯.马克思恩格斯文集第7卷[M].中共中央编译局,译.北京:人民出版社2009:928.
② 转引自:陈家宽,李琴.生态文明:人类历史发展的必然选择[M].重庆:重庆出版社,2014:177.
③ 乔根·兰德斯.2052:未来四十年的中国与世界[M].秦雪征,等译.南京:译林出版社,2013:264.

态作为中国特色社会主义指向未来的新型文明,它在辩证汲取并有机整合了原始文明、农业文明和工业文明等在内的一切文明成果基础上创造了新的文明形态,深化了对人类文明形态跃迁的认识和实践,彰显了中国特色社会主义的世界历史性贡献。

# 论城市生态文明的公共精神

## ——基于上海都市生态文明建设的思考

宁莉娜

上海大学哲学系教授

**内容提要**：生态文明既是社会发展进步的重要标志，也是人类命运不断得以改善的重要保障。在人们价值追求异质化、利益主体多元化以及思想意识动态化的今天，在生态文明建设中重视培育、倡导与引领公共精神尤为必要。随着资本力量的不断增强，人与自然的关系会发生新的变化，呈现新的公共空间，形成新的生产、生活方式。尤其是上海这座国际化大都市，通过公共精神使人们凝聚公共意识、涵养公共理性、遵从公共规则，将人们行为方式中碎片化的公共意识以理性的力量整合起来，通过明晰问题、说理论证及前瞻性的推断，澄明人们碎片化、浅表化以及极端化的思想特征及深层原因，为生态文明的合目的性提供理性支点，使生活在人与自然共有空间中的不同利益群体，能自觉将规则意识、底线意识、秩序意识等内化为思维自觉和生活态度，形成共生互补的生态文明特征，显得尤为重要。

上海的城市生态文明建设，正步入全面深化改革的新的历史发展时期。随着市场化程度越来越高，城市公共生活空间越来越大，社会结构必将愈发表现出价值追求的异质化、利益主体的多元化以及思想意识的动态化，其复杂的社会生态必然会产生出政治、经济、文化等各个领域中越来越多的公共问题，从而考量着这座城市的智慧。一个富有"海纳百川、追求卓越、开明睿智、大气谦和"城市精神的大都市,在思考、探求突破性发展路径时,需要借助哲学在场的理性智慧,直面公共生活,建构精神高地,彰显时代质感,让每个生活在这座城市里的人因高水准的公共文明而引以为自豪。

## 一、凝聚公共意识

古希腊先哲苏格拉底曾说过,不经反思的生活是没有价值的。人的生命意义如此,一个富有生命活力的城市也不例外。上海的发展,经历了中西文明的融合,从 20 世纪二三十年代成为东亚经济中心至今,上海正在走向现代国际大都市的发展目标。无论是自由贸易试验区的建设,还是第三次工业革命的到来,上海都必然呈现出新的社会发展生长点,产生新的公共生活空间,形成新的思维视角,建立新的生活方式。

生态文明建设需要具有公共意识、遵守公共秩序的人为主体,需要以充分的论证来讲道理、说服人,需要人们对社会文明发展的规则能够认同并自觉内化,对自身命运的把握需要有理性的态度。逻辑精神因其能够为人们的思维寻找底线规则,提供澄明概念、恰当判断、由已知推未知及缜密论证的逻辑方法,摆脱情绪的羁绊,形成具有前瞻特质的思维方式,帮助人们将理性认知由"自在"转为"自为"、由"自发"转为"自觉",以规则意识引导人与人、人与社会、人与自然的交往实践,这意味着法治从根本上讲具有与逻辑精神内在价值的统一性。

古希腊百科全书式的思想家亚里士多德,所创立的逻辑学说体系就是基于对古希腊城邦治理的研究,将说理、论证的方法作为城邦公共生活的重要组成部分,经过逻辑的有效推理、论证,将其转换为一种社会公共文化,使公民相互信任,获得由节制、美德、信任等要素构成的社会和谐的内在心理补偿,产生可信的社会效应,进而发挥逻辑在公共活动中认知真理的功能。西方文明从古希腊时期就开始关注人类理性,进而为逻辑学说的产生与发展提供了丰厚的土壤。逻辑既是科学认识、获取知识的重要工具,同时,它还内蕴着对社会发展与人的生存方式不可或缺的思想力量,具有滋养人文情怀、规约公共理性的深切关注,是人们思维清晰、交往智慧的必然选择。而所谓逻辑精神,就是指人们在推理、论证等思维实践中表现出来的求真讲理的自觉意识。逻辑精神具有科学求知与人文关怀的融通特征,正因如此,有必要通过逻辑教育来激发人们对逻辑精神的认知、彰显逻辑精神的规则意识、追求逻辑精神的思想价值,发挥逻辑教育所特有的融科学与人文于一体对人产生影响的作用,为社会进步的担当者奠定坚实的公共理性基础。逻辑精神是在科学求真的活动中形成、在对社会生活的思辨认识中发展,这就决定了逻辑精神在生态文明建设中具有重要的理性支点作用。逻辑精神的生成,既有人类思维的理性基础,又为人类社会发展的交往所需要,是人类公共生活实践有效性的必要保证,法治社会是以公共生活的有序性为特征,因此,逻辑精神所具有的公共理性必然成为全面实现依法治国的重要组成部分。有逻辑精神的引导,更能帮助人们自觉进行由已知推未知的思想活动,具有理性的前瞻作用。逻辑精神所蕴含的科学精神和人文精神,通过人的思想活动体现出来,反映在人的群体性、社会性等特征方面。逻辑所追求的是创设具有普遍意义的交流形式,提供思维交往的公共准则,以超越感性、提升知性、陶冶理性的方式面向生活、关注交往,从人文智慧的层面回应人与人、人与社会关系乃至不同利益群体关系的价值诉求。

马克思在揭示人的本质时曾指出:"有意识的生命活动把人同动物的生命活动直接区别开来。正是由于这一点,才是类存在物。或者说,正因为人是类存在物,他才是有意识的存在物,就是说,他自己的生活对他来说是对象。仅仅由于这一点,他的活动才是自由的活动。"[①]当社会步入生态文明时代,每个人都无法游离于法治公共生

---

① 马克思.1844年经济学哲学手稿[M].中共中央编译局,译.北京:人民出版社,2000:42.

活之外、不能无视生态的存在。个人的生活越来越与公共生活密不可分,人们生活目标的实现,有赖于生态共同体交流与互动。公共生活需要养成公共意识、遵守公共秩序、敬畏法律规范,需要以充分的论证来讲道理、说服人,让公共生活中的个体与群体都受到应有的尊重,使生态文明的价值目标得以顺利实现。正因如此,决定了公共理性的核心问题绕不开对价值理性的构建,进而为法治公共生活提供理性支点。西方文明从古希腊时期就开始关注人类理性,进而为逻辑学说的产生与发展提供了丰厚的土壤。人类社会的发展呈现出生态文明的诉求,无论从哪个视角去审视当代社会的发展与变化,都离不开人与人、人与社会及其不同利益群体之间的交往关系,人类不可避免地成为生态共同体,公共理性的规约不可避免。

公共理性与一般意义上的理性有所不同,它强调无论文化背景异同,无论个体与个体、个体与群体、群体与群体之间,在公共关系的思考、表述、确证问题时,思维的各方都应具有利益整合意识,从合乎公共规则出发,通过有效的推理、论证达到说服的目的,有助于人们实现自我完善与社会进步的内在统一、个性化成熟与全面素质提升的有机统一,使人成为具有公共理性自觉的完整的人。康德在《什么是启蒙运动》中指出,唯有"公共理性"能带来人类的启蒙。罗尔斯认为,公共理性是公民的或公众的理性,表现为社会活动"公共领域"中所倡导的行为准则和道德风尚,是协调人与社会、人与人之间文化关系的手段。阿伦特在《人的境况》一书中指出:"如果世界不能为活动的开展提供一个恰当的空间,就没有什么活动能够成为卓越的,教育、独创性或天赋都不能替代公共领域的构成因素,而正是后者,使公共领域成为实现人的卓越之所在"[①],她还说:"他人的在场向我们保证了世界和我们自己的实在性,因为他们看见了我所见的、听见了我所听的。我们的现实感完全依赖于呈现,从而依赖于一个公共领

---

[①] 汉娜·阿伦特.人的境况[M].王寅丽,译.上海:上海人民出版社,2009:32.

域的存在"①。显然,阿伦特强调公共生活在人的价值实现过程中的重要性,以及公共生活在实践中的不可替代性。那么,如何实现有效利用公共生活给人带来的发展空间呢?从人的主体意识和创新欲望来看,在道德教育过程中,要注意使人的主体意识得以张扬、创新能力得以发展,激发接受道德教育的主体,在公共生活的实践中认同并遵循公共规则、承担公共责任,养成公共精神。发挥道德教育在观察、思考以及解决现实生态问题中的指向功能,进而更加主动地、创造性地将规范意识融入人的思想观念,成为具有公共理性的倡导者、实践者,在生活实践中自觉进行理性分析、论证,推进社会文明的有序发展。公共理性,为人类思维智慧而存在,贯穿于人们的信仰、理想、价值取向、审美情趣等思维与言行中。公共理性是人类文明进步不可分割的有机组成部分,这恰与体现一个人、一个民族、一种文化活动的内在灵魂的人文精神相契合,具有人文精神的魅力。公共理性以其丰富深刻的内涵,塑造人的思维品质,影响一种文化乃至民族现代公共理性的重要功能是引导人们承担公共责任,具有沟通、调节处于公共生活中的人的情绪和意志发展方向的作用,对于弱化人的盲从心理和极端行为是必要的,这恰好是生态文明建设中不可或缺的理性力量。生态文明的推进,无论通过法律教育还是道德教育,都要让人感知到偏离公共理性易发生思维混乱,缺失公共理性会导致公共生活无序。作为涵养公共理性的逻辑精神,生成于人类的认知与交往活动,与人类的生产、生活相伴。逻辑不仅是科学认识、获取知识的重要工具,它还内蕴着对人与社会生存方式的价值考量,具有人文情怀,关切思维主体间的交互作用,是人类生活与交往需要的自觉选择。尤其当社会生活需要在多元化价值中进行选择时,更加迫切需要激发社会内在构成要素的公共理性自觉,拓展公共生活空间,加强生态文明教育,培养人们的公共理性和公民意识,实现社会发展

---

① 汉娜·阿伦特.人的境况[M].王寅丽,译.上海:上海人民出版社,2009:33.

与人的自由互动。

在上海城市发展的转型期,需要具有反思公共生活的自觉性,强化公共意识,进而依据资源条件不断调整发展目标。传统意义上的智慧城市往往从数字城市建设入手,依托现代信息技术、利用人工智能手段来解决城市运行中的问题,这种通过新型信息化来塑造城市形态,对于提高城市的现代化生活水平固然不可或缺,但如果仅仅停留于此,将难以呈现国际大都市应有的魅力。对于上海而言,要实现由智能城市向智慧城市的发展,有必要通过逻辑精神聚焦城市发展中的热点、重点及难点问题,增强人们的公共意识以及理性力量的整合,即通过对生态文明建设的前瞻性推断,使生活在公共空间中的不同利益群体,能自觉将规则意识、底线意识、秩序意识等内化为思维自觉和生活态度,形成共生互补的公共生活心态,养成在反思中追问公共生活秩序的思维习惯,凝聚具有城市精神气质的公共意识,构建上海公共生活的有序样态。

## 二、涵养公共理性

从与人类生存活动的生态文明活动的关联性出发,有必要对公共理性的价值取向做出新的理解:公共理性的使命在于对物化世界的规则坚守及责任担当,向公共生活的本质回归。公共理性是人类在满足生存需要、追求发展目标的交往活动中表现出来的思维和行为的守约特征,因为有公共理性的存在,才使人的活动脱离了生命的自在性和盲目性,进而成为现实人的自觉存在的实践活动,推理、论证的功能在于以对话、说服的力量来引导人们有效沟通,凸显人的自由特质。只有符合人类公共理性思维的规则,才能在法治社会生活中获得存在的意义。康德在《答复这个问题:"什么是启蒙运动?"》一文中强调指出,人类需要通过理性来摆脱人加之于自己的不成熟状态。罗尔斯认为,公共理性是公民的或公众的理性,表现为社会活动"公共领域"中所倡导的行为准则和道德风尚,是协调人与社会、人与人之间文化关系的手段。现代公共理性的重要功能是引导人们承担公共责任,具有沟通、调节处于公共生活中的人的情绪和意志发展方向的作用,对于弱化人的盲从心理和极端行为不可或缺,尤其对于上海这座公共活动空间不断增大的城市更显必要。上海是一座有着移民传统的城市,随着新型经济与文化公共生活的增多,人们的社会交往会日益频繁,人与人之间的相互关联会越来越密切,人的存在因可能性而有意义,也因可能性而不确定,在有意义而又不确定的公共生活中,每个人的存在都不能无视他人的存在。上海城市文化具有遵规守约的传统,它体现了现代文明的核心特质,其深层支撑源自公共理性。

在上海的发展历史上,融哲学建树于城市变革之中的思想家不胜枚举,他们的不懈努力,内化为这座城市的思想坐标。1906年成为复旦大学第二任校长的严复,深谙中西文明比较,洞察逻辑为西方近代文明的基础和支柱,曾于1900年在上海创办名学会。作为首任逻辑学会会长,他首选上海这个中西文化的交汇地,开始翻译《穆勒名学》,并于1905年出版,将承载西方理性文明的逻辑方法用于中国近代文明重建,饱含他传播西方逻辑思想的现实需要,即启蒙国人公共理性、达成"治贫先治愚"的愿望。严复推崇穆勒逻辑思想,缘于穆勒赋予了逻辑学说对社会发展所具有的人文关怀意蕴,所以,严复将逻辑的方法用于开启民智、唤醒理性,目的在于促进中国近现代社会转型,实现文化革新。无论是中外启蒙思想家强调逻辑是对理性的培育,还是苏格拉底、柏拉图、亚里士多德等古希腊逻辑先哲将逻辑视为理想社会人们追求幸福生活的手段,逻辑方法在公共理性养成中的作用是显而易见的,由个体理性向公共理性的提升,是都市公共生活存在与发展的根本保证。在上海市生态文明建设中,需要有较为深厚的逻辑智慧基础。

逻辑作为城市生态文明活动不可或缺的工具,经过有效推理、论证,形成一种社会公共文化,使公民相互信任,消除富人纵欲的破坏力量,获得由节制、美德、信任等要素构成的社会和谐的内在心理补偿,产生可信的社会效应,发挥出政治的真理功能,显然,逻辑在古希腊社会生活中的作用,已经由工具开始转换为规则意识,成为逻辑精神。正像彼得曼所指出的那样:"传统希腊思想对个人成就的定义是过一种高尚而满意的生活。政治成就也在于创造一种满意的市民生活"①。

## 三、遵从公共规则

在古希腊思想家们那里,苏格拉底曾指出厌恶理性是人类最大的邪恶;柏拉图在《理想国》中展现了公共理性对于城邦生活的重要作用;亚里士多德建构的逻辑学体系,内蕴了希腊理性精神,在构建对称、平衡、平等的新的社会生活方式中成为新的思维模式。作为世界文明发源地之一的古希腊,公共规则的形成及认同在其大发展、大繁荣时期表现出独特的意义。近代英国哲学家、逻辑学家穆勒,将遵循规则的自由作为其思想的价值关怀,他关注内蕴规则意识的理性与人的生存方式之间的内在联系,一方面将逻辑作为技术,为人们提供"做什么"和"怎么做"的工具,帮助人们有效思维,更好地参与改造自然与社会的活动;另一方面,又将逻辑作为科学,展现逻辑在人类思想活动中对于"是什么"和"为什么"的刻画,揭示逻辑精神的本质力量。从逻辑观念诞生开始,就承载着具有规则意识的逻辑精神,其本质上就关注理性、关注精神自由,思考人与外部世界的关系等,强调在这个过程中对人生命尊严的关注和守护,对文明秩序的自觉体察、认同、遵从,对公共责任的积极担当。列宁曾经指出:"逻辑不是关于思维的外在形式的学说,而是关于'一切物质的、自然的和精神的事物'的发展规律的学说,即关于世界的全部具体内容及对它认识的发展规律的学说。即关于世界的全部具体内容及对它的认识的发

---

① 约翰·E.彼得曼.柏拉图[M].胡自信,译.北京:中华书局,2002:43.

展规律的学说,即对世界的认识的历史的总计、总和、结论。"①依据社会发展的需要,以思想的力量来凝聚社会共识。公共意识的确立和公共秩序的信守,需要富有说服力的说理、论证,即符合逻辑要求的思想表达,同时,通过对前提性思想进行反思、辨析,为新思想提供依据,进而在经过反思后的前提性思想与新思想之间建立联系,形成具有前瞻性的推断与论证。有法律存在的地方就一定会有逻辑精神的存在,无论关于"是什么"的澄明还是"为什么"的思考,都会自觉或不自觉地掺杂着逻辑之问,这是因为逻辑精神具有对法律思想普遍性的执着追求,即通过对具体法律思想内容的界定,形成对具体问题的廓清,摆脱那些含糊不清的不确定性,进而在法律生活中以自由自觉的思想方式展开,并内化为人们法律生活赖以遵从的理性规约。从古希腊唤醒逻辑精神的自觉,到近代思想启蒙对逻辑精神的彰显,直至当代公共生活需要逻辑精神的凝聚,在人类文明的进程中,越来越离不开逻辑精神所赋予法律的理性力量。在生态文明建设的过程中,培养人们的科学素养与人文情怀,呈现逻辑精神的思想力量,提升说理求真的能力,实现社会发展中思想重建的逻辑向度关怀。一个通过规范追求幸福理想的社会共同体,必然有赖于思想共同体、言说共同体的存在,作为承载现代文明核心特质的逻辑精神是非常重要的。逻辑精神的思想价值在于其以理性自觉意识的认知能力培养为目标,形成具有公共理性的交往方式。

随着上海公共生活的不断丰富与发展,越来越要求人们不应该以社会分工的不同而居于某种特殊角色中、进而游离于公共理性的规约之外。同时,自觉将独善其身与公共责任担当有机结合起来,才能体现上海公共生活的内在品质及存在价值。黑格尔在其法哲学思想中曾指出:"法的命令是:'成为人,并尊敬他人为人'"。显然,黑格尔强调人由自然人成为法律意义的人,同时要尊重他人的这种权

---

① 列宁.哲学笔记[M].中共中央编译局,译.北京:人民出版社,1974:89-90.

利。公共生活中的权利不仅"我"有,他人也有,要有尊重公共生活、敬畏公共空间、遵从公共规则的公共意识,自觉地认知、欣赏及内化公共规则,是现代文明社会应持的理性生活态度,并能转换为城市发展的竞争力。

公共生活中的人们注定是命运共同体、思维共同体、情感共同体,公共理性的坚守,不是这座城市一部分人的事情,而是每一个人无论其社会分工如何都应有的底线思维的基础,生活于这座都市公共生活中的每一个体,应该善于避免非理性基础上形成的情绪化思维对群体乃至个体带来的损害,自觉地将物化世界的实用理性提升为具有人文关怀的价值理性,共同塑造上海这座国际化大都市应有的高尚灵魂。从20世纪下半叶以来,逻辑理论研究开始回归思想的维度,在明晰思想、论证思想、构建思想的过程中充分展现其特有的逻辑精神,逻辑精神面向生活世界,在人类生存的理性辨析中有所担当,以此升华生活境界,这是逻辑精神与人类自由本性相契合的体现,也恰是逻辑精神与规则意识相契合的体现。逻辑精神内蕴着规则意识、反思意识与公共意识,有助于引导人们在推进生态文明进程中,将逻辑智慧转化为关注意识,并使其贯穿于人们的信仰、理想、价值取向、审美情趣等选择中,在思想及其实践活动中自觉进行理性分析、论证,完善人的思维品质、提升法治意识。逻辑精神以其丰富而深刻的思想内涵,推动社会文明的理性发展,引导人们对公共生活秩序的守护,养成高度的文化内省与自律意识,以自觉的公共理性作用认同和推进生态文明过程并有所担当。

上海正在寻求全球价值链上的生态文明发展目标定位,经历着由智能城市向智慧城市的转型,实现着由技术手段向人文关怀的飞跃,凸显这座城市将人的发展、人的生命价值置于重构城市魅力的主导地位,形成智慧城市及其管理方法与生态文明生活方式的内在统一关系,使智慧城市的智能化与智慧上海的人性化相契合,避免技术和工具带给人的被动接受方式,进而激发人们的创造热情,在求知、求乐的过程中享受物质与精神、技术与人文带来的生态文明的幸福感。上海要不断获得超越性发展,就要善于运用逻辑为公共理性提供准则与方法,在反思中审视生态文明建设,及时观察、发现、分析问题,处理好充满差异的各种利益群体之间的关系,不断提升由多样化个体构成的公共空间的生存品质及发展境界,将上海的城市生态文明建设推向具有逻辑精神基础的新阶段。

# 论中国特色社会主义生态文明道路的历史演进

焦 冉

天津师范大学马克思主义学院讲师

**内容提要**：中国特色社会主义生态文明道路是改革开放以来中国共产党人带领人民在生态文明领域，积极探索并开创的一条具有中国特色、中国气派和中国作风的，能够实现生产发展、生活富裕和生态良好的文明发展道路。这一道路经历了发展萌芽阶段——环境保护道路的提出、初步形成阶段——可持续发展战略的贯彻、正式确立阶段——科学发展观的落实到将生态文明融入总布局的构建、发展完善阶段——绿色发展理念的提出等，彰显了中国特色社会主义在生态文明领域的强大生命力，为其发展与创新提供切实指导。

中国特色的社会主义生态文明道路是改革开放以来中国共产党人带领人民在生态文明领域积极探索并开创的一条具有中国特色、中国气派和中国作风的能够实现生产发展、生活富裕和生态良好的文明发展道路。这条道路经历了萌芽、形成、确立、完善的阶段，历经历史的激荡、淘洗与沉淀，彰显中国特色社会主义在生态文明领域的强大生命力。

## 一、中国特色社会主义生态文明道路的发展萌芽阶段

从十一届三中全会至1992年是中国特色社会主义生态文明道

路的萌芽阶段。在此阶段,中国化马克思主义逐步认识到了环境保护的重要性,进而加强了对人口、资源和环境工作的重视。

尽管中国特色社会主义生态文明道路是由十一届三中全会开启,但中国化马克思主义对环境保护的认识始于其之前。新中国成立之初,虽然我们没有充分认识到环境保护的重要性,但合理的产业结构和相关资源保护政策条例的出台对生态环境保护起了一定作用,奠定了道路发展的坚实基础。此时,毛泽东对人与自然界的关系极为关注,一方面提倡征服和改造自然,另一方面要求科学认识和了解自然。他指出,如果我们在不清楚认识自然界情况下就对其进行肆意妄为的破坏,那么,"自然界就会处罚我们,会抵抗"①。在新中国成立初期,经济发展还没有对生态环境造成严重的破坏和影响。但在"大跃进"时期和"文革"时期,由于唯意志论和形而上学的思维模式的存在,环境问题一度恶化并迅速蔓延。就此,我们虽然也多次提出节约能源资源的要求,但没有得到有效的控制。直到20世纪70年代,人们才对环境保护有了较全面的认识,由此环境保护建设才慢慢有了起色。1972年,中国参与了于斯德哥尔摩召开的联合国人类环境会议,第一次倾听到国际对环境保护的呼声,切实感受到环境保护工作的重要性。此后,中国开始积极开展环保工作。1973年,在我国第一次举办的国家级环保大会上,党中央将"全面规划、合理布局、综合利用、化害为利、依靠群众、大家动手、保护环境、造福人民"作为环保事业的方针确定下来。由此,中国环保工作开始起步。1978年,邓小平在《环境保护工作要点》中指出,要"把环境保护纳入到国家经济管理的轨道",并认为"解决环境污染,是保障人民身体健康和为子孙后代造福的重大方针问题,是实现四个现代化的重要组成部分"②。针对工业"三废"(废气、废水、固体

---

① 毛泽东.毛泽东文集:第8卷[M].北京:人民出版社,1999:72.
② 国家环境保护部,中共中央文献研究室编.新时期环境保护重要文献选编[M].北京:中央文献出版社、中国环境科学出版社,2001:10.

废物)的污染治理问题,报告要求应加强科学技术的研究和应用,采取奖惩机制和政策法规,从源头上遏制污染与浪费。此时,中国并未明确提出生态文明理念,但就环境保护提出相应政策、措施和思想并制定环境保护及污染防治的法律法规来看,党中央已经开始重视生态建设,这为中国特色社会主义生态文明道路的形成做了最初的探索和准备。

十一届三中全会重新扬起了社会主义现代化建设的风帆,也正式开启了中国探索生态文明道路的大门。1978—1991年是中国环保事业发展的萌芽阶段。此阶段,环境保护工作开始初步展开,生态文明道路初步形成。这一时期,生态文明建设基础工作在法律法规的完善、植树造林的倡导等方面上,取得了良好的效果。

一是倡导全民植树造林。20世纪80年代初期,党中央和国务院着力加强提倡全民植树活动,一时间植树造林成为生态保护的重要突破口,成为生态建设的关键一步。1981年,由于过度伐木导致四川地区山洪暴发,引起了邓小平的高度重视。他倡导并鼓励全民义务植树,保护、修复并发展残存的森林资源。次年,他在会见美国前驻华大使伍德科克时表示,中国黄土高原的水土流失导致黄河成为"黄"河,所以,只有坚持在黄土高原地区植树造林,才能够改善当地生态环境,造福当地人民。邓小平多次强调植树造林的重大意义与战略要求,并指出了这一行为是推动社会主义建设并造福子孙后代的功绩,需要长期坚持。[①] 植树造林是生态文明建设的重要方面和有效手段,有利于祖国的绿化面积的增加,更有利于当代及后代人民的生态权益的保障,必须一直继承和发扬下去。

二是推动环境保护法律法规体系化。十一届三中全会后,邓小平强调要求制定关于保护森林、草原等自然环境的法律法规,以实现

---

① 国家环境保护部,中共中央文献研究室.新时期环境保护重要文献选编[M].北京:中央文献出版社、中国环境科学出版社,2001:39.

保护环境的目标,由此也为环境保护法律体系的建设开辟了道路和指明了方向。1979年,中国第一部关于环境保护的正式法律《环境保护法(试行)》正式颁布,其中将十一届三中全会以来的环境保护思想观念法制化,推动了环境保护事业从理论和号召转向了实践和法制运行。随后,《森林法》《水污染防治法》《土地管理法》等环境保护各领域的法律法规相继出台。20世纪80年代末,我们意识到环境保护在整个国民经济发展中的地位和作用,同时也意识到保护环境是人民根本利益所在这一问题,由此,党中央积极推动环境科学与技术的发展及运用来解决人口资源和环境问题。1989年,全国第三次环保大会,在系统总结了第二次环保大会以来取得的成就和经验教训基础上,明确提出了保护环境就是保护生产力的理念,科学把握环保与发展的关系,同时要求从目标设定、综合考核、限期治理、最终评价与奖惩等方面建立包括"三同时"制度、污染集中控制制度、排污收费制度等八项制度,加强环境管理。这一时期,诸多政策的出台,符合了中国社会发展的国情,推动了环保事业发展,促进了环境保护道路的形成①。1989年12月,在七届人大十一次会议上正式制定和通过了《中华人民共和国环境保护法》,确立了环境监管、生态保护、污染治理、法律责任等重要内容,这也意味着运用法律手段改善和保护生态环境的征程正式开启。

三是将环境保护确立为基本国策,重视环保工作。1983年国务院环保第二次会议中提出和确立保护环境的基本国策。会议提出了经济、城乡和环境建设"三同步"的规划,并要求切实做好环境保护工作并使其制度化、法制化。由于对环境保护认识的局限性,当时仅将环境保护看作"物质文明的重要条件""精神文明的重要内容"和"社

---

① 参见:曲格平.努力开创有中国特色的环境保护道路——在第三次全国环境保护会议上的工作报告(1989年4月28日)[J].环境保护,1989(7).

会文明与进步的标志"①,还未将其看作为整个文明体系的一个独立领域和方面。1986年12月审议通过的《中国自然保护纲要》,是中国最早系统阐述自然保护并给予指导性意见和宏观规划的纲领性文件,明确了环境保护在国家发展上的地位和作用。1987年,党的十三大进一步指出控制人口、保护环境和保持生态平衡的重要意义,倡导要求控制人口数量与质量、合理保护资源同综合治理污染共同发挥作用,推动"经济效益、社会效益和环境效益"的同步实现与提高②。此时,着重调节人口、资源和环境的相互关系,处理发展和环保的关系,推动人口、资源和环境协调发展的生态文明发展道路的形成。1988年,中国设立了国家环保局及地方环保机构,从此,环境保护有了自己独立的部门和机构,这标志着环境保护的发展又进了一步,也为中国的环境保护事业的飞速发展提供了机制保障。

从改革开放到1992年期间,中国积极开展环保工作,努力探索出有中国特色的环境保护道路。该阶段的工作主要内容是加强环境管理,通过制定相应法律法规、制度政策及发表思想理论等推动环境事业的新突破。当然,中国环境保护的道路既不是从马克思主义经典文献中照抄照办的结果,也不是对国外环保经验的复制模仿,而是中国共产党人结合中国国情和总结环境保护建设的实践经验,提出的专治中国环境问题的有效途径。此阶段的内容包括三大政策、八项制度和四部法律:政策主要是由以防治为主、谁造成环境问题谁治理、强化环境管理等组成;制度主要是指全国第三次环保大会中总结的八项制度;法律主要包括《环境保护法》《海洋环境保护法》《水污染防治法》《大气污染防治法》等法律以及其他相关的法律法规③。

---

① 国家环境保护部,中共中央文献研究室.新时期环境保护重要文献选编[M].北京:中央文献出版社、中国环境科学出版社,2001:88-89.
② 中共中央文献研究室.十三大以来重要文献选编:上[M].北京:中央文献出版社,1991:21-22.
③ 参见:曲格平.梦想与期待——中国环境保护的过去与未来[M].北京:中国环境科学出版社,2000:15-16.

由此,此阶段的环境保护道路在思想政策、制度和法律等建设方面取得初步成就,为以后环境保护事业的发展奠定了基础,标志着环境保护道路进入了新的阶段。

## 二、中国特色社会主义生态文明道路的初步形成阶段

自1992年国际社会将"可持续发展"作为人类21世纪发展战略以来,中国自觉履行作为负责任的社会主义大国的庄重承诺,并将之确立为社会主义现代化的重大战略。这一时期,中国的环境保护从单方面解决污染问题延伸至全面环境治理,指明了"三生"①的发展要求。这标志着其道路的初步形成。

贯彻可持续发展战略来推动生态环境保护。1992年4月,"中国环境与发展国际合作委员会"成立,推动了中国环保事业同国际环保活动沟通和交流的进程。同年6月,中国参与了于里约热内卢举办的联合国环发大会,认真听取了大会内容与协议,高度认可了可持续发展理念,并向世界庄重承诺了中国会按照"共同但有区别的责任"原则积极履行属于本国的责任和义务,指出了在环境问题上愿意加强国际合作并承担相应的责任与义务②。同年8月,中国明确提出《环境与发展十大对策》,要求"走持续发展道路",节约资源能源,改善发展结构与发展方式,采取诸如经济手段、技术进步、环保教育及法制健全等积极有效措施进行综合治理,同时通过大力倡导植树造林和保持生物多样性、大力加强和发展环保事业、提高人民环保意识等途径,防治环境污染,有效保护自然环境。1994年3月,世界上第一个国家级的21世纪议程《中国二十一世纪议程》制定并通过。该白皮书指出要深入贯彻可持续发展战略思想和理念并将其看作中国

---

① "三生"是指生产、生活和生态。中央在"三生"问题上要求实现生产发展、生活富裕和生态良好的发展要求。

② 国家环境保护部,中共中央文献研究室. 新时期环境保护重要文献选编[M]. 北京:中央文献出版社、中国环境科学出版社,2001:186.

发展的长远方针,明确提出了可持续发展的内涵和主要对策,并要求采取积极行动运用立法、经济、教育等方式推行能源消费再利用、生物多样性保护、荒漠化防治、防灾减灾、大气层保护及固体废物无害化管理等,同时倡导群众和社团积极参与可持续发展的监管决策过程等,有效推动可持续发展的国际合作,使"中国尽快走上可持续发展的道路"①。进而于次年9月,中央在十四届五中全会上进一步要求正确处理好十二大关系,并将可持续发展列为国家重大战略,力求实现社会经济发展的良性运转和有序循环。1996年国务院全国第四次环保大会,提出继续推进和实施可持续发展战略,要从经济投资、法制建设、科技研究、城镇规划、群众生活等方方面面采取有效措施,以确保顺利有效实现未来环境保护的目标。十五大中,江泽民明确提出可持续发展战略的内涵及要求。1999年温家宝在九届常务委员六次会议中,高度评价了可持续发展的重要意义,指出它是经济和自然规律的内在要求,是现代化建设进程的客观要求,是唯一正确的战略选择。2000年在全国人口资源环境工作会议上,江泽民要求将控制人口、资源和环境置于重要战略地位上,节约资源,"走出一条资源节约型的经济发展路子"②。2002年党的十六大,进一步将可持续发展看作全面建设小康社会目标的实现路径和内在要求,使社会走生产发展、生活富裕、生态良好的文明发展之路。2003年《政府工作报告》进一步强调必须坚持走可持续发展道路,促进经济的发展与人口、资源和环境相互协调。此阶段的建设实践,加快了完善可持续发展战略的进程,实现了可持续发展的实践创新。

科技带动生态现代化的发展。科技是第一生产力,对经济社会发展起决定性作用。历届中共领导人对科学技术在社会经济发展中

---

① 国家环境保护部,中共中央文献研究室编.新时期环境保护重要文献选编[M].北京:中央文献出版社、中国环境科学出版社,2001:235.

② 国家环境保护部,中共中央文献研究室.新时期环境保护重要文献选编[M].北京:中央文献出版社、中国环境科学出版社,2001:629.

的重要地位和作用都进行过探索与论述。事实上,科学技术不仅推动整个社会发展的高速运行,而且对环境保护事业的发展也有重要影响。环境问题解决的"根本的出路在于依靠科技进步"[①]。科技对环保事业具有推动作用,因此,必须注意以下问题:第一,科学技术是环保产业发展的技术支持与动力,为此,必须大力开发环境保护的新技术、安装新设备,推进环保产业的新发展;第二,要完善产品质量检查的标准体系,通过科技进步实现绿色产品的升级,保障产品的质量;第三,建立生态科技管理园区并将其作为环境保护建设的示范区,为企业提供示范模式。随着可持续发展观念的深入,科教兴国战略的实施,科学技术在生态领域的发展与完善的不断推进,环保科研机构及环保科研人才队伍的不断壮大,环境科学、环境工程等一系列相关学科逐渐建立与丰富,促进了我国生态文明建设迅速发展。为此,我们应进一步提出大力加强环境科技的研究,将"科教兴国"战略与加强环境保护结合起来,加快环保科技的成果转化,有效控制污染与保护环境,探索出一条生态化的科技之路。此阶段,大力推进科技的生态化渗透,鼓励生态化科技的创新与发展,促使我国环境保护事业得到了进一步贯彻和落实。

进一步加强环境保护宣传,落实可持续发展政策制度及法律。只有做好环境宣传和教育工作,让广大人民群众和干部高度重视环境保护并养成自觉保护环境的意识与行为,才能从根本上和总体上推动可持续发展理念在全社会的贯彻与落实。因此,这一时期中央高度重视环境保护的宣传教育,并将其作为国家发展的一项重要的战略任务。在大力宣传可持续发展并积极落实环境保护理念的过程中,中央倡导群众监督政府与企业的资源节约和环境保护工作。如1993年以来,发动的由众多新闻媒体参与,通过广播电视和报纸等

---

① 国家环境保护部,中共中央文献研究室.新时期环境保护重要文献选编[M].北京:中央文献出版社、中国环境科学出版社,2001:197.

途径举办的"中华环保世纪行"的活动得到了广大群众的喜爱与支持。由此,营造了全国性保护环境的良好的舆论氛围,展示了诸多关于环境保护的现实案例,指出并批判了破坏环境的恶意行为,提供了由大家来评判的平台,真正做到了群众参与到监管环保、保护环境的行动中来。同时,这一时期进一步丰富完善了环境保护的政策、制度和法律,诸如封山育林、退耕还林、退耕还湖、退耕还牧等政策;实施了谁占有谁补偿制度、休渔制度、废弃物治理回收制度等;制定和修改了大气、水和固体物等环境污染的法律,以及水、森林、矿产等宝贵资源的保护法律等。1997年,将破坏环境与资源行为作为破坏环境资源保护罪列入《刑法》中,并要求依法追究其刑事责任。这些举措加速推动了环境保护的制度化和法治化道路进程,推动了环境保护的制度体系和法律体系的初步形成。

创造性提出新型工业化道路,推动形成可持续发展道路。在片面追求经济增长而忽视环境问题的情况下,转变经济发展方式,源头治理污染与浪费,是中央提出的具有突破性的创新发展战略。保护生态环境和推动经济发展的生态化转向,要求根据本国国情,根据中国的各地区区情,提出有针对性的规划和方案。例如,实施西部大开发战略时,我们提出必须坚持资源能源节约的原则,将本地区的生态环境保护与建设作为重要而紧迫的战略任务,从源头治理水流域河道,建立具有区域特色的环保工作与方针政策。同时,在总体纲领上,中央逐步形成了具有全局意识的可持续发展道路,一方面,提出一般性发展道路的要求,应协调人、自然和社会的关系,控制人口、提高资源利用并改善环境,要求走上"三生"的文明发展道路①;另一方面,又提出了落实这一发展道路的现实路径:"走出一条科技含量高、经济效益好、资源消耗低、环境污染少、人力资源优势得到充分发挥

---

① 中共中央文献研究室.十六大以来重要文献选编:上[M].北京:中央文献出版社,2005:15.

的新型工业化路子。"①这种将一般和具体相结合的发展道路,为构筑中国特色社会主义生态文明道路的内容提供了科学准备和科学指导。

总之,在国内外形势的复杂流变中,中国走的生态文明道路,既借鉴国外可持续发展理念,又将社会主义原则和本国生态国情相结合,促进了可持续发展实践的积极实施、可持续发展理论的丰富与创新。

## 三、中国特色社会主义生态文明道路的基本确立阶段

科学发展观的提出,标志着这一道路大步前进,走上了新的发展阶段,开始了稳步有序的前进与发展。

系统提出科学发展观的科学理念。2003年4月,胡锦涛提出要从协调物质、政治和精神文明的关系中,坚持全面发展,这为科学发展观的提出打下了基础。2003年在江西考察时,他要求各级干部"要牢固树立协调发展、全面发展、可持续发展的科学发展观"②,首次提出了"科学发展观"的概念。同年6月,《中共中央、国务院关于加快林业发展的决定》突出了生态建设和生态安全在国家经济社会中的重要地位与作用,并提出将林业工作摆在首要位置,坚持走保障林业发展的可持续道路,实现山川秀美的生态文明社会的宏伟目标③。由此,中央文献开始出现生态文明的概念。2003年10月,中共十六届三中全会指出要求统筹兼顾,坚持以人为本,坚持全面、协

---

① 中共中央文献研究室.十六大以来重要文献选编:上[M].北京:中央文献出版社,2005:16.
② 胡锦涛考察江西:发扬井冈精神建小康[N/OL].(2003-09-02). http://www.people.com.cn/GB/shizheng/1024/2067282.html.
③ 参见:中共中央文献研究室.十六大以来重要文献选编:上[M].北京:中央文献出版社,2005:324-326.

调、可持续的发展观,以期实现经济社会及人的全面发展①。这是中央首次系统全面地提出科学发展观的原则和科学内涵。胡锦涛进而在二次会议上丰富了其内涵:协调经济增长数量与质量、速度与效率关系,推动各文明要素共同发展;实现经济社会和人的全面发展。2004年2月,温家宝在省部级领导干部研究班毕业典礼上的讲话中,明确了科学发展观的内涵、实质、原则、方法及重大意义等,为国家实现科学发展道路、模式和战略提供了理论指导。其后,科学发展观作为国家的重大战略和经济社会协调发展的重要方针被全面落实与发展。在此基础上,党的十七大将其确立为指导思想。

全面贯彻落实科学发展观的理念,探索具有中国特色的环境保护新道路。自科学发展观提出后,我们积极对其进行践行与落实,推动了生态文明建设理论和实践的全面发展,实现了生态文明在道路、理论和制度三方面的有机结合。党的十七大提出了社会主义生态文明的概念,并将之作为全面构建小康社会的目标之一,体现出了其在社会主义建设中的重要作用。自此,中央进而提出了中国特色社会主义道路的科学概念,从"四位一体"②的高度,努力构筑"富强民主文明和谐的社会主义现代化国家"③。在此期间,我们着力发展循环经济,通过推动生产的低碳化、清洁化和可循环化发展,为实现社会与生态系统的良性循环提供必要的物质基础与保障。从经济发展角度,科学发展观要求转变经济发展方式,努力实现以工业化为基础的现代化发展的生态转型,探索出一条具有生态化特征的"新型工业化路子"。从政治发展角度,要求实现政治的生态化发展,严守生态红线,积极推动绿色政绩的落实与完善,健全生态文明体制机制。从文

---

① 中共中央文献研究室.十六大以来重要文献选编:上[M].北京:中央文献出版社,2005:465.
② "四位一体"是指经济、政治、文化、社会四个方面,中央从这四个方面,要求实现社会主义市场经济、民主政治、先进文化与和谐社会共同建设。
③ 中共中央文献研究室.十七大以来重要文献选编:上[M].北京:中央文献出版社,2009:9.

化发展角度,要求推动生态文化的宣传与推广,发展生态文明教育,使人们自觉树立热爱自然、保护自然的观念。从社会发展角度,要求努力建设人与人和谐的社会,将"两型"社会(资源节约型社会、环境友好型社会)建设作为社会经济发展的一项长期规划和宏观任务,并以"两型"社会为重要着力点,切实保障生态环境的合理有序发展。温家宝十分重视生态文明建设,着力强调包括生态文明要素在内的文明结构的共同进步和全面发展。2012年6月,他在联合国可持续发展的高级别会议上,提出中国将同国际社会一起,共同坚持走可持续发展的道路,支持、践行和推动可持续发展理念,用行动承担起落实可持续发展理念的责任[①]。这一发展阶段,在全面贯彻落实可持续发展观和科学发展观过程中,生态文明理论逐渐成熟,生态文明逐渐走向制度化和法治化,生态文明道路也逐步确立起来。

总之,这一时期中国从理论和实践上加强了对生态文明建设力度,提出了科学发展观的战略要求,标志着这一道路正式确立。

## 四、中国特色社会主义生态文明道路的发展完善阶段

党的十八大的召开将中国的生态文明建设推向历史新高度,使中国特色社会主义生态文明道路得到系统全面发展。

丰富和发展中国特色社会主义道路。党的十八大报告在中国特色社会主义道路的内涵上,增加了生态文明的维度与内容,从五个维度推进社会主义现代化的整体发展与全面构建[②]。同时,关于这一问题的新看法,添加了全面建设小康社会的生态目标,实现社会主义建设的自我构建和全面发展。为此,中国应当锐意进取,不断改革创新,推动社会主义建设的全面性、系统性发展,在五个维度实现全面

---

① 温家宝.创新理念 务实行动 坚持走中国特色可持续发展之路[N].人民日报,2012-06-22(2).

② 中共中央文献研究室.十八大以来重要文献选编:上[M].北京:中央文献出版社,2014:9-10.

建设小康社会的新要求。从发展道路上讲,走中国特色社会主义生态文明道路是发展中国特色社会主义道路的重要维度和方向,是实现社会主义现代化国家的重要路径。由此,在新的历史时期,中国化马克思主义深化了对中国道路的发展目标、原则和方向的理解,增添了生态文明的要求,丰富了道路的发展路径,对道路的坚持与发展达到了新的境界。

建设生态文明,实现美丽中国梦。党的十八大开启了生态文明建设的新篇章。从实现中华民族伟大复兴的中国梦角度,十八大报告将生态文明纳入总体布局的框架体系中,提出"美丽中国"的奋斗目标,拓宽了中华民族复兴的发展道路,提升了生态文明建设在总体建设中的地位。习近平一直高度重视生态文明建设,将其提升到关乎文明发展兴衰的高度。2013年4月他在植树造林时强调,要求全社会增强生态意识,保护生态环境,共同构筑绿水青山的美丽中国[1]。在中央政治局第六次集体会议上,他进一步强调了生态文明在社会发展和国家治理中的重要性与必要性,要求从横向上和纵向上考虑人民群众与子孙后代的利益,营造生态优美的美好环境。在2014年两会期间,他明确了生态文明建设同全面建设小康社会的关系,指出小康全面不全面,生态环境质量是关键,共同实现经济、社会和生态效益。[2] 在2014年的APEC大会上,他由衷地希望将"APEC蓝"延续,让蓝天在中国常在,真正实现美丽中国梦。2015年,中央又逐步提出了全面深化改革的要求,要求生态文明建设在发展模式、发展结构和制度机制等方面进行全方位改革,将生态文明建设推向新高度。在2016年两会期间,中央着重强调了绿水青山的意义,指出了它是追求金山银山的前提和途径,倡导我们应像保护眼睛一样

---

[1] 习近平总书记在参加首都义务植树活动时强调把义务植树深入持久开展下去为建设美丽中国创造更好生态条件[N].人民日报,2013-04-03(1).

[2] 参见:习近平李克强张德江俞正声刘云山王岐山张高丽分别参加全国人大会议一些代表团审议[N].人民日报,2014-03-08(1).

保护自然,珍惜生命一样珍惜生态环境。由此,中国在新的历史起点,积极推动生态文明建设的新发展,丰富了中国梦的思想内涵。

坚持发展中国特色社会主义生态文明道路,迈向社会主义生态文明新时代。随着生态文明建设实践的日益深入,中央不断发展中国特色社会主义生态文明道路。其一,提出要系统把握、综合治理生态文明建设。生态文明建设是系统工程,应进行系统建设和系统治理。这一阶段,综合治理生态文明建设。中国在保护海洋生态环境、合理开发海洋资源、防治水、土壤和大气污染以及实施生态修复工程等方面取得显著成果。同时,国家要求合理规划国土空间布局,科学规划"三生"空间,给自然留下更多修复空间①。其二,合理协调经济发展与环境保护的关系。从经济层面,推动绿色创新,运用绿色科技实现绿色的生产模式和生产结构;从政治层面,建立责任追究制,健全绿色政绩,杜绝唯GDP的发展指令,形成政府主导、部门协同、社会参与、公众监督的新格局②,推动生态文明建设的政策积极落实;文化层面,倡导保护环境就是保护生产力,守住绿水青山就等于拥有了金山银山,将绿色发展理念提升至国家发展战略高度;社会方面,建设生态文明既是实现最普惠的民生福祉的途径,也是推动人民摆脱贫困的必要方式,如发展林业、开创"绿色工程"、开发立体性种植业都是摆脱贫困的有益途径③。其三,提出绿色化思想。中央政治局会议在"四化"④的基础上,加入绿色化的内容,丰富了绿色化的内涵,提升了绿色化的地位。此时,绿色化是一种生产方式、生活方式和价值取向,更是社会主义建设的现实发展道路。在党的十八届五中全会中,"十三五"规划要求牢固树立五大发展理念。其中,绿色发

---

① 参见:习近平在中共中央政治局第六次集体学习时强调坚持节约资源和保护环境基本国策 努力走向社会主义生态文明新时代[N].人民日报,2013-05-25(1).
② 参见:习近平主持召开中央全面深化改革领导小组第十四次会议强调把"三严三实"贯穿改革全过程 努力做全面深化改革的实干家[N].人民日报,2015-07-02(1).
③ 习近平.摆脱贫困[M].福州:福建人民出版社,1992:83,136-137.
④ 所谓"四化",即新型工业化、城镇化、信息化、农业现代化。

展理念作为五大发展理念之一,高度凝练生态文明思想,将其提升至国家发展战略高度。这一阶段,中国全方位系统提升生态文明建设,以绿色发展理念引导社会主义建设,加速步入社会主义生态文明新时代。

开辟生态文明新境界,展望生态文明新图景。党的十八大将生态文明纳入总体布局规划的框架体系中,既丰富了中国特色社会主义总体布局的内涵,又提高了生态文明建设在中国特色社会主义中的地位与作用,从而实现了生态文明建设的革命性创新,为生态文明发展指明方向。自此至今,生态文明在道路、理论和制度上实现了飞跃式发展。从道路维度看,中国要求大力贯彻落实生态文明建设的方针政策,在经济发展上,推进经济方式绿色化,走绿色、循环、低碳的发展路径,走新型工业化道路;在资源环境利用上,走人口、资源与环境协调发展的道路;在空间布局规划上,走生产发展、生活富裕和生态良好的道路,由此,推动这一生态文明道路的新发展。从理论维度看,中国化马克思主义系统提出了生态文明的新理念和新思想,要求将生态文明建设与社会建设紧密联系,明确实现天蓝地绿水净的良好生态环境是人民群众的基本诉求;合理阐释了经济发展与生态保护的辩证关系,阐释了从"绿水青山换金山银山"到"既要金山银山也要绿水青山"再到"宁要绿水青山不要金山银山"发展为"绿水青山就是金山银山"的理念转变,要求推动生态文明理论革新;从关乎人民、民族和国家的长远大计出发,深切把握人类社会同自然生态系统关系的理论等等。由此,实现了这一生态文明理论的革新。从制度维度看,中国化马克思主义要求用最严格的制度来保护生态环境,诸如源头保护、损害赔偿、责任追究等制度,管理保护和修复生态环境[①],也提出了生态文明体制改革的总体方案,从顶层设计角度系统规划和构建了这一制度体系,从而推动其确立和发展。由此,中国特色社会主义

---

① 中共中央文献研究室.十八大以来重要文献选编:上[M].北京:中央文献出版社,2014:541.

生态文明在道路、理论体系和制度体系的提出与构建具有共时性、同构性和系统性。三者在相互影响、相互作用中共同进步、共同发展，共同推动中国特色社会主义生态文明的系统稳步前进。

总之，生态文明道路的探索，包含着生态文明理论的创新和生态文明制度体系的构建，逐渐形成道路、理论、制度的统一，共同构筑成系统完整而立体的中国特色社会主义生态文明。

## 五、推动中国特色社会主义生态文明道路的实践创新

尽管已经取得了辉煌成就，但道路的发展还有更多的发展和创新的空间，诸如可以通过提升生态科技含量、转变经济发展方式、加强生态文明制度建设并有效落实等方面来实现。

其一，大力发展生态科技。科学技术是推动生产力发展的主要动力，也是将自在自然转化为人化自然的重要推手。在无节制利用科技开发自然界的情况下，科技的发展加剧了生态问题的出现，加快了自然资源的减少，甚至造成资源的枯竭和环境的严重污染。但若合理研发和利用科学技术，将生态化原则融入科技研发中，就能够解决现实的生态问题。运用改良技术实现"生产过程"与"消费过程"的往复循环，实现生态化生产[①]。生态化的科技能够促进整个生产的绿色、循环、节约发展，成为协调人与自然关系的重要力量，成为生态文明建设的技术支撑。当今中国的生态化的科学技术与发达国家相比相对落后，因此还有很大的提升和发展的空间。由此，我们必须将推动科学技术的生态进步作为推动生态文明建设的必要任务和重要战略，作为占据战略制高点的必要途径。发展生态化的科学技术就是要求运用科学技术能够实现清洁资源能源、开发使用新能源、提高能源利用率、避免生态环境的污染，要求构建生态化的农业、工业及

---

① 参见：马克思，恩格斯.马克思恩格斯文集：第5集[M].中共中央编译局，译.北京：人民出版社，2009：699.

服务业一体化的现代生产体系。在农业生态化发展方面，要求推动农业科技创新，促进农业在生产、劳作、经营的机械化，节约农业生产资源，保护农业生态环境等①，促进农业的可持续发展。在工业现代化发展方面，要求落实节能减排的科技创新，推动高技术创新，加强清洁、节能、循环的生产技术，淘汰能源消耗大、环境污染大的落后技术和工艺，实现绿色、节能和循环的科技发展，促进工业的可持续发展。在新兴产业发展方面，要求充分运用信息化的发展优势，积极促进互联网与生态文明建设相融合，运用环境保护的互联网公共平台，积极倡导公众参与、评论及举报以实现群众与环保部门联合，监督与制止生态破坏行为，为生态文明道路的开辟与发展提供公开、公平、开放、透明的平台。由此，生态化的科技是实现人与自然有效沟通的润滑剂，是促进人与自然和谐共生的重要手段，将生态化的科技渗透至社会生产的各个领域及全过程，是推动生态文明道路的新发展的必然选择，也是实现美丽中国的必要途径。

其二，加快转变经济发展方式。受传统经济发展模式的束缚，中国以往的经济发展呈现出资源消耗大、环境污染重、生态安全没有保障的特征，严重阻碍生态文明建设的发展。因此，转变经济发展方式，发展绿色化的经济是推动生态文明建设、探索生态文明道路、实现生态文明创新的实践手段和重要举措。经济发展的转型可以从产业结构、发展方式和产业效益等方面入手。首先，实现产业结构绿色化配置。2014年，我国第一、二、三产业分别占国内生产总值的9.2%、42.6%、48.2%，在此三产业结构中第二产业比例相对较大。尤其是重化工业的发展，不仅大量消耗物质及能源，而且其排放的废气、废水与废固对自然环境造成了很大污染。"经济结构优化是经济

---

① 中共中央文献研究室.十七大以来重要文献选编：上[M].北京：中央文献出版社2009：683.

发展方式转变的基本要求。"①那么,合理调节产业间的比例(提高环保产业的比重、减少高耗能高污染工业的比重)、绿化产业结构(推动绿色化农业、绿色化工业和环保产业发展)成为转变这一发展结构的配置方式。其次,实现发展方式的绿色化运行。以往生产方式一直以粗放型生产方式为主,这就造成资源能源高消耗、生态环境高污染、产品高浪费的问题。由此加快经济发展方式是保证我国经济发展与社会和谐的要求②,也成为保证生态环境质量的必然要求。由粗放型的生产方式转变为集约型的生产方式实现了经济发展与生态环境协调发展的转变。由此,大力发展绿色低碳与循环经济,将绿色化的理念和绿色化的技术贯穿于生产的全领域与全过程,实现资源能源使用的减量化、循环化和高效化。最后,实现发展指标的绿色化评价。基于以往对发展效益的单一化评估,仅仅将经济增长指数作为发展的唯一指标,造成企业无视生态环境问题,带来了对生态的破坏、环境的污染等现状,而企业对此不承担任何的责任,致使政府在弥补生态破坏的问题上付出了巨大的代价。据统计,在2009年,政府在对环境的补偿上已达到GDP的3.8%并有逐年攀高的趋势,这导致了贫富差距拉大、民众生态权益受侵害、社会保障不健全等社会问题的凸显。针对此问题,政府对发展标准的制定由单一的以经济效益为标杆转变为坚持"生态-经济-社会"效益协调和统一发展。这有效地促进了在经济发展过程中既顾及资源能源耗费和废物排放,也顾及社会代价和社会福利等问题,实现了经济、生态和社会的协同发展。总之,经济建设的生态化转变是生态文明道路的经济成就和经济手段,由此,生态文明道路的创新道路也是经济发展的绿色化道路。

其三,加快落实生态化政治的运行。生态文明问题一直是历届

---

① 中共中央文献研究室.十七大以来重要文献选编:中[M].北京:中央文献出版社,2011:285.
② 中共中央文献研究室.十七大以来重要文献选编:中[M].北京:中央文献出版社,2011:284.

党中央和国务院高度关注的问题。由此,中央出台了诸多关于保护环境、建设生态文明的政策、方针,完善了生态化发展的制度体系,逐步实现生态文明发展的质的飞跃。然而,与此相对的生态化发展具体制度的落实并没有显著效果,这就造成了制度完善和落实之间不对等现象。生态化发展制度落实不力现象主要体现在生态发展具体政策执行不到位上,其原因主要存在三个方面:一是中央出台的生态化发展政策与地方的落实之间存在差异或存在中央与地方的二元权力结构,导致中央政策落实不到地方的现象;二是中央政策的制定是领导协商和研讨的结果,并不完全符合当地人民群众的切实需要或并不完全能够为人民建立良好的捍卫生态权益的机制,造成人民并不能够积极参与到生态文明建设中来;三是政府各部门间生态职责相互推诿,政策的真正执行者却没有话语权,造成生态问题出现后解决效率极为缓慢。针对生态化制度完善与落实之间存在的问题,至少应该从以下几个方面加快落实生态化政治的运行:一是理顺生态文明制度落实主体之间的复杂关系。宏观的生态文明制度的建设应该由中央及环境相关部门统一制定,但到具体实施环节,中央及环境管理部门应充分赋予地方政府与相关部门权力,让其根据地方环境特点完善具体的环境政策,同时对地方政府及环境部门进行有效的监督;二是中央及环境管理部门在制定出台相关制度过程中,应该充分考虑到人民大众、企业、社会团体等全体利益,让他们参与到政策的制定中,这不仅能够了解不同行为主体的政策导向,更有利于环境制度的合理性及其政策的实施开展;三是厘清生态化制度落实、政策实施各主体之间的权利和义务,并建立有效的监督、激励机制,实现生态化制度体系的生态化运行。由此,加快落实政治建设的生态化转型,能够促进生态文明建设的发展,能够推动生态政治建设的前进,能够实现政治与生态文明的高度融合与互利共荣。

总之,在生态文明道路上,中国取得了显著成就,树立了道路自信,但同时其还存在诸多不足,需要进一步完善与创新。只有在生态文明道路的持续推进中不断创新,才能实现生态文明的真正发展。

# 改革开放以来的中国特色社会主义生态文化

任 铃

南京工业大学马克思主义学院教授

**内容提要**：生态文化不仅具有独特的文化特性，更具有鲜明的社会属性。不同类型的生态文化是基于特定国情、历史和现实情况基础上的主观自觉产物。改革开放以来，我国成功开创了中国特色社会主义生态文化，在曲折探索前行的历史过程中，形成了丰富的成果和宝贵的经验，为我国生态文明建设提供了坚实的文化支撑，并成为引领世界生态文化的精神旗帜。

我国生态文化发展是环境压力、发展需要和主观自觉的产物。"我们要牢固树立社会主义生态文明观，推动形成人与自然和谐发展现代化建设新格局，为保护生态环境作出我们这代人的努力！"[①]社会主义生态文明观是生态文化在我国的核心要义，日益成为生态文明发展的强大推动力。如果说，生态文明主要是由生态化的生产方式所决定的文明类型，其所强调的是所有生态社会中人在克服和超越人与自然之间的不文明观念及行为所形成的积极成果，生态文化则是在人类文化长河中关于人与自然和谐发展的所有精神活动及其产品。改革开放以来，我国生态文化和生态文明协同推进，共创美丽

---

① 习近平.决胜全面建成小康社会 夺取新时代中国特色社会主义伟大胜利——在中国共产党第十九次全国代表大号上的报告[M].北京：人民出版社，2017：52.

中国。

## 一、我国社会主义生态文化的发展历程

我国社会主义生态文化充分吸收借鉴了人类文明当中蕴含生态因素的诸多文化类型,在马克思主义指导下,历经丰富拓展、有形建设和规范发展等阶段,使得生态文化从一般文化样态发展为社会主义文化样态。

(一) 社会主义生态文化的丰富拓展阶段

同兴起于科学家、民众和社会运动积极分子等的西方生态文化不同,在我国,生态文化的酝酿兴起大体与政府环境保护同步开始,从政策法规层面展现了我国生态文化的政治自觉。究其原因,一是深受当时国际环境公害和环境运动的警醒;二是源自中国传统文化顺应自然、保护自然的文化基因。此外,生态文化本身也是马克思主义的重要内容。1981年2月24日,国务院下发了《关于在国民经济调整时期加强环境保护工作的决定》,《决定》开宗明义地指出:"环境和自然资源,是人民赖以生存的基本条件,是发展生产、繁荣经济的物质源泉。"[1]这一对生态环境的重要认知,一方面是我国在新中国成立以来,尤其是1978年以来持续进行的环境保护工作当中始终坚持和贯彻的;另一方面,我国在生态文化形成之初,就自觉将其同经济发展和经济调整同举并重,体现了生态文明同经济协同发展的文化观念。在我国生态文化的酝酿阶段,尽管尚未提出明确清晰的文化理念,但生态文化的意识已经渗透和表达在各种决策法规乃至国策当中。1986年11月发布的《中国自然保护纲要》明确指出"保护自

---

[1] 国务院关于在国民经济调整时期加强环境保护工作的决定[M]//国家环境保护部、中共中央文献研究室.新时期环境保护重要文献选编.北京:中央文献出版社、中国环境科学出版社,2001:20.

然环境是精神文明建设的重要内容"①,这是我国首次在正式文件当中明确提出环境保护的文明和文化维度。进入20世纪90年代,我国开始关注环境保护的国际合作,并自觉将其作为环境意识和环境行动的一部分,体现了生态文化的国际合作内涵。随着世界环境保护和生态文化的推进,可持续发展成为我国生态文化的重要内容,并成为国家发展战略之一,自觉将良好的生态环境作为有中国特色社会主义现代化建设和满足人民群众需求的重要方面。可见,我国在生态文化发展之初,就将生态与经济、生态与发展、生态与合作以及生态与人民需求纳入考量范畴,体现了鲜明的社会主义属性。

(二)社会主义生态文化的有形建设阶段

随着社会主义生态文化理念的确立、丰富和拓展,我国开始注重物质形态的生态文化的有形建设。在1994年9月2日通过的《中华人民共和国自然保护区条例》中将"具有重大科学文化价值的地质构造、著名溶洞、化石分布区、冰川、火山、温泉等自然遗迹"纳入自然保护区的建设内容。2000年,《生态文化》杂志创刊,该杂志以群众喜闻乐见的文化艺术形式,以生态理论、生态道德以及生态环境在人类生存中的重要作用等为主要内容,对生态文化进行了普及和宣传。2006年1月,中国林业文联组织有关专家评选出当年生态文化的十件大事,这一评选活动对推进和深化媒体以及普通大众对生态文化的认知起到积极的影响和作用。其中,赠台大熊猫乳名征集活动,反映基层护林员誓死保护森林资源的主旋律电影《天狗》在全国公映以及由国家林业局和中央电视台联合主办的综合游戏性节目《绿野寻踪》节目开播等事件在社会上影响广泛。2008年,民政部批准成立了"中国生态文化协会",该协会定期举行生态文化村、中国生态文化示范基地、中国生态文化高峰论坛等活动,这些活动现在已经成为生

---

① 《自然保护纲要》内容提要[M]//国家环境保护部、中共中央文献研究室.新时期环境保护重要文献选编.北京:中央文献出版社、中国环境科学出版社,2001:88-89.

态文化的品牌。2010年,时任环保部副部长的李干杰在出席生态文明贵阳会议时所做的题为"建设生态文明 推动绿色发展"的主旨发言指出,要将包括生态文化在内的六大因素纳入反映绿色增长内涵的指标。同年,浙江林学院正式更名为浙江农林大学,增强了生态文化理论研究力量。此外,海南省也于该年围绕加快农村发展,积极推动以"优化生态环境、发展生态经济、培育生态文化"为主要内容的文明生态村创建活动。2011年,在全国环保系统精神文明建设座谈会上,潘岳指出:"环境问题最终是文化伦理问题。"①进一步强调和凸显了生态文化在解决生态环境问题时的重要作用。在生态文化的有形建设阶段,我们从大众宣传和理论研究两个方面有序推进。尤其在"十一五"时期,我国首次明确提出要构建繁荣的生态文化体系,规划了生态文化的发展蓝图。

(三)生态文化的规范发展阶段

这一时期,我国从中央层面高度重视生态文化的顶层设计,明确提出要把"生态文化作为重要支撑",生态文化尤其是社会主义生态文化成为努力走向生态文明新时代的精神旗帜。2013年6月,中国生态文化协会组建专家团队,历时3年研究完成了《21世纪主流文化与生态文明时代——中国生态文化体系研究》。该报告从生态文化的内涵特征与演进、结构与功能、哲学智慧、生态美学、伦理考量、行为实践、产业振兴、事业建设、制度融合以及崛起与展望等方面,构筑了中国生态文化体系,并得出21世纪是生态文明的时代,以中华文化为核心的生态文化必将成为主流文化,必将引领人类文化发展进入新时期的重要结论,为我国生态文化的发展奠定了重要的学理基础。该年年底,我国下发了《关于印发国家生态文明先行示范区建设方案(试行)的通知》,对生态文化体系等方面进行了具体部署:"建立

---

① 全国环保系统精神文明建设座谈会在福建厦门召开[N/OL].(2011-12-03). http://www.gov.cn/gzdt/2011-12/03/content_2010034.htm.

生态文化体系。倡导尊重自然、顺应自然、保护自然的生态文明理念,并培育为社会主流价值观。加强生态文明科普宣传、公共教育和专业培训,做好生态文化与地区传统文化的有机结合。倡导绿色消费,推动生活方式和消费模式加快向简约适度、绿色低碳、文明健康的方式转变。"①2015年,我国发布了《中共中央国务院关于加快推进生态文明建设的意见》(中发〔2015〕12号)、《中共中央国务院关于印发〈生态文明体制改革总体方案〉的通知》(中发〔2015〕25号)等重要文件,明确提出:"将生态文化作为现代公共文化服务体系建设的重要内容,挖掘优秀传统生态文化思想和资源,创造一批文化作品,创建一批教育基地,满足广大人民群众对生态文化的需求。"②党的十八届五中全会通过的《中共中央关于制定国民经济和社会发展第十三个五年规划的建议》,确立了创新、协调、绿色、开放、共享的发展理念,这是我国走向生态文明新时代的行动纲领,对克服生态危机、推进经济社会转型发展的文化选择和深刻变革,具有划时代的里程碑意义。2016年,国家林业局印发了《中国生态文化发展纲要(2016—2020年)》,提出"弘扬生态文化,大力推进生态文明建设,既是和谐人与自然关系的历史过程,也是实现人的全面发展和中华民族永续发展的重大使命"③,生态文化的战略性意义和地位明确和凸显。

## 二、社会主义生态文化的主要成就

改革开放以来,我国生态文化获得重大发展成就,尤其在生态文化观念普及、生态文化发展规划、生态文化事业产业发展等方面成就

---

① 关于印发国家生态文明先行示范区建设方案(试行)的通知[EB/OL].(2013-12-13).http://www.gov.cn/zwgk/2013-12/13/content_2547260.htm.
② 中共中央、国务院关于加快推进生态文明建设的意见[M]//国家环境保护部、中共中央文献研究室.十八大以来重要文献选编:中.北京:中央文献出版社,2016:500.
③ 国家林业局关于印发《中国生态文化发展纲要(2016—2020年)》的通知[EB/OL].(2016-04-11).http://www.forestry.gov.cn/main/89/content-861381.html.

显著。

(一) 社会主义生态体系的确立

新中国成立以来,尤其是改革开放以来,我国不仅在生态文明的政治建设、经济建设、社会建设等方面取得长足进步,而且在生态文化建设方面也硕果累累。"十一五"时期我国首次提出建设生态文化体系并全面展开。生态文化体系既是社会主义生态文化的发展目标,也是社会主义生态文化的重要成就,通过对生态价值观、生态道德观、生态消费观、生态发展观、生态政绩观等的深入研究,我们从生态文化体系的内涵和外显两个方面进行了顶层规划、科学设定和全面融入。在此,我们形成了以政府决策部门为主的领导主体;以生态文化协会以及各级科研院所为主的研究主体;以新闻媒体和网络平台等为主的传播主体;以普通大众为主的践行主体。通过决策、宣传、教育等手段和方式,社会主义生态文化极大提升了民众的生态意识和生态行为。

(二) 社会主义生态文化事业的繁荣

发展生态文化事业是我国社会主义生态文化规范发展的重要途径,也是我国生态文化所取得的显著成就。我国将培育生态文化作为社会发展的重要支撑和现代公共文化服务体系建设的重要内容。其中,2008年,全国新建生态文化场馆23处、自然保护区450处、生态文化(文明)教育基地16处,森林公园全部面向社会开放;2009年,全国新建改建扩建生态文化场馆51处(较2008年增长了121.74%)、生态文化休憩场所143处、生态文化(文明)教育基地29处(较2008年增长了81.25%);2010年,全国新建生态文化场馆78处(首座防治荒漠化纪念馆——新疆防治荒漠化纪念馆在乌鲁木齐市开馆)、生态文化休憩场所159处、生态文化(文明)教育基地53处;为推动我国城乡生态文明建设,促进人与自然和谐发展,构建美好绿色家园,中国生态文化协会遵循"弘扬生态文化,倡导绿色生活,共建生态文明"的宗旨,2010年在全国开展遴选"全国生态文化示范基地""全国生态文化村"和"全国生态文化示范企业"的活动,授予河北省塞罕坝机械林场总场和亿利资源集团"全国生态文化示范基地"称号,授予北京门头沟龙泉镇琉璃渠村等 45 个行政村"全国生态文化村"称号,授予首云矿业股份有限公司等 10 个企业单位"全国生态文化示范企业"称号;2011 年,全国共新建生态文化基地 380 处,其中新建生态文化场馆 97 处、生态文化休憩场所 216 处、各类生态文化(生态文明)教育示范基地 67 处;2012 年,全国新建生态文化场馆 112 处、生态文化休憩场所 251 处、生态文化教育示范基地 77 处;2014 年,中国生态文化协会命名北京市高碑店村等 109 个行政村为"全国生态文化村",通过拓展"丝绸之路生态文化万里行"活动,助推国际间和区域间生态文化务实合作,全面提升生态文化的引导融合能力和公共服务功能,推进生态文明制度体系和治理能力现代化;截至 2015 年,我国共同确定了 76 个"国家生态文明教育基地"、24 个省区市 96 个城市"国家森林城市"称号、遴选命名全国生态文化村 441 个、全国生态文化示范基地 11 个、全国生态文化示范企业 20 家。

(三) 社会主义生态文化产业的兴起

作为工业社会后期的新兴产业,生态文化产业是文化产业与生态文明的有机融合,其以自然资源为基础,以文化创意为内涵,以科技创新为支撑,以提供多样化的生态文化产品和生态文化服务为主体,以促进人与自然和谐为理念,向消费者传播生态的、环保的、文明的信息与意识,努力追求生态、文化和经济的协调发展。早在 1999 年,国家旅游局就将当年的旅游主题年确定为"生态环境旅游年",各地也借势推出了一些生态旅游产品,在我国展开了生态旅游实践活动。近年来,我国不断加快生态文化创意产业发展和生态文化新业态构建,打造生态产业集群,提高规模化、专业化水平,形成了一批生态产品。我国经过多年的生态涵养,为生态文化产业的发展奠定了坚实的生态基础,"我国 4300 多个森林公园、湿地公园、沙漠公园和 2189 处林业自然保护区,森林旅游和林业休闲服务业年产值 5 965

亿元；森林文化、竹文化、茶文化、花文化、生态旅游、休闲养生等生态文化产业,正在成为最具发展潜力的就业空间和普惠民生的新兴产业"①。此外,我们形成了生态文化产业的清晰思路,通过"科学规划布局,加快生态文化创意产业和新业态的发展",把"生态文化产业作为现代公共文化服务体系建设的重要内容,加大政策扶持力度",集中"发展产业集群,提高规模化、专业化水平"②。社会主义生态文化产业的兴起,一方面有效推动了社会主义生态文化观念的传播;另一方面,成为我国经济发展的巨大利润来源。

## 三、社会主义生态文化的重要经验

我国社会主义生态文化在短短几十年间,之所以获得快速发展,同清晰、科学的发展思路是密不可分的,其中,特色化和规范化发展是我国生态文化发展的重要经验。

(一) 社会主义生态文化的特色化发展

对于起点于基本生存需要的中国民众来说,往往在遭受生态恶化严重侵扰之后才会自发乃至自觉认识和接受生态文化观念。有幸的是,中国共产党和中国政府高度关注我国早期发生的局部生态环境问题以及二战后世界现代化发展浪潮中大量涌现的环境公害事件,通过政策主动介入,提出和构建社会主义生态文化,极力避免西方国家先污染后治理的老路。"我们建设社会主义的目的,是为了不断提高人民的物质和文化水平。如果我们一方面把生产搞上去了,另一方面却把环境污染了,危害了人民的健康和人类的生存,这就与我们建设社会主义的目的背道而驰。很多资本主义国家走了先污染

---

① 国家林业局关于印发《中国生态文化发展纲要(2016—2020 年)》的通知[EB/OL]. (2016-04-11). http://www.forestry.gov.cn/main/89/content-861381.html.
② 国家林业局印发《中国生态文化发展纲要(2016—2020 年)》的通知[EB/OL]. (2016-04-11). http://www.forestry.gov.cn/main/89/content-861381.html.

后治理的道路。我们不能走这条路。"①把生态文化同社会主义、人民需求以及经济发展有机结合的主导观念贯穿于我国生态文化始终,并不断得到发展创新,成为社会主义生态文化的主线和灵魂。进入新时代的中国特色社会主义,生态文明及生态文化的战略地位和作用被上升到"关系人民福祉,关乎民族未来"的战略高度,"尊重自然、顺应自然、保护自然"的观念日益深入人心,"牢固树立社会主义生态文明观",是我们为保护生态环境必须付出的努力!在社会主义生态文化观念方面,我们立足中国现实国情,进行了基于马克思主义生态文明思想、中国传统生态智慧以及现代生态文明理论的融合创新,形成了深入人心、引领世界的社会主义生态文化观念体系。其中,以习近平为核心的党中央提出了保护生态环境就是保护生产力的生态经济观、生态文明建设既是经济问题也是政治问题的生态政治观、使生态文明成为社会主流价值观的生态文化观、良好的生态环境是最普惠的民生福祉的生态民生观、生态兴则文明兴和生态衰则文明衰的生态文明观以及打造人类命运共同体的生态国际观,是内容丰富、体系完整、创新发展的社会主义生态文化有机整体。

(二)社会主义生态文化的规范化发展

我国通过建立生态文化体系,将生态文化全面性融入包括全民宣传教育、法治建设、科技研发运用等领域以及不断拓宽传播渠道,使得生态文化得以规范化发展。以生态文化传播渠道和范围为例,从2008年到2012年,我国生态文化的传播持续升温。其中,2008年,"中央主要报刊和电台刊播林业和生态报道及专题突破1.1万篇(条),较2007年增加10%。网络媒体对生态文化和生态文明建设的关注度持续升温,生态文化网站建设取得新进展,以生态文化为主题

---

① 环境保护必须适合中国国情[M]//国家环境保护部、中共中央文献研究室.新时期环境保护重要文献选编.北京:中央文献出版社、中国环境科学出版社,2001:49.

的 BBS 和博客、播客不断增加,点击率不断上升"①。2009 年,"中央主要报刊和电台刊播林业和生态报道及专题达到 13 000 篇(条),较 2008 年增加 18.18%。网络媒体通过专栏、专访、博客、播客、微博、网上调查等多种途径加大生态文化传播力度,引导网民关心、支持和参与生态文化建设"②。"2010 年,中央主要新闻媒体和主要新闻网站刊发各类林业和生态报道及专题达到 14 000 余篇(条),较 2009 年增长 7.69%。门户网站充分发挥自身优势,积极创新形式,通过专题链接、微博、博客、网上论坛、网络空间等多种渠道,不断增强生态文化传播的吸引力,不断扩大生态文化传播的覆盖面。中国林业网、关注森林网等一批新的生态文化网站建成开通运行,林业图书出版事业蓬勃发展,各类生态文化读物受到社会公众的追捧。"③2011 年,"各大综合网站以多种形式积极倡导生态文明理念,成为传播生态文化的主阵地。中国政府网、新华网、人民网、中国新闻网等大型网站,根据自身特点,广泛开展主题鲜明、内容丰富的宣传活动。新浪、搜狐、腾讯、百度等门户网站,针对受众需要,在及时编发各种生态资讯和生态知识的同时,通过增加链接转载纸质媒体重要文章的方式,增强了生态文化传播的深度。《中国绿色时报》《中国林业》《生态文化》《森林与人类》等中央林业报纸杂志,围绕构建繁荣的生态文化体系,适应信息传播方式发展变化的新形势,增强生态文化传播的有效性"④。2012 年,"腾讯、新浪、百度、搜狐、网易等门户网站,根据社会

---

① 国家林业总局.中国林业发展报告 2009[R/OL].北京:中国林业出版社,2009. http://data.forestry.gov.cn/lysjk/indexJump.do?url=view/moudle/searchData/showDetail&keyid=100193 & search=中国林业发展报告 2009.

② 国家林业总局.中国林业发展报告 2010[R/OL].http://data.forestry.gov.cn/lysjk/indexJump.do?url=view/moudle/searchData/showDetail&keyid=100073 & search=中国林业发展报告 2010。

③ 国家林业总局.中国林业发展报告 2011[R/OL].http://www.forestry.gov.cn/uploadfile/main/2011-12/file/2011-12-21-04e8d6fff67e43328ee03f929bbd3aa2.pdf.

④ 国家林业总局.中国林业发展报告 2012[R/OL].(2012-11-02).http://www.forestry.gov.cn/portal/main/s/62/content-570737.html.

公众阅读特点,突出主题,丰富内容,创新形式,不断加大生态文化传播的广度和深度,不断扩大生态文化传播的覆盖面和影响力。……国家林业局官方微博'@国家林业局'在新浪网正式上线并开通运营"[1]。"加强舆论引导。面向国内外,加大生态文明建设和体制改革宣传力度,统筹安排、正确解读生态文明各项制度的内涵和改革方向,培育普及生态文化,提高生态文明意识,倡导绿色生活方式,形成崇尚生态文明、推进生态文明建设和体制改革的良好氛围"[2],已经成为我国社会主义文化和生态文明建设的规范化要求和战略性部署。

总之,作为社会主义文化的重要组成部分,生态文化鲜明体现出文化和生态在我国社会历史发展过程中的融合创新。伴随生态文化的丰富拓展、有形建设和规范发展等不同阶段,社会主义生态文化展现了生动的发展历程,为生态文明提供强大的精神支撑,并将成为世界生态文化的引领。

---

[1] 国家林业总局.中国林业发展报告 2013[R/OL].(2013-11-13). http://www.forestry.gov.cn/main/62/content-699165.html.

[2] 中共中央国务院印发《生态文明体制改革总体方案》[EB/OL].(2015-09-21). [2018-12-11].http://www.gov.cn/guowuyuan/2015-09/21/content_2936327.htm.

# 后　记

为贯彻落实习近平总书记在哲学社会科学工作座谈会上的重要讲话精神,加快构建中国特色哲学社会科学学科体系、学术体系、话语体系,2017年6月3日,由上海市哲学学会、上海大学社会科学学部、上海大学马克思主义理论高原学科建设项目组联合主办的"生态文明与中国哲学社会科学学术话语体系建设"高端论坛在上海大学顺利召开,来自北京大学、复旦大学、浙江大学、上海交通大学、华东师范大学等单位的90多位专家学者参加了论坛,紧紧围绕构建当代中国生态文明的话语体系展开研讨,此论文集即为该论坛的研究成果。

编辑出版此论文集主要是想汇聚此次参加论坛的专家、学者观点,让更多人关注生态文明的话语体系建构问题,以期共同努力推动当代中国生态文明和中国特色哲学社会科学话语体系建设。文集共分六个专题,分别围绕生态文明与中国传统生态智慧、马克思人化自然思想与生态文明建设中国话语、生态文明与西方话语体系、国际比较视野中的中国绿色发展及话语体系、生态文明的中国话语、中国特色社会主义的生态文明向度等专题遴选优秀论文,为尽可能体现作者观点,我们对收入的论文基本不做原则性改动,文责由作者自负。

论坛的成功举办,得到了上海市哲学学会会长吴晓明、秘书长李家珉,上海大学社会科学学部书记余洋、副主任陶倩等领导和专家的关心与支持;此论文集的出版得到了上海大学出版社的鼎力支持;此外,李梁、张高峰、王金伟、周慧、李梦雪等同志也为此论文集的出版做了大量工作,在此一并表示感谢。

由于时间紧迫,编辑水平有限,书中疏漏及不当之处在所难免,敬请各位专家、学者批评指正。

编　者
2018 年 12 月